人性的优点

〔美〕戴尔·卡耐基 著　高望 译

中华书局

图书在版编目（CIP）数据

人性的优点/（美）卡耐基著；高望译. —北京：中华书局，
2016.6（2017.2重印）
（国民阅读经典）
ISBN 978-7-101-11620-5

Ⅰ.人… Ⅱ.①卡…②高… Ⅲ.成功心理–通俗读物
Ⅳ.B848.4-49

中国版本图书馆 CIP 数据核字（2016）第 048516 号

本书译文版权由启蒙编译所授予

书　　名	人性的优点	
著　　者	〔美〕戴尔·卡耐基	
译　　者	高　望	
丛 书 名	国民阅读经典	
责任编辑	聂丽娟	
出版发行	中华书局	
	（北京市丰台区太平桥西里38 号　100073）	
	http://www.zhbc.com.cn	
	E-mail：zhbc@zhbc.com.cn	
印　　刷	北京市白帆印务有限公司	
版　　次	2016 年 6 月北京第 1 版	
	2017 年 2 月北京第 2 次印刷	
规　　格	开本/880×1230 毫米　1/32	
	印张 13　字数 250 千字	
印　　数	6001–12000 册	
国际书号	ISBN 978-7-101-11620-5	
定　　价	32.00 元	

出版说明

在二十一世纪的当代中国，国民的阅读生活中最迫切的事情是什么？我们的回答是：阅读经典！

在承担着国民基础知识体系构建的中国基础教育被功利和应试扭曲了的今天，我们要阅读经典；当数字化、网络化带来的"信息爆炸"占领人们的头脑、占用人们的时间时，我们要阅读经典；当中华民族迈向和平崛起、民族复兴的伟大征程时，我们更要阅读经典。

经典是我们知识体系的根基，是精神世界的家园，是走向未来的起点。这就是我们编选这套《国民阅读经典》丛书的缘起，也因此决定了这套丛书的几个特点：

首先，入选的经典是指古今中外人文社科领域的名著。世界的眼光、历史的观点和中国的根基，是我们编选这套丛书的三个基本的立足点。

第二，入选的经典，不是指某时某地某一专业领域之内的重要著作，而是指历经岁月的淘洗、汇聚人类最重要的精神创造和知识积累的基础名著，都是人人应读、必读和常读的名著。我们从中精选出一百部，分辑出版。

第三，入选的经典，我们坚持优中选优的原则，尽量选择最好的版本，选择最好的注本或译本。

我们真诚地希望，这套经典丛书能够进入你的生活，相伴你的左右。

中华书局编辑部

二〇一二年四月

目录

前言：本书的写作经过及缘由　*I*

第一篇　你应当了解的关于忧虑的基本事实
　第一章　生活在"完全独立的今天"　3
　第二章　解决忧虑处境的一个神奇公式　16
　第三章　忧虑可能对你的健康造成的影响　24

第二篇　分析忧虑的基本技巧
　第四章　如何分析和解决忧虑问题　39
　第五章　如何消除事业方面的一半烦恼　47
　关于如何最大限度地利用本书的九条建议　53

第三篇　如何在忧虑击溃你之前击溃习惯性忧虑
　第六章　如何将忧虑排出你的头脑　59
　第七章　不要让琐事打倒你　69

第八章　概率可以战胜你的许多忧虑　77

第九章　接受无法避免的事情　84

第十章　给你的忧虑设置"止损限额"　95

第十一章　不要反复锯那些碎木屑　103

第四篇　培养能带给你平静和幸福的精神态度的七种方式

第十二章　能转变你的人生的十二个字　113

第十三章　心存报复的高昂代价　128

第十四章　这样做你就永远不必担心忘恩负义　137

第十五章　你愿意用现有的一切换取一百万美元吗？　145

第十六章　发现自我、做你自己：记住你是世界上独一无二的　153

第十七章　只有一只柠檬时，就做柠檬汽水吧　162

第十八章　如何在十四天内治愈忧郁症　171

第五篇　战胜忧虑的黄金法则

第十九章　我的父母亲是如何战胜忧虑的　191

第六篇　如何防止为批评而忧虑

第二十章　记住死狗是没人踢的　217

第二十一章　尽力而为，批评就不能伤害你　221

第二十二章　我做过的蠢事　226

第七篇　你防止疲劳和忧虑、保持精力和干劲充沛的六种方法

第二十三章　每天多清醒一小时的方法　235

第二十四章　令你疲惫的原因及其对策　241

第二十五章　让家庭主妇避免疲劳、保持年轻外貌的方法　246

第二十六章　有助于防止疲劳和忧虑的四种良好工作习惯 **252**

第二十七章　如何驱除导致疲劳、忧虑和不满的厌倦情绪 **257**

第二十八章　防止为失眠忧虑的方法 **266**

第八篇　如何寻找能带给你幸福和成功的工作

第二十九章　你的人生的主要决断 **277**

第九篇　如何减轻财政方面的烦恼

第三十章　"我们的忧虑之中有 70% 与金钱相关" **289**

第十篇"我是如何战胜忧虑的"（32 个真实故事）

1. 突然袭击我的六大烦恼 **305**

2. 我能让自己在一小时内变成乐观主义者 **308**

3. 我如何走出自卑情结的阴影 **310**

4. 在安拉的乐园生活 **315**

5. 驱除忧虑的五种方法 **319**

6. 经历过昨天，今天就不在话下 **323**

7. 我以为自己再也看不到人生的曙光 **325**

8. 去体育馆打沙袋，或者去户外徒步旅行 **328**

9. 我曾经是弗吉尼亚理工学院忧虑的吉姆 **329**

10. 改变我一生的一句话 **332**

11. 我从人生的谷底重生 **333**

12. 我曾经是全世界最大的傻瓜 **335**

13. 我总是尽量给自己留条退路 **337**

14. 我在印度听见一个声音 **341**

15. 司法长官来到我家门口 **344**

16. 忧虑是我最强劲的敌手　*348*

17. 祈祷上帝保佑我不被送进孤儿院　*350*

18. 我曾经像个歇斯底里的疯女人　*352*

19. 看妻子洗碗，我学会了停止忧虑　*356*

20. 我找到了答案：让自己忙碌起来！　*359*

21. 时间是最好的心理医生　*361*

22. 医生告诫我不要说话，连一根手指都不要动　*363*

23. 我是排解忧虑的高手　*365*

24. 倘若没有停止忧虑，恐怕我早就进了坟墓　*367*

25. 先生，一次一个人　*370*

26. 我在寻找生命的绿灯　*372*

27. 老洛克菲勒如何多活了 45 年　*375*

28. 一本关于性生活的书挽救了我的婚姻　*383*

29. 由于不懂如何放松，我曾经慢性自杀　*386*

30. 我身上发生了真正的奇迹　*388*

31. 挫折的麻醉剂　*390*

32. 忧虑曾经使我连续 18 天吃不下固形食物　*391*

前言：本书的写作经过及缘由

　　三十五年前，我是生活在纽约的一个不快乐的年轻人。我靠推销汽车谋生；可是我不知道汽车怎么能自己跑。我不仅不知道，而且不想知道。我讨厌我的工作。我讨厌住在西区 56 街的廉价房间，那里到处都是蟑螂。我还记得我把一捆领带挂在墙上，早晨我伸手去拿新领带的时候，蟑螂就从四面八方聚集过来。我讨厌在肮脏的廉价饭馆吃饭，那里很可能也到处都是蟑螂。

　　每天晚上我独自回到冷清的房间，总是觉得恶心头痛，那是失望、烦恼、痛苦和抗拒的情绪引起的头痛。我抗拒的原因是在我大学时代形成的梦想已经变成了噩梦。生活是什么？我热切寻找的维持生命所必需的刺激在哪里？从事自己讨厌的工作，跟蟑螂一起生活，吃糟糕的饭菜，看不到未来……这种生活对我有什么意义？我盼望有阅读的空闲时间，还盼望实现写作这个大学时代的梦想。

　　我知道，如果放弃这份讨厌的工作，我不会有任何损失，反而能赢得一切。我对赚很多钱没有兴趣，不过我有兴趣充实地生活。

简单地说，我去了卢比肯（Rubicon），大多数年轻人在那里下定决心，重新起步。于是我做出了决定，这个决定完全改变了我的未来。从那以后的三十五年，我获得了幸福，实际上我得到的回报超过了我最不切实际的梦想。

我的决定是放弃自己厌恶的工作；鉴于我曾经在密苏里州（Missouri）的沃伦斯堡（Warrensburg）州立师范学校学习过四年，我打算靠给成年人教授夜校课程谋生。这样我可以利用白天的空闲时间读书，准备讲稿，写小说和短篇故事。我想"以写作为生和靠写作谋生"。

我应该在夜校里教什么课程呢？回顾和评价我在大学接受的训练时，我发现与在大学学习的其他一切东西相比，对我而言公开演讲的训练和经验在事业和生活中最有实用价值。为什么？因为它消除了我的胆怯，增强了我的自信，赋予我跟人打交道的勇气和信心。经验清楚地表明，获得领导权的通常是那些敢于站出来表达自己主张的人。

我给哥伦比亚大学和纽约大学都递交了职位申请，希望讲授关于演说技巧的夜校课程，但是两所大学的决定都是他们不需要我的帮助也能对付过去。

那时我很失望，不过现在我庆幸他们拒绝了我，因为后来我开始在基督教青年会的夜校讲课，我的课程必须产生确实可见的成果，而且要迅速见效。这是个大挑战！这些成年人来听我的课，不是为了获得大学的学分抑或社会声望。他们的学习理由只有一个，就是解决自己遇到的问题。他们希望能靠自己的双脚站稳，在商业会议上侃侃而谈，而不是吓得晕倒。推销员们希望能顺利造访粗暴的客户，不必在街区走上三个来回才能鼓起勇气。他们希望变得泰然自若、充满自信。他们希望业务蒸蒸日上，希望为家庭赚到更多钱。既然学费是以分期付款的方式支付，如果不见成效，他们就会停止付钱，我不收取计时的薪水，而是按照利润收取一定比例的报酬，因此为了谋生，我必须考虑课程的实用性。

那时我感觉讲课内容受到限制，但是如今我意识到自己得到了无价的训练。我不得不努力激发学生的能动性，不得不帮助他们解决难题，不得不设法使每个学期都激动人心，让他们愿意继续听我的课。

这是令人振奋的工作，我热爱它。这些商人们的自信程度迅速增长，其中许多人迅速得到晋升和加薪，其成效令我惊诧。讲习班的成功远远超出了我最乐观的期望。基督教青年会原先拒绝付给我每晚 5 美元的薪水，过了三个季度后，他们不得不按利润比例付给我每晚 30 美元的报酬。最初我只公开演讲，经过几年之后，我发现这些成年人还需要社交和影响他人的能力。然而我找不到一本适用的关于人际关系的教科书，因此我自己写了一本。不，它的写作方式非同寻常。它从讲习班的无数成年人的经验之中产生并演化而来。我称之为《如何赢得朋友和影响他人》（译者注：即《人性的弱点》，*此处的书名为直译*）。

由于它仅仅是写给我的成年人讲习班的教科书，而且此前我已经写过另外四本书，可是没人听说过它们的名字，所以我做梦都没想到它竟然成了畅销书，我可能是目前在世的最令人震惊的一位作者。

随着时间流逝，我意识到这些成年人面临的另一个大问题是忧虑。我的学生绝大多数是工商界人士：高级管理人员、推销员、工程师、会计师等，是美国各行各业的典型代表，而他们绝大多数都遇到了难题！我的学员中间也有女性——公司职员和家庭主妇，她们同样有困难！显然我需要一本关于如何战胜忧虑的教科书，于是我又尝试去找这样的书。我前往位于纽约第五大道四十二街的最大的公共图书馆，可是惊诧地发现仅有 22 本书的题目与"忧虑"相关。我还好奇地找了一下，注意到有 189 本书的题目与"虫子"相关。关于虫子的书几乎是关于忧虑的书的九倍！令人震惊，不是吗？既然忧虑是人类面临的最大难题之一，你是否以为，每所中学和高等学校都会开设"如何停止忧虑"的课程？

事实上，即使世界上有哪所学校教授这样的课程，我也从未听说过。难怪戴维·西伯里（David Seabury）在他的书中写道："我们在对压力缺乏经验和准备的情况下就已成年，这就好比突然要一个书呆子跳芭蕾舞。"

结果呢？在医院的病床上躺着的有一半以上是患有神经和情绪疾病的病人。

我仔细阅读了那 22 本在纽约公共图书馆的书架上沉睡的书。此外，我还购买了我能找到的有关忧虑的书；然而我发现那些书全都不能用作成年人讲习班的教材。因此我下定决心自己写一本。

我从七年前开始做撰写这本书的准备工作，方法是阅读一切时代的哲学家的关于忧虑的言论。我还阅读了几百部传记，从孔子的著述到丘吉尔（Churchill）的生平。我还采访了数十位各个领域的卓越人物，例如杰克·登普西（Jack Dempsey）、奥马尔·布拉德利（Omar Bradley）将军、马克·克拉克（Mark Clark）将军、亨利·福特（Henry Ford）、埃莉诺·罗斯福（Eleanor Roosevelt）夫人和多萝西·迪克斯（Dorothy Dix）。不过这些仅仅是开端。

我还做了比采访和阅读重要得多的事情。为了战胜忧虑，我在一个实验室工作了五年，这个实验室就是我的成年人讲习班。据我所知，它是全世界第一个、也是唯一的此类实验室。我们的做法是这样的：我们教给学生一套克服忧虑的规则，让他们在各自的生活中实际应用这些规则，然后在班上向大家讲述他们取得的成果。其他人则汇报他们以前曾经运用过的技巧。

由于这些经验，我猜想我听过的有关"我如何战胜忧虑"的演讲比古往今来的任何人都多。此外，我还读了几百份通过邮件寄给我的"我如何战胜忧虑"的讲稿，在我们遍布美国和加拿大的170多个城市的讲习班上，那些演说广受好评。这本书不是从象牙塔闭门造车凭空问世的，它也不是关于如何战胜忧虑的纯理论的说教。相反，我的意图是写出见效迅速、简明、有充分事实依据的报告，叙述无数成年人战胜忧虑的经过。有一点是确定的：这本书颇具实用性。你可以用它解决自己的困难。

我高兴地告诉读者，这本书的故事里不会出现虚构的"B先生"或者"玛丽和约翰"之类含糊不清、无法识别的代称。除了个别案例之外，这本书会写明相关人物的姓名和街道地址。他们是真实的，有充分的依据。其中的内容是得到担保或经过证实的。

法国哲学家瓦勒里（Valery）说："科学是成功诀窍的集合。"这本书正是如此，它收集了一系列经过时间检验的消除忧虑的成功秘诀。不过我要提醒你：其中没有新发现，只有很多通常得不到运用的道理。在这些方面，我们都不需要学什么新东西。我们已经懂得足以完善生活的道理。我们已经读过黄金法则和基督的《登山宝训》。我们的麻烦不是愚昧无知，而是无所作为。本书的目的是重述和阐释大量古老的基本真理，简化并调整它们，使之产生更高效率、重新焕发光彩，促使读者采取实际行动，运用这些原则做成一些事情。

你拿起这本书，不是为了知道它的写作过程，而是寻找行动的指南。好吧，让我们开始。请先阅读第一篇和第二篇，看完后假如你感觉并未获得足以克服忧虑、享受生活的新的力量和启迪，那么把这本书扔进垃圾桶吧。它对你没有用。

戴尔·卡耐基

第一篇

你应当了解的关于忧虑
的基本事实

第一章　生活在"完全独立的今天"

　　1871 年春天，蒙特利尔（Montreal）综合医院的附属学院有一个年轻学生正在为各种各样的事情烦恼：怎么通过毕业考试？接下来要做些什么？应该去什么地方？怎样开一家诊所？今后如何谋生？这时他偶然拿起一本书，看到了对他的未来产生深远影响的一句话。

　　这位年轻的医学生在 1871 年读到的一句话，帮助他成了那个时代最著名的内科医生。他创建了世界闻名的约翰·霍普金斯（Johns Hopkins）医学院。他后来当上了牛津大学医学院的钦定讲座教授——这是不列颠帝国的医生所能获得的最高荣誉，还被英王敕封为爵士。他去世之后，人们用两卷厚厚的传记讲述他生平的故事，两卷书总共长达 1466 页。

　　他就是威廉·奥斯勒（William Osler）爵士。他在 1871 年春天看到的那句话帮助他度过了免于忧虑的一生。那句话出自苏格兰作家托马斯·卡莱尔（Thomas Carlyle）笔下："我们的主要任务不是去看模糊不清的远处，而是去做手边清楚的事。"

四十二年后的一个温暖的春夜，在郁金香盛开的校园里，威廉·奥斯勒爵士在耶鲁大学向学生们发表演说。他告诉耶鲁大学的学生们，他曾经在四所大学担任教授，写过一本畅销书，别人可能以为他这样的人有"特别优秀的头脑"，而事实并非如此。他声称，他的亲密朋友们都知道，其实他的头脑是"最普通"的。

那么，他的成功秘诀是什么呢？他认为，他的成就归功于他在"一个完全独立的今天"里生活。这句话是什么意思呢？在他去耶鲁大学发表演说之前的几个月，威廉·奥斯勒爵士乘坐一艘远洋客轮横渡大西洋，船长只要站在舰桥上按一个按钮，机器发出叮当运转的响声，船的不同部分就立刻互相隔离，分隔成了不透水的密闭隔舱。奥斯勒博士对耶鲁的学生们说："你们每个人的身心构造都比远洋巨轮神奇得多，必定要走更远的航程。我想奉劝各位尽力学会控制自己的全部体系，在一个'完全独立的今天'中生活，这是确保航行安全最可靠的手段。你们站在舰桥上，至少要确认大隔离壁运作正常。注意生活中的每个层面，按下一个按钮，倾听铁门隔断过去的声音，隔断逝去的昨日；按下另一个按钮，用金属的帷幕隔断未来，隔断尚未来临的明日。然后你就安全地拥有今天了！……切断过去！埋葬逝去的过往……隔离将愚者引上布满尘埃的死亡之路的昨天……明天的重担加上昨天的重担，势必成为今天最大的障碍。应该将未来与过去一起紧紧地隔离在外……未来在于今天……明天并不存在。人类得到救赎的日子就在今天。精力的浪费、精神的痛苦、神经质的烦恼，都会紧紧纠缠为未来担忧的人……那么紧紧关上船头船尾的隔离壁吧，准备培养良好的习惯，在'完全独立的今天'里生活。"

奥斯勒博士的意思是不是说，我们不应该努力为明天做准备呢？不是，完全不是。在那次演讲中，他继续说道，集中你们的全部智慧和热情，完美地做好今天的工作，是为明天做准备的最好方法。这也是你们迎接未来的唯一可能方式。

威廉·奥斯勒爵士力劝耶鲁大学的学生们用基督的祈祷词作为每天的开始："感谢主赐予我们今天的面包。"

请记住，这句祈祷词只提到今天的面包。它没有抱怨昨天的面包不新鲜，也没有说："噢，上帝，小麦种植区最近干燥无雨，我们也许又遇到旱灾，下个秋天我怎么吃到面包呢？——抑或假如我失去工作，我怎样才能得到面包呢？"

不，这句祈祷词教我们只为今天的面包祈求；而且今天的面包是我们唯一可能吃到的面包。

多年以前，有一个一文不名的哲学家流浪到某个贫瘠的小山村，村民们的生活非常艰苦。有一天，一群人在山顶上聚集到他的身边，他对他们讲了一段话，那可能是有史以来被引用次数最多的名言。这段话仅有 26 个单词，却流传了几个世纪："不要为明天忧虑；因为明天自有明天的烦恼。一天的难处一天当就足够了。"

很多人拒绝接受耶稣的这句话："不要为明天忧虑。"他们认为它是苛求完美的忠告，将它视为东方神秘主义的产物而拒绝相信。他们说："我必须为明天考虑，我必须买保险，保护我的家庭。我必须积蓄金钱，以备年老的时候用。我必须为将来拟定计划做好准备。"

对，你当然必须做这些事。其实耶稣的那句话是在三百多年前翻译过来的，它今天的含义与詹姆斯朝代的含义不尽相同。三百多年前，忧虑这个词通常还有焦急的意思。现代版《圣经》中引述的耶稣的这句话意思更加精确："不要为明天着急。"

诚然，我们确实应该为明天考虑，细心谨慎地考虑、计划和筹备，但是不要焦急。

战争期间，军事领袖必须制定明天的计划，但是他们不能有丝毫焦虑。统率美国海军的海军上将欧内斯特·J. 金（Ernest J. King）说："我把最好的装备提供给最优秀的人员，并交给他们一些看来最明智的任务。我能够做的仅此而已。"

他又说："如果一艘船沉了，我不能把它捞起来。如果船即将下沉，我也无法挽回。与其为昨天的问题烦躁，不如多花时间解决明天的问题。况且，如果一直为这些事情操心，我支撑不了多久。"

无论是战争时期还是和平时期，好主意与坏主意之间的主要区别在于：好主意顾虑到前因后果，从而导向符合逻辑的、有建设性的计划；而坏主意通常会导致精神紧张和神经衰竭。

最近，我很荣幸地拜访了阿瑟·海斯·苏兹贝格（Arthur Hays Sulzberger），他是全世界最著名的《纽约时报》的发行人。苏兹贝格先生告诉我，第二次世界大战的战火在欧洲蔓延时，他非常震惊，对未来忧心忡忡，以致几乎整夜难以入眠。他常常在半夜起床，取出油画布和颜料管，照着镜子，试图给自己画一幅肖像画。他完全不懂油画，不过为了暂时忘记忧虑，他还是不停地画。苏兹贝格先生说，直至他选择一首赞美诗中的一句话当他的座右铭，才终于驱除了忧虑，找回了平安。这句话是：

恳求慈光导引脱离黑暗，导我前行……

我不求主指引遥远路程，我只恳求，一步一步导引。

大约在同一时期，有一个在欧洲某地当兵的年轻人也学到了这一教训。他的名字是特德·本杰米诺（Ted Bengermino），住在马里兰州的巴尔的摩市（Baltimore）纽霍姆（Newholme）路 5716 号。他曾经深陷忧虑，疲惫不堪，患上了战斗疲劳症。

特德·本杰米诺写道："1945 年 4 月，由于过度忧虑，我患上了被医生称为横结肠痉挛的疾病。这种病导致剧烈的痛苦，要不是战争正巧在那时结束了，我的身体肯定会彻底垮掉。

"我完全精疲力竭了。当时我是隶属第 94 步兵师的军士，在墓地登记处工作。我的职责是协助建立和记录一份在作战行动中阵亡、失踪和入院的士兵的档案。我还必须帮助挖掘在激战中阵亡后被草草埋葬在浅坑里的士兵尸体，包括盟军和敌军的，然后收集他们的个人遗物，设法将其送还给他们的父母或者亲属，他们会珍惜这些遗物。我不停地担忧，害怕我们可能会犯令人窘迫的严重错误。我担心自己能不能挺过这一切。我担心自己能不能活着回去抱抱我的从未见面的儿子，他才 16 个月大。由于忧虑和疲惫，我的体重减轻了 34 磅。我处于疯狂边缘，几乎精神失常。我看着自己的双手，它们变成了皮包骨头。一想到自己拖着毁掉的身体回家我就感到恐惧。我崩溃了，如同小孩子一样哭泣。每当独处的时候，我的眼泪就止不住。在德军刚开始最后大反攻之后的那段时期，我常常流泪，以致几乎放弃了恢复正常人生活的希望。

"最后我住进了军队医院。一位军医给我提了一些建议，完全改变了我的生活。他彻底检查了我的身体之后告诉我，我的问题纯粹是精神上的。'特德，'他说，'我希望你把生活想象成一个沙漏。在沙漏的上部有无数颗沙粒；它们缓慢、匀速地通过漏斗中间的狭缝。除非打破沙漏，你我都没有办法让两颗以上的沙粒同时通过那条狭缝。我们每个人都好比这个沙漏。每天早晨开始的时候，我们都有成百件我们觉得必须当天完成的任务，但是我们每次只能选择一件，让工作如同沙粒一般缓慢、匀速地通过沙漏中间的狭缝，否则我们的身体或精神结构必定会受到损害。'

"那是值得纪念的一天，自从得到军医的忠告之后，我就一直实践着这种哲理。'一次只通过一颗沙粒……一次只完成一项任务。'这个建议在战时拯救了我的身体和精神；在我目前的职场上，它也对我有很大的帮助。如今我在巴尔的摩（Baltimore）的商业信贷公司担任仓库管理员。我发现在战时遇到过的问题也出现在商业领域：有十几件事必须立刻处理，可是时间却来不及；我们的存货不足，我们要填写新的表格，重新安排库存；地址发生变动，办公室的开设或关闭，诸如此类。不过我不再紧张或神经过敏了，我牢记医生告诉我的话：'一次只通过一颗沙粒。一次只完成一项任务。'我反复默念这句话，以更有效率的方式逐步完成自己的任务，工作时再也没有那种在战场上几乎使我崩溃的困扰混乱的感觉了。"

关于我们目前的生活方式，最骇人听闻的现实之一是医院里一半以上的床位都留给了有神经或精神疾病的人，这些病人在逐渐积累的昨天和可怕的明天加起来的重负之下崩溃了。然而倘若他们听从了耶稣的劝告"不要为明天忧虑"或者威廉·奥斯勒爵士的话

"在一个完全独立的今天里生活",如今他们中间的绝大多数人都能自由地在街上行走,过着快乐而有用的生活。

在这个瞬间,你和我都站在两个永恒的交汇点上:无边无际的过去已经永远消逝,不可知的未来向时间的尽头永远延续。我们不可能生活在那两个永恒之中,连一秒钟也不行。那样会毁掉我们的身体和精神。那么让我们满足于生活在此刻吧:从现在到入睡,是我们唯一可能生活的时间。罗伯特·路易斯·史蒂文森(Robert Louis Stevenson)写道:"不管负担多么沉重,每个人都能坚持到夜幕降临;无论工作多么艰苦,每个人都能尽力完成一天的任务。从太阳升起到落下的一天里,每个人都能温柔地、耐心地、可爱地、纯粹地生活。而这就是生命的真正意义。"

是的,这就是生活对我们的全部要求。然而密歇根州(Michigan)萨吉诺城(Saginaw)法院街 815 号的希尔兹(Shields)夫人在学会"只要生活到就寝为止"之前却陷入了绝望,甚至差点自杀。她向我这样讲述她的故事:"1937 年我的丈夫去世了,我感到非常忧愁,而且几乎一文不名。我写信给以前的雇主利昂·罗奇(Leon Roach)先生,他是堪萨斯城罗奇·福勒(Roach Fowler)公司的老板,我请求他让我重操旧业。以前我靠向农村和城镇的学校推销书籍谋生。两年前我的丈夫患病时,我卖掉了轿车;为了再次开始推销书籍,我只得设法凑了一点钱,以分期付款方式买了一辆二手车。

"我本来以为出去工作有助于缓解我的愁绪;但是我几乎无法忍受独自驾车、独自吃饭的生活。况且有些地区的推销工作太困难,我发现分期付款买车的金额尽管很少,但还是难以支付。

"1938 年春天,我在密苏里州的凡尔赛(Versailles)做推销工作。那里的学校穷得没钱买书，路况又很糟糕；我孤身一人，沮丧消沉，甚至有一次想过自杀。我觉得不可能成功；生活没有任何目标。每天早晨我都害怕起床，不敢面对生活。我恐惧一切：担心付不起分期付款的车钱；担心付不起房租；担心没有足够的食物；担心搞坏身体却没有钱看病。阻止我自杀的唯一原因是我的姐妹会十分悲痛，而且我们没有足够的钱支付我的葬礼费用。

"有一天，我偶然读到了一篇文章，它使沮丧的我振作起来，给了我继续生活的勇气。我永远感激文章里的一句鼓舞人心的话：'对于明智的人而言，每天都是新生命的开始。'我用打字机把这句话打印出来，贴在轿车的挡风玻璃上，以便我在开车的时候一直能看见。我发现每次只活一天不太难。我学会了忘记过去，不考虑未来。每天早晨我都对自己说：'今天又是新生命的开始。'

"我成功地克服了对孤独和缺乏的恐惧。如今我很快乐，工作方面相当成功，而且对生活充满了热情和爱。现在我知道，无论生活再给我什么考验，我都不会再害怕了。现在我知道，我不必害怕未来。现在我知道，我每次只要活一天，'对于明智的人而言，每天都是新生命的开始。'"

猜猜看，下面的诗句是谁写的？

这样的人很快乐，也只有他才能快乐，

他能使今天属于自己，

他在今天能感到安全，能够说：

"无论明天有多么糟糕的事，我已经活过了今天。"

这几句话听起来像是现代的，不是吗？实际上它们是在基督降生前三十多年出自古罗马诗人贺拉斯（Horace）的笔下。

人类最具悲剧性的本性之一是我们全都倾向于拖延时间，忽略当下，不能积极投入生活。我们都梦想着天边有一片神奇的玫瑰花园，却忽略了今天在我们窗前盛开的玫瑰。

我们为什么会变成这种傻瓜——这种可悲的傻瓜呢？

"我们的短暂生命历程多么奇怪，"斯蒂芬·李科克（Stephen Leacock）写道，"小孩子总是说'等我变成大孩子的时候'，可是那又怎样呢？大孩子总是说'等我长大成人的时候'，可是等他长大成人之后，他又说'等我结了婚'，可是结了婚又怎样呢？他们的想法又变成了'等我退休以后'。等到他终于退休，再回顾这一路的历程，心中仿佛一阵寒风吹过；在不知不觉间，他错过了一切，机会一去不复返了。我们总是等到为时已晚才明白：原来生命的意义在生活之中，在于每一天和每一刻。"

底特律（Detroit）的爱德华·S. 埃文斯（Edward S. Evans）先生最近去世，他在领悟"生命的意义在生活之中，在于每一天和每一刻"之前，差点由于忧虑而死。爱德华·S. 埃文斯出生于贫穷家庭，最初靠卖报纸赚钱，后来在食品杂货店当店员。一家七口人的衣食都依靠他，他只得找了一份图书管理员助理的工作，虽然工资微薄，但他不敢辞职。过了 8 年，他才鼓足勇气开始自己创业。经过一番努力，他用借来的 55 美元资本建立起自己的事业，每年能赚两万美元。然而好景不长，致命的严寒来了。他替一个朋友背书担保了一大笔钱，结果这个朋友破产了。

灾祸接踵而至，不久之后他存款的银行倒闭了。他不仅损失了全部财产，而且欠下了 16 000 美元的债务。他的神经无法承受。"我吃不下饭，睡不着觉，"他告诉我，"我生了奇怪的病，原因完全是过度忧虑。有一天我在街上昏了过去，摔倒在人行道上。我不能行走，只能卧床休息。我的身体从外向内开始溃烂，甚至连躺在床上都是一种痛苦。我日渐虚弱，最后医生告诉我，我大概只能活两个星期了。我很震惊，只得起草遗嘱，然后躺着等死。在这种情况下，没有必要继续努力或者忧虑了。放弃之后，我反而放松下来，能好好睡觉了。此前几个星期我每天的睡眠时间都不到两个小时；这时既然世俗的问题即将终结，我便睡得像婴儿一样安心。令我精疲力竭的忧虑渐渐消失了。我的胃口开始恢复，体重也开始增加。"

"几星期以后，我能挂着拐杖走路了。过了 6 个星期，我能重新开始工作了。我曾经每年赚两万美元；而现在能找到每星期赚 30 美元的工作我就满足了。我找到一份推销挡板的工作，这种挡板的用途是在用船运输汽车的时候装在轮胎后面。现在我学到了教训：我不再忧虑，不再为过去发生的事情后悔，也不再畏惧未来。我将全部的时间、精力和热情都集中到推销工作上。"

爱德华·S. 埃文斯的事业飞速发展。几年之内，他当上了这家公司的总裁。他成了埃文斯工业公司的主人，它的股票在纽约证券市场上市。爱德华·S. 埃文斯于 1945 年去世时，已经成为美国最先进的商人之一。如果你乘飞机经过格陵兰（Greenland），也许会在埃文斯机场降落，那是以他的名字命名的机场。

这个故事的重点在于：假如他没有发现忧虑的愚蠢，假如他没有学会在"一个完全独立的今天里生活"，爱德华·S. 埃文斯就永远不可能赢得事业的胜利，不会体验到东山再起的强烈兴奋。

在基督降生之前五百年，希腊哲学家赫拉克利特（Heraclitus）告诉他的学生们："除了变化法则之外，没有恒常不变之物。"他还说过："人不可能两次踏进同一条河流。"河流每分每秒都在变化，过河的人同样如此。生命是永不停息的变化过程。唯一确定的是今天。既然未来充满永不停息的变化和不确定性，没人能够预知，我们何必试图去解决未来的问题，从而玷污今天生活的美好呢？

古罗马人对此有一个词——确切地说是两个词——Carpe diem。即"享受今天"或者"抓住今天"的意思。没错，及时行乐，最大限度地利用今天。

这正是洛厄尔·托马斯（Lowell Thomas）的人生哲学。前不久我在他的农场过了一个周末，注意到他在播音工作室的墙上挂了一个镜框，其中摘录了《圣经·诗篇》118：24的这段诗句，以便经常观看：

这是耶和华所定的日子，我们在其中要高兴欢喜。

约翰·罗斯金（John Ruskin）在他的书桌上放了一块样子朴素的石头，上面刻着一个词——今日。我的桌子上没有石头，不过我在镜子上贴了一首诗，以便每天早晨刮胡子时都能看见——威廉·奥斯勒爵士也把那首诗放在他的桌上，其作者是一位著名的印度剧作家迦梨陀娑（Kalidasa）：

向黎明致意

注目这一天！

它正是生命本身。

你的存在的真理和真实，

全部包含于一天的短暂过程之中：

成长的极乐、行动的荣耀、功绩的显赫。

昨天仅仅是一场梦，

明天仅仅是一个幻影。

我们生活的今天，

使昨天成为快乐的梦，每个明天成为充满希望的幻影。

所以好好把握这一天吧！

如此向黎明致意。

这是你应该学习的关于忧虑的第一课，**如果你希望忧虑远离你的生活，就要按照奥斯勒爵士的建议去做：**

关上铁门，把过去和未来阻隔在外，在"完全独立的今天"生活。

不妨向你自己提出这些问题，并写下答案：

一、我是否倾向于为未来忧虑，抑或向往"天边神奇的玫瑰花园"而拖延时间，忽略了当下的生活？

二、我是否有时为过去发生的、已经结束的事情懊悔，使目前的生活变得苦涩？

三、我早晨起床的时候，是否下定决心"抓住今天"，最大限度地利用这 24 小时？

四、"在完全独立的今天生活"，能否使我从生活中得到更多？

五、我从什么时候开始这样做？下个星期？ ……明天？ ……还是今天？

第二章　解决忧虑处境的一个神奇公式

你愿意学一种迅速而切实有效的应对忧虑处境的秘诀吗？一种放下书就能立刻开始运用的技巧？

好的，请让我介绍威利斯·H. 卡里尔（Willis H. Carrier）想出的这套方法，他是一位出色的工程师，是空调制造业的先锋人物，如今是纽约锡拉丘兹（Syracuse）的世界著名的卡里尔公司的领导。我与卡里尔先生在纽约的工程师俱乐部共进午餐时，他亲口讲述了这套方法，它是我听过的解决忧虑问题的最好方法之一。

"年轻的时候，"卡里尔先生说，"我在纽约州水牛城的水牛锻造公司工作。公司委派我去密苏里州水晶城的匹兹堡（Pittsburgh）厚玻璃板公司的下属工厂安装煤气净化装置，那里有价值数百万美元的大型机器。安装那套设备的目的是清除煤气中的杂质，避免在燃烧时损伤引擎。他们用新的方法净化煤气。安装之前我们只测试过一次，而且试验环境不同。我在密苏里州水晶城工作时，遇到了意料之外的困难。这些机器勉强可以运行，但是性能还达不到我们事先保证过的标准。"

"这次失败令我震惊不已，仿佛挨了当头一棒。我的肠胃翻搅起来，开始肚子疼。有段时间我甚至忧虑得无法入睡。

"最后常识提醒我，忧虑于事无补；于是我努力构想出了一个解决困难避免忧虑的办法，它效果极佳。这种避免忧虑的技巧我已经运用了 30 年以上。这套方法很简单，任何人都能用。它包括三个步骤：

第一步，我大胆而诚实地分析和设想这次失败可能导致的最坏的后果。可以确定的是，没人会把我关进监狱或者枪杀我。虽然如果失败的话，我可能会失去工作，为了撤换那些机器，我的雇主可能会损失投资的 20 000 美元。

第二步，设想了可能发生的最坏情况之后，我说服自己接受必然的后果。我告诉自己，这次失败会成为我履历上的一个污点，或许还可能意味着失去工作；但是我总归能另外找到工作。状况本来可能更糟糕；至于我的雇主，好吧，他们明白我们正在试验一套净化煤气的新方法，即使失败，20 000 美元的损失他们应该承担得起。既然是试验，就算作研究费用吧。

我设想可能发生的最坏情况并说服自己接受之后，极其重要的事情发生了：我立刻放松下来，感受到了多日来未曾有过的平静心情。

第三步，从那时开始，我镇定地投入全部时间和精力，尝试改善我已经在心理上接受的最坏结果。

"我努力寻找补救的方法和手段，以便减少那 20 000 美元的损失。经过几次测试，我终于发现，只要另外花费 5 000 美元添置一些辅助设备，就可以解决我们的问题。于是我们这样做了，不仅替公司挽回了 20 000 美元的损失，而且赚进了 15 000 美元。

"假如我没有停止忧虑，很可能就无法挽回损失，因为忧虑的最坏特征之一是摧毁我们专心思考的能力。忧虑导致我们思维混乱，失去一切做决定或判断的能力。而当我们强迫自己面对最坏的后果并在心理上接受它时，我们就可以排除所有模糊的想象，使自己处于能集中注意力思考并解决问题的状态。

"这段插曲发生在多年以前。因为那种方法效果绝佳，从那以后我一直运用；结果忧虑在我的生活中几乎彻底消失了。"

为什么威利斯·H.卡里尔的神奇公式如此具有价值和实用性呢？从心理学角度说，当我们受忧虑困扰而盲目摸索的时候，它拉了我们一把，帮我们摆脱忧虑的灰色云层，使我们的双脚稳稳地站在地上。倘若我们脚下没有坚实的土地，怎么可能指望我们做成任何事情呢？

应用心理学的创始人威廉·詹姆斯（William James）教授在 38 年前已经去世了。假如他活到今天，听说了面对最坏情况的公式，他也会强烈赞成。我怎么知道？因为他对他的学生讲过："要愿意接受既成事实……因为接受已经发生的事，是克服随之产生的任何不幸的第一步。"

林语堂在他的广受欢迎的《生活的艺术》中也表述过同样的思想。这位中国哲人说："一个人有了接受最坏境遇的准备，才能够获得内心的真正平安。从心理学的观点来看，它意味着一种释放潜能的程序。"

正是如此！释放潜在的能量！一旦接受最坏的后果，我们就没什么可损失的了。这自然意味着我们有机会赢回失去的一切！威利斯·H.卡里尔是这样说的："我设想可能发生的最坏情况并说服自己接受之后……我立刻放松下来，感受到了多日来未曾有过的平静心情。"

引人深思，不是吗？然而有千百万人由于愤怒的混乱毁掉了自己的生活，因为他们拒绝接受最坏的情况，拒绝尽力改善它，拒绝从废墟中尽可能抢救出一点东西。他们不肯重新开始建设，反而怀着恨意与"过去的经历进行粗暴争斗"，最终变成了名为忧郁症的执念的牺牲品。

你愿意看看其他人如何采用威利斯·H.卡里尔的神奇公式并解决自己的问题的实例吗？好的，这里有我们讲习班的一名学员讲述的例子，他是纽约的石油商人。

他的故事这样开头："我被敲诈了！我简直不敢相信，我还以为这种事只可能在电影里发生，可是我真的被敲诈了！事情是这样的：我主管的石油公司有许多运油卡车和司机。在那段时期，OPA的管理规章很严格，我们能卖给所有客户的油都是定量配给的。虽然当时我不知情，似乎有些司机私下克扣供应我们的常规客户的油，再把剩余的油转卖给别人。我第一次察觉这种非法交易的迹象是在某一天，一个自称政府调查员的人来造访我，向我索取封口费。他声称他掌握了我们的司机的非法交易的书面证据，威胁说如果我不给钱，他就把证据转交给地方检察官。

"当然我知道，至少我自己不必担心被判罪。但是我还知道，法律规定公司必须为雇员的行为承担责任。况且一旦法院审理此案，报纸报道了这件事，公司的名声就会变坏，进而毁掉我的生意。而我本来一直为我的事业自豪，公司是父亲在 24 年前建立起来的。

"我忧虑不已，以致生病了，三天三夜吃不下饭睡不着觉。我的思维疯狂地围绕这件事打转。我应该付给那个人 5 000 美元，还是应该告诉那个人滚你的蛋，随便你怎么办吧？我无论如何都不能下定决心，它成了我的噩梦。

"然后到了星期日晚上，我偶然拿起了题为'如何停止忧虑'的小册子，它是我参加卡耐基（Carnegie）公开演讲训练班时得到的。我开始读它，发现威利斯·H. 卡里尔的故事里有这样一句话：'面对最坏的情况。'于是我问自己：'假如我拒绝付钱，勒索者把他们的证据交给地方检察官，可能发生的最坏情况是什么？'

"答案是：我的生意会毁掉，那是可能发生的最坏情况。我不会进监狱。最坏的后果是我的公司失去公众信誉，进而断送我的事业。

"然后我对自己说：'好的，就算我的生意毁掉了。我在心理上可以接受。接下来会发生什么呢？'

"好吧，既然生意毁掉了，我可能不得不另外找工作。那也不坏。我熟悉石油行业，或许有几家公司乐意雇用我……我开始感觉好些了。三天三夜以来一直困扰我的压力和惊惶消散了一点。我的情绪终于平静下来……最令我惊讶的是，我能够思考了。

"这时我的头脑足够清醒，可以实行第三步——改善最坏的状况。我考虑解决办法的时候，问题展现了一个全新的视角。如果把全部情况告诉我的律师，他或许能找到一条我没想到的出路。此前我竟然没想过找律师，我知道这听起来很蠢，但是也怪不得我，因为我只顾着发愁了！我立刻下定决心，第二天早晨就去见我的律师，然后我上了床，睡得像根木头一样！

"结果呢？第二天早晨，我的律师建议我去见地方检察官，把真相和盘托出。我依言照办了。我讲完事情经过后，意外地听到地方检察官说，这种敲诈勒索已经持续了好几个月，那个自称'政府官员'的人，其实是个被警察通缉的骗子。我竟然由于不知是否应该把 5 000 元美元交给一个职业诈骗犯而受了三天三夜的折磨，听了检察官的说明以后，我终于如释重负！

"这次经历让我学到了终生难忘的教训。现在，每当面临使我忧虑的迫切需要解决的难题时，我就会运用'威利斯·H.卡里尔的老公式'。"

正当威利斯·H.卡里尔在密苏里州水晶城的工厂为安装煤气净化装置而烦恼的时候，内布拉斯加州（Nebraska）的布罗肯鲍（Broken Bow）有一位年轻人正在写遗嘱。他的名字是厄尔·P.黑尼（Earl P. Haney）。他得了严重的十二指肠溃疡，包括一位著名的溃疡专家在内的三位医生都宣布黑尼先生的病"无法治愈"。他们告诫他不可以吃这样那样的食物，必须保持绝对平静，不可以忧虑或烦躁。他们甚至让他准备遗嘱！

由于患病，厄尔·P.黑尼被迫辞去了高薪的好职位。这时他无事可做了，除了等待缓慢的死亡，也没什么可期待的。

于是他做出了一个罕见而出色的决定。他说："既然我没几天可活了，不妨最大限度地利用剩下的生命。我一直希望在死之前周游世界，如果这是我的愿望，现在就是最后的机会，立刻出发吧。"于是他买了船票。

医生们听说此事都十分惊骇，他们对黑尼先生说："我们必须警告你，如果你执意去旅行，肯定会葬身大海。"

"不，不会的，"他说，"我已经答应过亲人，我会埋葬在内布拉斯加州断弓的家族墓地里。所以我已经买好棺材，准备随身带着。"

他买了一具棺材，把它装上船，然后与轮船公司约定，假如他在船上死了，就把他的尸体放进冷冻舱，直至轮船返回故乡。他就这样踏上了旅程，脑海中回响着波斯诗人莪默·伽亚谟（Omar Khayyam）的诗句：

> 啊，在我们化作尘埃之前，
> 岂能辜负这一晌的欢娱？
> 尘归尘，土归土，永眠于黄泉，
> 无酒、无弦、无歌女，亦无明天！

然而他的旅行并非"无酒"。黑尼先生在寄给我的信里写道："我从洛杉矶（Los Angeles）乘船向东方航行，出海之后感觉就好多了。过了几个星期后，我甚至可以喝加冰的威士忌，抽长雪茄。我吃各种各样的食物，包括各种奇特的土产食品和调味品，虽然别人保证说那些东西肯定会要我的命。我很多年没有如此享受过了。我们在印度洋上遇到季风，在太平洋上遭遇台风暴雨，光是惊吓就足以把我送进棺材，我却从这些冒险中体会到了巨大乐趣。"

"我在船上玩游戏、唱歌、结交新朋友，过了半夜才睡觉。船抵达中国和印度之后，我意识到与东方的贫困和饥饿相比，我在家乡遇到的事业上的麻烦和忧虑简直算是乐园。我停止了无聊的忧虑，觉得心情好多了。等到返回美国，我的体重增加了90磅。我几乎完全忘记了十二指肠溃疡的事情。我生平从未感觉如此舒畅。我一回到家就立刻把棺材转卖给了殡仪馆，重新开始工作了。从那以后我再没有生过病。"

当时厄尔·P. 黑尼从未听说过威利斯·H. 卡里尔和他应对忧虑的技巧。前不久他告诉我："现在我发觉自己无意识地运用了完全相同的原理。我问自己，可能发生的最坏情况是什么？是死亡。我先在心理上接受死亡，然后我努力设法改善，决定最大限度地享受剩余的生命……"他继续说："如果我乘船出发以后还继续忧虑，毫无疑问返航的时候我会躺在那个棺材里。但是我放松下来，忘记了死亡。这种平和的心境赋予我新的力量，确实拯救了我的生命。"（厄尔·P. 黑尼如今住在麻省曼彻斯特市韦奇梅尔大街52号）

倘若这个神奇的公式能帮助威利斯·H. 卡里尔挽救了两万美元的合同，帮助一位纽约商人免于被敲诈，拯救了重病的厄尔·P. 黑尼的生命，那么它是不是也可能有助于解决你的某些麻烦呢？它是不是也可能解决你认为无法解决的某些难题呢？

因此第二条规则是，**如果遇到令你忧虑的问题，就应用威利斯·H. 卡里尔的神奇公式，做以下三件事：**

一、问你自己："可能发生的最坏情况是什么？"

二、假如无法避免，就准备好接受。

三、然后冷静地想办法改善最坏的结果。

第三章　忧虑可能对你的健康造成的影响

"不知道如何战胜忧虑的商人会英年早逝。"

——亚历克西斯·卡雷尔（Alexis Carrel）博士

几年前的一天晚上，一个邻居来按我家的门铃，敦促我们全家去接种预防天花的牛痘。整个纽约市有数千名志愿者到各家各户去按门铃，他只是其中之一。无数惊恐的人们排几小时的队接种疫苗。防疫站不仅开设在所有医院，消防队、派出所和大型工厂里也设有接种疫苗的站点。为了给人们接种，2 000多名医生和护士夜以继日地忙碌着。因为疫病流行吗？原来纽约市有8个人患了天花，其中2人死亡。只是因为800万人口的大都市里死了2个人。

迄今为止我在纽约居住了37年，可是从没有人来按我家的门铃，警告我提防忧虑导致的情绪疾病，而在过去37年间，忧郁症造成的损害比天花严重10 000倍以上。

从来没有人按门铃警告我，如今在美国生活的每十个人中间就有一个人面临精神崩溃的危险，而绝大多数的原因是忧虑和感情冲突。因此我现在写下这一章，相当于按你的门铃发出警告。

曾经荣获诺贝尔生理学—医学奖的亚历克西斯·卡雷尔

(Alexis Carrel)博士说过："不知道如何战胜忧虑的商人会英年早逝。"实际上不仅是商人，家庭主妇、兽医和泥瓦匠同样如此。

几年前我驾驶汽车去德克萨斯和新墨西哥州，与圣菲（Santa Fe）铁路的医务主管戈贝尔（O. F. Gober）博士一起旅游度假，确切地说，他的头衔是旧金山海湾科罗拉多州与圣菲医院协会的主治医师。我们谈起忧虑的影响，他说："内科医生的大多数病人只要摒除恐惧和忧虑，病就能自然痊愈，有七成病人都是如此。不要误会，我的意思不是说他们的病是幻想出来的，其实他们的病都与蛀牙的疼痛一样真实，有时甚至更严重一百倍。例如神经性消化不良、某些胃溃疡、心律失常、失眠症、某些头痛以及某些麻痹症状，这些都是真病。"

戈贝尔博士说："我的话是有依据的，因为我也有十二年饱受胃溃疡的折磨。恐惧导致忧虑，忧虑导致紧张和神经过敏，从而影响到胃的神经系统，导致胃液从正常变成不正常，结果常常造成胃溃疡。"

《神经性胃病》一书的作者约瑟夫·F. 孟塔古（Joseph F. Montague）博士也说过同样的话。他认为："胃溃疡的原因不是你吃的食物，而是你的忧虑。"

梅奥诊所（Mayo Clinic）的阿尔瓦雷斯（W. C. Alvarez）医生主张："胃溃疡的发作或平息，通常取决于人情绪的紧张程度。"

对于梅奥诊所的 15 000 名胃病患者的病历研究证实了这一观点。大约有 4/5 的患者的病因不是生理方面的。他们患胃病和胃溃疡的主要原因是恐惧、忧虑、憎恨、极端的自私以及无力适应现实世界等。胃溃疡是致命的疾病。根据《生活》杂志的报道，胃溃疡排在致命疾病名单的第十位。

　　最近我与梅奥诊所的哈罗德·C. 哈贝因（Harold C. Habein）医生有过一些通信。他在美国产业界医师协会的年会上宣读了一篇论文，内容是他对 176 位平均年龄 44.3 岁的工商企业主管的研究。他报告说，其中有 1/3 以上的人由于高度紧张的生活而罹患三种慢性疾病——心脏病、消化系统溃疡和高血压。想想看，我们工商业界的高级主管中间有 1/3 的人搞坏了身体，甚至还不到 45 岁就患上了心脏病、溃疡和高血压，他们成功的代价多么高昂！一个人有可能用胃溃疡和心脏病的代价换取商业上的发展吗？纵然他赢得整个世界，却失去了身体的健康，这对他有什么益处呢？纵然拥有整个世界，每次也只能睡在一张床上，每天也只能吃三顿饭。这种事连挖水沟的人都能做到，而且与公司的高级主管们相比，他可能睡觉更安稳、吃饭更香甜。坦白地说，我宁可在亚拉巴马州（Alabama）当租田耕种的农夫，在膝盖上放一把五弦琴，也不愿意为了管理一家铁路公司或香烟公司而在不到 45 岁时就毁掉自己的健康。

　　提起香烟，最近某位世界著名的香烟制造商在加拿大的森林里寻找消遣的时候突然心脏病发作倒下死了。他聚敛了百万美元的财产，却只活了 61 年。可能他出卖了若干年的生命，换取所谓"事业上的成功"。要我评价的话，这位香烟制造商的成功还不及我父亲的一半。我的父亲是密苏里州的农民，一文不名，却活到了 89岁。

　　著名的梅奥（Mayo）兄弟宣称，占据医院床位的病人有一半以上患有神经系统疾病。然而在高性能显微镜下用现代方法检查这些病人的神经时，却发现其中大部分人似乎与杰克·登普西（Jack Dempsey）一样健康。他们的"神经系统疾病"的原因不是神经的器质性病变，而是徒劳、沮丧、焦虑、担忧、恐惧、挫败感以及绝望等情绪。柏拉图（Plato）曾经说："医生所犯的最大错误是只试图治疗身体，却不知道治疗精神；而精神和肉体是统一的，不应该分开处理。"

医药学界耗费了 2 300 年时间才认清了这个重要的真理。一门被称为"心身医学"的新医学刚刚开始发展，它兼顾精神和肉体的治疗。它的发展正当其时，因为现代医学已经在很大程度上消除了由微生物引起的可怕疾病——例如天花、霍乱、黄热病等曾经肆虐全球、将数千万人送进坟墓的传染病。然而现代医学还不能有效治疗的心理疾病依旧存在，导致那些疾病的元凶不是微生物，而是情绪上的忧虑、恐惧、憎恨、沮丧以及绝望。此类情绪性疾病的受害者正在日益增多，传播范围越来越广，而且传播速度迅速到了灾难性的程度。

据医生们估计，目前每 20 个美国人中间就有一个人在某种精神疾病医疗机构生活过一段时间。第二次世界大战时应召服兵役的美国年轻人，每 6 个人里就有一个存在精神疾病或缺陷而不能入伍。

精神失常的原因是什么？没人知道全部答案。不过我们可以说，在大多数情况下，恐惧和忧虑很可能是原因之一。焦虑和厌倦的人不能顺利适应严酷的现实，因而与周围环境断绝一切联系，退缩回自己营造的幻想世界，用这种方式解决他的忧虑问题。

我手边的桌上有一本爱德华·波多尔斯基（Edward Podolsky）

博士的《停止忧虑恢复健康》，该书的一些章节的标题如下所示：

忧虑对心脏的影响

忧虑造成高血压

忧虑可能导致风湿病

为了你的胃减少忧虑

忧虑如何导致感冒

忧虑与甲状腺

忧虑的糖尿病患者

卡尔·门宁格（Karl Menninger）博士的《自找麻烦》是另外一本阐述忧虑的好书，他是"精神病学界的梅奥兄弟"之一。他的作品揭示了容许破坏性情绪支配你的生活所造成的后果，让你看到忧虑、烦躁、憎恨、懊悔等负面情绪如何损害身心健康。如果你希望停止损害自己的健康，就读一下这本书，还可以推荐给你的朋友们。该书的价格是4美元，那是你平生能做的最佳投资之一。

忧虑甚至能使最不易动感情的人生病。在美国内战即将结束的日子里，格兰特（Grant）将军发现了这一点。故事是这样的：格兰特将军围攻里士满（Richmond）已经九个月。李（Lee）将军率领的南军士兵衣衫褴褛、饥肠辘辘，打了败仗。整个军团的人都当了逃兵。其余的人躲在帐篷里祈祷，哭着喊着，做着白日梦。战争即将终结，李将军的部下放火烧毁了里士满的棉花和烟草仓库，也点燃了军火库，在烈焰腾空的夜幕掩护下逃跑了。格兰特乘胜追击，从左右侧翼和后面夹击南方联军，同时谢里登（Sheridan）的骑兵从前面拦截他们，破坏铁路线，夺取供给物资的列车。

当时格兰特由于剧烈的头痛而眼睛半盲，落在他的部队后边，只得在一间农舍休息。"我在那里过了一夜，"格兰特在回忆录中写道，"我在加了芥末的热水里泡脚，还在手腕和后颈上贴芥末膏药，希望第二天早上能恢复。"

第二天早上，他的头痛即刻治愈了。不过治愈他的不是芥末膏药，而是一个从前线带回李将军请降书的骑兵。

"当那个军官（带着信）走到我面前时，"格兰特写道，"我的头还痛得很厉害，可是一看到信的内容，我的头就立刻不痛了。"

显然，格兰特的病因是忧虑和紧张不安的情绪。一旦信心恢复，想到功绩和胜利，他的病就即刻痊愈了。

70 年之后，在富兰克林·德兰诺·罗斯福（Franklin D. Roosevelt）总统的内阁中担任财政部长的小亨利·摩根索（Henry Morgenthau）发现，忧虑使他生病，感到头昏眼花。他在日记里记录道，总统为了抬升小麦价格，一天之内买了 440 万蒲式耳的小麦，这使他忧虑不已。"在事情结束之前，我一直感觉头昏眼花。我回到家，吃过午饭后又睡了两个小时。"

如果我想知道忧虑对人的影响，我不必去图书馆查找，也不必咨询医生，只要坐在家里看看窗外，就能看见同一街区的某幢房子里有个人由于过度忧虑而精神崩溃，另一幢房子里有个人由于忧虑而罹患糖尿病。在股票市场崩盘的时候，我的这位邻居的血糖值也猛增，差点为此丧命。

卓越的法国哲学家蒙田（Montaigne）在当选为他的家乡波尔多（Bordeaux）的市长时曾经对同胞市民说："我愿意用双手处理

你们的事务，不过不愿意让麻烦进入我的肝和肺里。"

忧虑还会导致风湿病和关节炎，迫使你在轮椅上生活。康奈尔（Cornell）大学医学院的拉塞尔·L.塞西尔（Russell L. Cecil）博士是世界知名的关节炎治疗权威。他列举了四种最常见的造成关节炎的因素：

一、婚姻破裂。

二、财政方面的灾难和痛苦。

三、孤独和忧虑。

四、长期的愤怒。

自然，这四种情绪状况远非关节炎的唯一病因。各种各样的因素都会造成关节炎。不过让我重复一次，它们是塞西尔博士列举的四种最常见的病因。举例来说，在经济大萧条时期，我的一个朋友遭受了巨大损失，煤气公司停止供应煤气，银行取消了他赎回抵押的房产的权利。他的妻子突然患上了痛苦的关节炎，药物和饮食治疗均不见效，直至他们家的经济状况逐渐好转，她才终于恢复健康。

忧虑甚至会造成蛀牙。威廉·麦戈尼格尔（William I. L. McGonigle）博士在全美牙医协会的一次演讲中说："由于焦虑、恐惧、挑剔、抱怨等产生的不快情绪可能扰乱人体的钙质平衡，从而造成蛀牙。"麦戈尼格尔博士说，他的一位病人过去有一口完美无缺的牙齿，由于他的妻子突然得病，他开始担忧，在他妻子住院的三个星期里，他的牙齿蛀掉了九颗，这都是忧虑造成的。

你见过甲状腺功能严重亢奋的病人吗？我见过，我能告诉你，他们身体不停地颤抖；他们看上去好像被吓得半死，事实上也差不多半死了。甲状腺是调节身体机能的，一旦失去平衡，就会导致心跳加速，整个身体处于亢奋状态，犹如一个炉门全部敞开的熔炉。除非动手术或者通过治疗加以抑制，否则受害者可能会死，可能"把自己烧干"。

不久前，我陪一位患这种病的朋友前往费城（Philadelphia），造访一位主治这类疾病38年的著名专家。那位医生在候诊室的墙上挂了一块大木牌，写上他的建议，以便所有病人都能看见，我在候诊的时候把上面的字抄写到了一个信封的背面，他的建议是这样的：

轻松和消遣

最轻松、最有助于恢复的力量是健全的信仰、睡眠、音乐和欢笑。

对上帝有信心——学会提高睡眠质量——喜欢美妙的音乐——欣赏生活中有趣的一面——健康和幸福就会与你相伴。

他对我的这个朋友提出的第一个问题是："有什么情绪上的困扰造成了你的病情？"他告诫我的朋友，如果不停止忧虑，就可能患上其他并发症，比如心脏病、胃溃疡或糖尿病等。这位杰出的医生说："所有这些疾病都有亲戚关系，甚至是近亲——当然，它们都是忧虑导致的！"

我采访女明星梅尔·奥勃朗（Merle Oberon）的时候，她说她拒绝忧虑，因为忧虑会摧毁她在银幕上表演的主要资本——美貌。

她告诉我说："我刚开始涉足电影时，既担心又害怕。我刚从印度回来，试图找一份工作，可是在伦敦举目无亲。我见过几位制片人，他们都不愿意雇用我；我仅存的一点积蓄渐渐用完了。有两个星期，我只能吃薄脆饼干和水。我忧心忡忡，而且饥肠辘辘。我对自己说：'也许你是个傻瓜，你永远不可能拍电影。毕竟你没有经验，从未演过戏，除了还算漂亮的脸蛋，你还有什么呢？'

"我照着镜子，看着镜子里的自己，发现忧虑影响了我的容貌。看见由于忧虑形成的皱纹，看见焦虑的表情，我对自己说：'你要立刻停止！你经不起忧虑。你能提供的只有容貌，而忧虑会毁掉它。'"

忧虑是加速女人衰老、摧毁女人的容貌的首要因素。忧虑使我们的表情纠结；忧虑使我们咬紧下颌，导致脸上出现皱纹；忧虑使我们总是面带不悦之色，使我们的头发变得灰白甚至脱落；忧虑会毁掉皮肤，导致各种各样的雀斑、疱疹和粉刺。

如今心脏病是美国人的头号杀手。第二次世界大战期间，大约有 30 多万人在战场上直接死亡；然而在同一时期，心脏病却杀死了 200 万平民，其中 100 万人的心脏病是忧虑和高度紧张的生活造成的。亚历克西斯·卡雷尔博士之所以说"不知道如何战胜忧虑的商人会英年早逝"，主要原因之一就是心脏病。

南方的黑人和中国人很少由于忧虑而患心脏病，是因为他们能心平气和地看待事情。死于心脏疾病的医生比农民多 20 倍，因为医生的生活十分紧张，他们付出了代价。

威廉·詹姆斯（William James）说："上帝或许会宽恕我们所犯的罪过，但是我们的神经系统却不会宽恕。"

每年死于自杀的美国人比死于五种最常见的传染病的人数更

多，这一事实令人震惊，几乎难以置信。

为什么呢？答案通常是"忧虑"。

在中国古代，残忍的军阀酷刑折磨俘虏时，会捆绑住俘虏的手脚，把他们吊在一个不停滴水的袋子下方，水滴啊……滴啊……日夜不停。这些不停滴落到头上的水最后仿佛变成了槌子的敲击，把那些俘虏逼疯。西班牙的宗教法庭和纳粹德国的集中营都使用过这种刑讯折磨的方法。

忧虑犹如不停滴落的水，一点一滴永不停歇；水滴石穿的忧虑经常会使人精神错乱甚至自杀。

我还是一个密苏里州乡下的男孩时，听到牧师比利·森迪（Billy Sunday）描述彼世的地狱烈火，曾经害怕得半死。可是他却从未提到，此世的忧虑造成的肉体的极大痛苦也许不亚于地狱烈火。举例来说，如果你长期忧虑，也许某一天就会遭受最剧烈的痛苦——心绞痛的折磨。

少年，那种病一旦发作，你就会痛得尖叫。与你的惨叫相比，但丁（Dante）的《地狱篇》简直像是"玩偶世界"（译者注：Babes in Toyland，1934 年拍摄的一部美国喜剧电影）。到那个时候，你就会对自己说："啊，上帝！啊，上帝！要是我的病能好，以后我再也不为任何事忧虑了。"（如果你觉得我太夸张，可以问问你的家庭医生。）

你热爱生命吗？你想长命百岁、享受健康生活吗？这里有实现的办法。让我再引用亚历克西斯·卡雷尔博士的一句话："在喧嚣的现代城市里，唯有保持内心平静的人才能免于精神疾病。"

你能不能在喧嚣的现代城市里保持自己内心的平静？如果你是

正常人，答案应该是"可以"，"毫无疑问"。

　　我们大多数人都比我们自认为的更坚强。我们拥有可能从未得到开发的内在力量。正如梭罗（Thoreau）在他的不朽作品《瓦尔登湖》中所说的：

　　"人类无疑具备有意识地提升自己的生命的能力，这是我所知的最振奋人心的事实……如果一个人满怀信心地朝梦想的方向前进，努力过他想要的生活，他就会在日常之中取得意外的成功。"

　　想必许多读者都拥有像奥尔嘉·K. 贾薇（Olga K. Jarvey）那样的意志力和内在力量。她的地址是爱达荷州（Idaho）科达伦（Coeur d'Alene）892 信箱。她发现在最悲惨的情况下她也能摒除忧虑。我坚决相信，只要运用本书所讨论的古老真理，你和我同样能做到。奥尔嘉·K. 贾薇写信给我讲述了她的故事："八年半以前，医生宣布我将缓慢而痛苦地死于癌症。国内最优秀的医生梅奥兄弟证实了这一诊断。我走投无路，死神盯上了我。我还年轻，我不想死！绝望之中，我给凯洛格（Kellogg）疗养院的医生打电话，哭诉我内心的绝望。他有些不耐烦地打断我，申斥道：'奥尔嘉，你怎么了？难道你已经完全放弃了吗？如果你什么都不做只是哭，你当然会死的。没错，你突然遇上了最坏的情况。好吧，那就面对现实！停止忧虑，然后做点什么！'在那一刻，我默默立下了一个誓言，我的决心如此严肃，以致指甲深深嵌进了肉里，脊背上掠过了一阵寒战：'我不要再忧虑！我不要再哭泣！我相信精神能战胜物质，我一定要赢！我要活下去！'

　　"我的病灶不能用镭化疗，通常的疗法是每天用 X 射线照射10.5 分钟，连续一个月。由于我的癌症已经发展得很严重，医生每天给我照射 14.5 分钟，连续治疗了 49 天。我变得骨瘦如柴，身体犹如贫瘠的山上突出的岩石，我的双脚沉重得好像灌了铅，但是我不忧虑！我一次都没哭过！我一直微笑，没错，我确实在强迫自己微笑。

"我没有愚蠢到以为单凭微笑就能治愈癌症。不过我相信，欢乐的精神状态有助于身体抵抗疾病。总而言之，我的癌症奇迹般地治愈了。在过去几年里，我从未如此健康过，这都要感谢麦克卡弗利（McCaffery）医生的话激发了我的斗志：'面对现实！停止忧虑，然后做点什么！'"

在本章结尾，我打算重复在开头引用过的亚历克西斯·卡雷尔博士的话："不知道如何战胜忧虑的商人会英年早逝"。

先知穆罕默德（Mohammed）的狂热追随者们经常把《古兰经》里的句子做成纹身刻在胸口。我也希望本书的每位读者把这句话做成纹身刻在胸口："不知道如何战胜忧虑的商人会英年早逝。"

卡雷尔博士的话对你是否适用？

很可能。

一言以蔽之：

关于忧虑的基本规则

规则一　如果你希望忧虑远离你的生活，就要按照威廉·奥斯勒（William Osler）爵士的建议去做：关上铁门，把过去和未来阻隔在外，在"完全独立的今天"生活。切勿为未来烦恼。只要过好每一天，直至就寝。

规则二　下次遇到令你忧虑的问题，你被逼到角落走投无路的时候，就试试应用威利斯·H.卡里尔（Willis H. Carrier）的神奇公式，做以下三件事：

1. 问你自己："可能发生的最坏情况是什么？"

2. 假如无法避免，就准备好接受。

3. 然后冷静地想办法改善最坏的结果。

规则三　提醒自己，过度忧虑会使你付出健康的代价。

"不知道如何战胜忧虑的商人会英年早逝"。

第二篇

分析忧虑的基本技巧

第四章　如何分析和解决忧虑问题

我有六位忠诚的仆人，

他们教给我一切，

他们的名字是：

什么、为什么、何时、如何、何地、何人。

——拉迪亚德·吉卜林（Rudyard Kipling）

本书第二章中描述的威利斯·H.卡里尔（Willis H. Carrier）的神奇公式能否解决一切令人忧虑的问题？不，当然不能。那么我们应该怎么办？答案是我们必须学会分析问题的三个基本步骤，借此应对各种不同的烦恼。这三个步骤如下：

一、认清事实。

二、分析事实。

三、做决定，然后付诸实施。

太显而易见吗？是的，这是亚里士多德（Aristotle）教过并运用过的步骤。如果我们希望解决那些困扰我们、使我们的生活变成名副其实的地狱的难题，就必须运用它。

让我们先看第一步：认清事实。为什么辨明事实如此重要？因为除非把握住事实，我们就不可能明智地解决问题，连尝试都不行。离开事实，我们所能做的就只是在一片混乱中烦恼不已。这是我的观点吗？不，这是最近去世的哥伦比亚大学的哥伦比亚学院院长赫伯特·E. 霍克斯（Herbert E. Hawkes）22 年来的想法。他曾经帮助 20 万名学生解决过令他们烦恼的问题。他告诉我，"混乱是忧虑的主要原因"。他的原话是这样的："人们试图在获得充足的信息之前做决定，这导致了世界上的一半烦恼。举例来说，假设我必须在下星期二的三点钟面对某个问题，那么在下星期二以前，我就决不做决定。与此同时，我尽量收集与该问题相关的全部事实。我不会忧虑，我不会一直苦苦思索。我照常睡觉不会失眠。我只是专心收集事实。等到星期二，假如我掌握了全部事实，问题通常就会自然而然地解决！"

我询问霍克斯院长，这是否意味着他彻底战胜了忧虑。他回答道："是的，我想我能诚实地说，如今我的生活里完全没有忧虑。"他接着说："我发现，倘若一个人能正确利用时间，用不偏不倚的客观方式掌握事实，他的忧虑通常就会在知识之光的映照下消失。"

让我重复一遍："倘若一个人能正确利用时间，用不偏不倚的客观方式掌握事实，他的忧虑通常就会在知识之光的映照下消失。"

可是我们大多数人的做法呢？即使我们会不厌其烦地弄清事实？托马斯·爱迪生（Thomas Edison）严肃地说过："只要能避免思考，人们愿意采取任何权宜之计——即使我们会不厌其烦地弄清事实，我们像股票经纪人的探子一样搜寻支持我们已有的想法的事实，却忽略了其他一切事实！我们只需要能证实我们行动的事实，那些便利地符合我们的意愿、能支持我们的先入为主的成见的事实！"

安德烈·莫鲁瓦（Andre Maurois）是这样评述的："符合我们个人愿望的一切看起来都是真的，而与之相悖的一切都令我们勃然大怒。"

那么我们的问题如此难以解决也就不足为奇了。如果我们始终假定2加2等于5，岂不就连二年级的算术题也解不出了吗？然而世界上有很多人坚持主张2加2等于5——抑或等于500——使自己和他人的生活都如同地狱！

我们应该怎么办呢？我们必须在思考时排除感情因素；正如霍克斯院长所说的，我们必须用"不偏不倚的客观方式掌握事实"。

当我们烦恼的时候，总是情绪激动，所以这一任务并不容易。不过这儿有两个办法，能让我们以清晰客观的方式看清事实，我发现它们对于旁观我的问题很有助益：

一、在收集事实时，我假装不是为自己而是为别人收集信息。这样能帮助我以冷静、中立的态度看待证据，还能帮助我消除多余的情绪。

二、在收集令我忧虑的事实时，我有时假装是律师，准备替另一方辩护。换言之，我试图收集对自己不利的事实，即那些破坏我的希望、我不愿意面对的事实。

然后我把自己一方和另一方的事实都写下来，我发现通常情况下，真理存在于这两个极端之间的某处。

这是我试图说明的要点。除非先辨明事实，无论是你我还是爱因斯坦抑或美国最高法院，都不能对任何问题做出足够聪明的决定。托马斯·爱迪生明白这个道理。他去世时留下了 2500 册笔记本，里面记满了关于他面对的问题的事实。

因此解决我们问题的第一个步骤是认清事实。让我们按照霍克斯院长的话去做：在用不偏不倚的客观方式掌握全部事实之前，不要试图解决问题。

话说回来，纵然收集了全世界的所有事实，倘若不加以分析阐释，我们就得不到丝毫益处。

先将事实写下来再进行分析，相对而言容易得多，这是我自己的宝贵经验。事实上，仅仅在纸上清楚地列举和陈述我们的问题，就可能帮助我们做出一个切合实际的决定。正如查尔斯·凯特灵（Charles Kettering）所说的："清楚地陈述问题，相当于问题解决了一半。"

让我们来看看这些方法在实践中运用的例子。中国人说，一幅画抵得上一万句话。不妨假想一下，我正在向读者描绘一个人如何将我们正在谈论的方法付诸实际行动。

我们以盖伦·利奇菲尔德（Galen Litchfield）为例，我与他结识数年，他是远东地区最成功的美国商人之一。1942 年，当日军入侵上海时，利奇菲尔德先生正在中国。以下是他在我家做客时告诉我的故事。

盖伦·利奇菲尔德说："日本人轰炸珍珠港之后不久，大批日军涌进了上海。当时我是上海亚洲人寿保险公司的经理。他们派来一个'军方的清算员'——其实那个人是海军将领——命令我协助他清算我们公司的资产。我无法选择：要么与他们合作，要么死路一条。

"我开始依照他们的命令行动，因为我没有选择余地。不过公司有一笔价值75万美元的保险，我没有填到交给海军将领的清单上，因为这笔钱属于香港的分公司，与上海公司的资产无关。尽管如此，我仍然害怕一旦日本人发现这件事，我就会陷入困境。这件事果然很快被发现了。

"他们发现时我正巧不在办公室，在场的是我的会计主管。他告诉我，那个日本海军将领大发雷霆，暴跳如雷，大骂我是窃贼，是个叛徒，指责我公然反抗日本皇军！我知道这是什么意思，我会遭到宪兵队（译者注：原文 bridge house，指上海市四川北路478号的一座居民大楼，日军占领上海期间是宪兵队的总部）的逮捕和监禁。

"宪兵就是日本的秘密警察，他们刑讯拷问俘虏！我有几个朋友宁可自杀也不愿意被宪兵队抓去。还有些朋友被他们审问拷打了十天，惨死在那个地方。现在我自己上了宪兵队的黑名单！

"我在星期日下午听说这个消息，怎么办呢？这件事很可怕，倘若我没有处理问题的确定技巧，我就会被吓坏。多年以来我有个习惯，每当烦恼的时候，我总是坐到打字机前，打下两个问题，然后自己回答。这两个问题是：

一、令我烦恼的是什么？

二、我能做什么？

"我以前只是在心里回答，不会把答案写下来。后来我改变了做法，因为我发现把问题和答案都写下来有助于理清思绪。

所以那个星期日下午，我直接返回上海基督教青年会的住所，取出我的打字机，打出了第一个问题：

一、令我烦恼的是什么？

我害怕明天早上会被抓到宪兵队。

接着是第二个问题：

二、我能做什么？

"这个问题我考虑了几个小时，写下了四种我可能采取的行动以及每种行动可能造成的后果。

1. 我可以尝试向日本海军将领解释。但是他不懂英语。如果我通过翻译解释，也许会进一步激怒他。如果他生性残忍，我就死定了，他会把我直接扔进宪兵队的监狱，而不是费心听我解释。

2. 我可以设法逃跑。但是不可能成功。他们一直在监视我，我进出在基督教青年会的住所都必须登记。如果企图逃走，我很可能被他们抓回来枪毙。

3. 我可以留在自己的房间里，不再去办公室。可是那样的话那个海军将领会起疑心，可能会派兵来逮捕我，直接把我关进宪兵队的监狱，不给我说话的机会。

4. 还有一种选择是星期一早晨我照常去办公室。毕竟还有一种可能性是那个海军将领太忙了，忘记了我的事情。即使他还记得，也可能已经冷静下来，不会打扰我了。那样的话当然最好。就算他再来打扰，我还是有机会设法解释。于是我决定采取第四种办法，星期一早晨跟往常一样去办公室，装作什么事都没发生过，以便有机会逃过宪兵队。

"一旦考虑完毕，决定采纳第四种方案照常去办公室之后，我大大松了口气。

"第二天早晨我走进办公室时，那个日本海军将领坐在那里，嘴里叼着一支雪茄；他照例瞪了我一眼，什么都没说。感谢上帝，六个星期以后他回了东京，我的烦恼消除了。

"如前所述，那个星期日下午我坐下来写出可能采取的各种办法以及每种行动可能造成的后果，然后镇静地做出决定，才救了自己的命。假如我犹豫不决、惊惶失措，在关键时刻采取了错误的行动；假如我没有仔细考虑这个问题并下定决心，在整个星期日下午一直发疯似的烦恼，那天夜里我或许会失眠，在星期一早晨惊慌失措、满面愁容地去办公室；那样会引起那个日本海军将领的猜疑，刺激他采取行动。

"我的经验一次又一次地证明了做出决定的巨大价值。正是由于缺乏坚定不移的意志，无力避免陷入令人发狂的死循环，人们才会精神崩溃，生活在地狱里。我发现，一旦我做出清楚确定的判断，有一半的忧虑就会消失；一旦我开始将决定付诸行动，另外四成的忧虑通常也会消失。

"通过采取以下四个步骤，我能摒除 90% 的忧虑：

一、精确地写下我担忧的事情。

二、写下我能采取的对策。

三、决定应该怎么做。

四、立即开始将决定付诸行动。"

盖伦·利奇菲尔德如今是纽约市约翰街的斯塔尔、帕克与弗里曼（Starr，Park and Freeman）有限公司的远东地区主管，代表着保险业和金融业的大量利益。

事实上如前所述，如今盖伦·利奇菲尔德是美国驻亚洲的最重要的商人之一；他对我坦陈，他的成功在很大程度上要归功于这种分析忧虑、直面忧虑的办法。

他的办法为什么如此绝妙？因为它效率高、具体切实、直接针对问题的核心。最重要的是必不可少的第三步：决定应该怎么做。除非我们将决定付诸行动，否则我们收集事实和进行分析的全部努力都会付诸东流，那完全是浪费精力。

威廉·詹姆斯（William James）说过："你一旦做出决定，当天就付诸实施，完全不要考虑责任问题，也不要关心后果。"（在这种情况下，他所说的"关心"无疑是"焦虑"的同义词）威廉·詹姆斯的意思是，你必须在事实的基础上谨慎地做出决定，一旦下定决心就立即行动；不要停下来反复考虑，不要犹豫不决，不要徘徊不前，不要忧虑烦恼，不要总是回头顾盼，不要怀疑自己而迷失自我，那样只会导致更多的疑虑。

我曾经询问俄克拉荷马州（Oklahoma）最著名的石油商人韦特·菲利普斯（Waite Phillips），他如何将决心付诸行动？他回答道："我发现，如果不停地考虑我们的问题，超出某一限度之后，就必定会引起混乱和忧虑。在那种情况下，更多调查和思考对我们有害；在那种时候，我们就应该做出决定并付诸行动，不再回头。"

为什么不立刻运用盖伦·利奇菲尔德的技巧消除你的烦恼呢？

第一个问题：令我烦恼的是什么？（请用铅笔写下这个问题的答案）

第二个问题：我能做什么？（请用铅笔写下这个问题的答案）

第三个问题：这是我准备采取的办法。

第四个问题：我打算什么时候开始行动？

第五章　如何消除事业方面的一半烦恼

如果你是商人，此刻你可能正在对自己说："这章的标题真可笑。这一行的生意我已经做了 19 年，要是有谁知道秘诀，我肯定也知道了。竟然有人企图告诉我怎样消除生意方面的一半烦恼，这种想法真荒唐！"

有道理，倘若我在几年前看到这个标题，我也会产生同样的感受。这个标题只是动听的承诺，而承诺是廉价的。

让我们坦率地说：或许我不能帮助你消除生意方面的一半烦恼。从前面的分析来看，除了你自己，其他人都不能做到。不过我能做到的是让你看看别人的做法，其余的就交给你了！

你也许记得，本书第三章的开头引用过世界著名的亚历克西斯·卡雷尔（Alexis Carrel）博士的这句话，"不知道如何战胜忧虑的商人会英年早逝"。

既然忧虑的后果如此严重，如果我能帮助你消除 10% 的忧虑，你是否会满意呢？……是的？……很好！下面我要告诉你，一位企业高级主管如何消除了他的一半忧虑，而且节约了以前用于开会商谈、解决生意问题的 75% 的时间。

而且我不会使用"琼斯（Jones）先生""X 先生"或者"我认识的某位俄亥俄州（Ohio）的先生"之类含糊的说法，使读者无法核实故事的真实性。我讲述的故事涉及真实存在的人物，他的名字是莱昂·希姆金（Leon Shimkin），他是位于洛克菲勒（Rockefeller）中心的美国最著名的出版社之一西蒙和舒斯特（Simon and Schuster）出版社的股东和高级主管。

莱昂·希姆金如此叙述他的经历：

"15 年来，我几乎每天都要花一半时间开会商谈、讨论问题。我们应该这样做还是那样做，抑或什么都不做？开会时我们都神经紧张、坐立不安、踱来踱去、互相争辩、不停兜圈子。等到晚上，我总是精疲力竭。我这样工作了 15 年，从未想过还有某种更好的做法。我满心以为这辈子就要一直这样工作了。倘若有人告诉我，那些烦人的会议和讨论时间能节省 3/4，我的精神压力能消除 3/4，我肯定会以为他是个极端乐观主义者，不切实际、被打昏了头、只知道空谈。然而我构想出了一个能实现该目标的方案。这套方案我已经用了 8 年。它对我的工作效率、健康状况和幸福都有奇迹般的效果。

"听起来像是魔术，不过有一点与魔术的花招相同：一旦你掌握了这个办法，它就极其简单。

"我的秘诀是这样的，首先，我立即停止了过去 15 年间我们的会议惯用的程序——我那些焦虑的同事们总是先详述发生问题的全部细节，然后问：'我们应该怎么办？'其次，我制定了一个新的规则：任何希望向我提交问题的人都必须预先准备好一份书面备忘录给我，回答以下四个问题。

问题一　出了什么问题？

（过去我们总是已经讨论了一两个小时还没人明白、具体、确切地指出真正的问题出在哪里。我们习惯焦躁不安地讨论我们的麻烦，却从不费心明确具体地写出我们遇到的问题。）

问题二　问题的起因是什么？

（回顾我的职业生涯，我惊骇地发现自己浪费了大量时间开会讨论，却从未试图看清楚造成问题根源的状况。）

问题三　这些问题有哪些可能的解决方案？

（过去开会时，一个人提议采用某种方法，另一个人就会与他辩论。争论导致情绪激动，我们经常偏离主题，直到会议结束，还是没有人写下应对问题的各种办法。）

问题四　你提议使用哪种办法？

（过去开会时，总是有人为某种形势忧虑几个小时，不停地兜圈子，却从未仔细考虑所有可能的解决方案，然后写下来说：'这是我推荐的解决办法。'）

"现在我的同事们很少带着问题来找我了。为什么？因为他们发现，为了回答上述四个问题，他们必须收集全部事实并仔细考虑自己的问题；这样做以后，在3/4的案例中，他们就不需要找我商议了，最恰当的方案会像面包片从烤面包机中跳出来一样自动出现。即使遇到必须开会磋商的情况，讨论耗费的时间也仅仅是以前的1/3，因为我们能遵循有条理、符合逻辑的进程得出理智的结论。

"如今西蒙和舒斯特出版社的职员们节省了大量用于忧虑和徒

劳的谈论的时间；我们更多地为使事情走上正轨而行动。"

我的朋友弗兰克·贝特格（Frank Bettger）是美国保险业界的领袖人物之一。他告诉我，通过运用类似的方法，他不仅消除了生意上的烦恼，而且收入几乎增加了一倍。

弗兰克·贝特格说："多年前，我刚开始推销保险的时候，对工作充满了无穷的热情和爱。然而我遇到了挫折，我沮丧不已，开始看不起自己的职业，打算放弃了。假如没有想到那个主意，我早已辞职改行了，可是在某个星期六的早晨，我坐下来，试图寻找我忧虑的根源。

"一、首先我问自己：'问题究竟是什么？'我的问题是我拜访过数量多得惊人的客户，却得不到足够多的回报。有时我向一个潜在的客户推销，似乎相当有希望，但是等到签约的时候，顾客却对我说：'哦，贝特格先生，我想再考虑一下。以后再说吧。'于是我不得不浪费时间再去拜访，这是导致我消沉的原因。

"二、我问自己：'可能的解决办法是什么？'在回答这个问题之前，我必须先查看事实。我拿出过去一年的记录本，仔细研究上面的数据。

"我震惊地发现，根据白纸黑字的记录，我卖出去的保险有70%是在第一次面谈时成交的！另外有23%是在第二次面谈时成交的！在第三、第四、第五……次才成交的仅有7%，它们使我跑断腿，耗费大量时间。换句话说，为了那7%的销售额，我浪费了一半的工作时间。

"三、'答案是什么？'显而易见。从此以后，如果第二次拜访还不能成交就立即停止，用节省出的时间寻找新的客户。结果难以置信：在很短的时间内，我平均每次面谈赚到的钱几乎增加了一倍！"

如前所述，弗兰克·贝特格如今是美国最著名的人寿保险商人。他与费城的富达（Fidelity）互惠基金公司一起，每年签订的保险合同价值百万美元。而他曾经打算放弃保险业，差点承认失败，是分析问题的方法鼓励他走上了成功之路。

你能用下面这几个问题处理你在事业方面的烦恼吗？重复一下，它们能帮助你减少事业方面的一半烦恼：

一、问题是什么？

二、问题的成因是什么？

三、这些问题有哪些可能的解决方案？

四、你提议使用哪种方法？

一言以蔽之：

分析忧虑的基本规则

规则一 收集事实。记住哥伦比亚大学的赫伯特·E. 霍克斯（Herbert E. Hawkes）院长的话："人们试图在获得充足的信息之前做决定，这导致了世界上的一半烦恼。"

规则二 审慎地权衡全部事实之后，再做决定。

规则三 一旦谨慎地做出决定，就立即采取行动！专心将决定付诸实施，切勿为后果焦虑不安。

规则四 当你或你的同事为某个问题忧虑时，回答下面的问题并写出答案：

1. 问题是什么？

2. 问题的成因是什么？

3. 这些问题有哪些可能的解决方案？

4. 你提议使用哪种方法？

关于如何最大限度地利用本书的九条建议

一、如果你希望最大限度地利用这本书，首先有一个不可或缺的基本条件，一个重要性超过任何规则或技巧的绝对必要的条件。除非满足这个基本的必要条件，否则纵有一千条规则也是枉然。反之，倘若你具备这种最重要的能力，甚至不必阅读如何利用本书的建议，你就能自己实现奇迹。

这个魔术般的条件是什么？它就是一种深刻而强烈的学习欲望，停止忧虑、开始生活的坚定有力的决心。

那么如何产生如此强烈的意愿呢？你应该不断提醒自己，这些原则对你非常重要。你要在心里想象，熟练掌握这些原则以后，它们能帮助你过上更富裕、更幸福的生活。你要反复对自己说："就长期而言，我的内心平静、我的幸福、我的健康，或许还有我的收入都在很大程度上要依靠运用本书中所教的古老、明显的永恒真理。"

二、先迅速浏览每一章，留下一个概略的印象。你可能想匆忙地继续阅读，但是不要那么做。除非你阅读本书仅仅是为了消遣。如果你确实希望停止忧虑、开始生活，就从头开始仔细地重读每一章。从长期角度说，这样才能节约时间和收到效果。

三、在你阅读的时候，请常常停下来思考其中的内容。只要问你自己，应该在什么时候、如何应用每个建议。与其像追逐兔子的猎犬一样向前猛冲，还不如这种阅读方式对你更有助益。

四、看书的时候在手边准备一支红色的铅笔、蜡笔或者钢笔；每当遇到一个你觉得可能有用的建议，就在旁边划一道线。如果你觉得该建议值得四星，就在每个句子下方画线，或者画上四个"X"的标记，以示强调。这样在书上画线、做记号会使阅读过程更有趣，而且在回顾的时候简单方便得多。

五、我认识一个人，他在一家大型保险公司担任经理已经15年。他每个月都查看公司制订的全部保险合同。没错，月复一月、年复一年，他都反复看同样的保险合同。为什么？因为经验告诉他，那是清楚地记忆保险合同的条款的唯一方法。

我曾经耗费了将近两年时间写一本关于演讲术的书；然而我发现，我必须不时回头重读，才能记住自己写过什么内容。我们遗忘的速度是惊人的。

因此如果你希望从这本书中获得真实而持久的益处，就不要以为草草看过一遍就足够了。仔细阅读过本书之后，你还应该每个月用若干小时重新回顾，把这本书放在你的桌子上，经常浏览。不断提醒你自己，未来依然存在进步的丰富的可能性。请牢记，通过恒久的、积极主动的回顾和实际应用，这些原则的运用才能成为习惯。这是唯一的方法。

六、萧伯纳（Bernard Shaw）曾经说过："如果你教一个人某件事，他是永远学不会的。"他是正确的。学习是一种积极主动的过程。我们在行动中学习。因此如果你希望熟练掌握本书所传授的原则，就把它们付诸实践。每次遇到机会时就应用这些规则。如果不这么做，你很快就会忘记这些原则。因为只有运用过的知识才会在头脑中留下深刻印象。

你可能会发现，随时随地运用这些原则是困难的。因为我也有同样的感觉，尽管我是这本书的作者，仍然常常发现很难运用我提出的一切主张。因此请你在读这本书的时候记住，你的目的不仅是获取资讯而已。你在尝试养成新习惯。是的，你正在尝试一种新的生活方式。那需要时间、坚持不懈的恒心和每天的实践。

所以你应该经常参阅这些建议。不妨把这本书当成克服忧虑的工作手册。无论何时，如果你面临某些特定的麻烦问题，请不要情绪激动。请在做出自然的反应之前犹豫一下，不要按照冲动行事，那通常是错误的。

在那种时刻，你应该翻开这本书，回顾自己画线标记的段落，然后尝试新方法，看看它们是否会产生魔术般的效果。

七、每当你的妻子发现你违背本书中所教的原则，你就交给她一先令作为处罚，她会击败你！

八、请翻到本书的最后一个部分，看看华尔街的银行家豪厄尔（H. P. Howell）和本杰明·富兰克林（Benjamin Franklin）是如何改正自己的错误的。你也可以用豪厄尔和富兰克林的技巧，检查你应用本书中讨论的原则的成果。那样你会得到两个收获。

第一，你将发现自己在接受一种能激发好奇心的珍贵的教育。

第二，你将发现自己在停止忧虑、开始生活方面有很大进步，你的能力像绿色海湾的树一般成长。

九、你可以写日记，记录你应用这些原则所取得的胜利。要记录具体细节，将姓名、日期和事情的结果都写下来。保留这样的记录，可以激励你加倍努力；若干年之后的夜晚，当你重温这些记载，感觉会多么迷人！

一言以蔽之：

为了充分利用这本书，你应该：

一、养成一种深刻而强烈的熟练掌握战胜忧虑的原则的欲望。

二、在看下一章之前，先读两遍这一章。

三、在你阅读的时候，请常常停下来略加思考，问问自己，你可以如何运用书中的每个建议。

四、在重要的句子旁边加上符号标记。

五、每个月温习这本书。

六、每当遇到机会就应用这些原则。把这本书当成帮助你解决日常问题的工作手册。

七、把生动的游戏与学习相结合，每当你的亲人或者朋友发现你违反某项原则时，你就付出一先令作为罚款。

八、每星期进行一次自我检讨，问问你自己犯了什么错误，取得了什么进步，学到了什么教训可以在将来运用。

九、在本书后面的空白处写日记，记录你在什么时候、如何应用这些原则的过程。

第三篇

如何在忧虑击溃你之前
击溃习惯性忧虑

第六章　如何将忧虑排出你的头脑

马里昂·J. 道格拉斯（Marion J. Douglas）是我的成人教育讲习班的一名学员（出于个人原因，他请我不要公开披露他的身份，所以我在这里没有使用他的真实姓名，不过他的故事是真实的）。几年前的一天夜晚，他在班上讲述了他的不幸经历。悲剧袭击了他的家庭，而且祸不单行。第一次，他失去了他非常宠爱的五岁的女儿。他和妻子都觉得不能忍受；然而悲剧又发生了，他说："十个月后，上帝又赐予我们一个女儿，可是她只活了五天。"

这双重的丧失令人几乎无法承受，这位父亲告诉我们："我接受不了，吃不下饭，睡不着觉，不能休息或放松。我的神经受到彻底打击，完全失去了信心。"最后他去了医院，一位医生建议他吃安眠药，另一位医生建议他旅行。他尝试了两种疗法，但是都没有用。他说："我的身体仿佛被夹在一把大钳子中间，而且双钳越夹越紧。"那是悲痛造成的过度紧张，如果你体验过悲痛引起的麻痹，你就能明白他的意思。

"不过感谢上帝，我还有一个四岁的儿子。他帮助我们找到了应对忧虑的办法。一天下午，我呆然坐着伤心的时候，他问我：'爸爸，你能给我做一艘船吗？'我没心情做船，说实话，我没心情做任何事。可是这个小家伙一直缠着我！我不得不满足他的要求。

　　"我大约花了三个小时制作那艘玩具船。等到完成时我才意识到，在这三个小时里，我几个月来第一次得到了内心的放松和平静。

　　"这一发现使我如梦初醒，脱离了无精打采的状态，我几个月来第一次开始真正思考问题。我意识到，如果忙于从事需要计划和思考的工作，就难以有时间忧虑了。比如说，造船这件事就打断了我的忧虑。因此我决定使自己不停地忙碌。

　　"第二天晚上，我察看了家里的每个房间，编写了一份清单，列出所有应该完成的工作。有不少东西需要修理，比如书架、楼梯、遮挡风雪的护窗、遮阳窗帘、门把手、门锁、漏水的龙头之类。在两个星期内，我列出了 242 件需要注意的事情，多得令人惊讶。

　　"在过去两年里，我完成了清单上的绝大部分工作。此外，我的生活中还充满了令人兴奋的活动。我每星期有两个晚上去纽约参加成人教育班；还参加了家乡的一些公益活动，现在我担任学校董事会主席。我出席各种会议；还协助红十字会和其他机构进行募捐；现在我忙得没有时间忧虑。"

　　没有时间忧虑！这正是温斯顿·丘吉尔（Winston Churchill）在战争白热化、每天要工作 18 个小时的情况下说过的话。别人问他是否为自己承担的巨大责任而忧虑时，他回答道："我太忙了，没有时间忧虑。"

查尔斯·凯特灵（Charles Kettering）在发明汽车自动点火装置时也遇到过同样的情况。凯特灵先生在退休前一直担任通用汽车公司的副总裁，管理世界闻名的通用汽车研究公司。可是那时他很穷，只能借用堆干草的谷仓当实验室。为了买食品杂货，他们完全靠他妻子教钢琴课的 1 500 美元酬金应付日常的开销，后来还不得不借 500 美元买保险。我问他的妻子，那段时间是否感到忧虑，她回答说："是的，我担忧得睡不着觉；可是凯特灵先生不担心。他太专心工作，没有时间忧虑。"

伟大的科学家巴斯德（Pasteur）说过："在图书馆和实验室能找到平静。"为什么？因为在图书馆和实验室，人们通常都专心工作，没有忧虑的余裕。从事研究工作的人很少精神崩溃。因为他们缺少时间，胡思乱想对他们来说是一种奢侈。

为什么保持忙碌就能如此简单地排除焦虑？因为心理学揭示了一条最基本的法则：一个人无论多么聪明，都绝不可能在一段时间内思考一件以上的事情。你不相信吗？好吧，那么让我们来做个试验。

请假想你现在靠在椅背上，闭上双眼，试着同时去想自由女神像和你明天上午计划做什么事（读者可以尽管尝试）。

你是否发现，你只能轮流集中思考其中一件事，而不能同时想两件事？在情感领域同样如此。我们不可能一边兴致勃勃、满怀热情地去做一些令人激动的事情，同时又由于忧虑而消沉拖沓。一种情绪会驱除另一种情绪。正是这一简单的发现，帮助军队的精神病治疗专家在战争期间创造了奇迹。

由于战争经历的刺激，从战场上回归的人往往患有"心理成因的神经官能症"，军医的治疗方法是"让他们忙碌"。除去睡眠时间，让这些神经受到刺激的人们每分钟都忙于活动——通常是户外活动，例如钓鱼、打猎、打球、玩高尔夫球、拍照、照料花园以及跳舞之类。让他们完全没时间去回顾战场上的可怕经历。

"职业疗法"是现代精神病学使用的术语，亦即将工作当成一种药方。不过它并非新发明，在基督降生前五百年，古希腊的医生们就提倡运用这种疗法。

在本杰明·富兰克林（Benjamin Franklin）的时代，费城的贵格会采用过这种疗法。1774年，有人参观贵格会的一家疗养院，惊讶地发现那里的精神病病人都在忙着用亚麻纺纱。他以为这些可怜的不幸病人遭到了剥削，后来贵格会的管理者解释说，他们发现少量的工作确实能让精神病人的病情有所好转，因为工作有利于安抚神经。

任何精神病医生都会告诉你，忙碌的工作是已知的治疗神经疾病的最佳麻醉剂之一。著名诗人亨利·朗费罗（Henry W. Longfellow）失去年轻的妻子以后自己发现了这个办法。有一天他的妻子用蜡烛融化封蜡的时候，不慎引燃了自己的衣服。朗费罗听见她的惨叫赶紧去救她，不幸为时已晚，她由于烧伤去世了。有段时间，可怕的经历一直折磨着他，朗费罗几乎发疯；幸运的是他还有三个年幼的孩子需要照顾。尽管心情悲痛，他不得不兼任父母的角色。朗费罗带孩子们散步，给他们讲故事，跟他们一起玩游戏，父子间的感情通过《孩子们的时间》这首诗永远流传了下来。他还翻译了但丁（Dante）的《神曲》；在忙于这些事情的同时，他完全忘记了自己，重新得到了心情的平静。在失去最亲密的朋友亚瑟·哈勒姆（Arthur Hallam）的时候，丁尼生（Tennyson）也说过："我必须让自己埋头工作，否则我会在绝望中枯萎。"

我们不忙的时候，头脑里常常会成为真空。这时，忧虑、恐惧、憎恨、嫉妒和羡慕等情绪就会填充进来，进而把我们思想中平静的、快乐的成分都赶出去。

我们大多数人在持续工作、忙于日常事务的时候，"让自己埋头工作"大致不成问题。但是工作结束后的时间是危险的。正当我们应该自由自在地享受闲暇时间、应该感到快乐的时候，忧虑的恶魔开始袭击我们。我们开始问自己，我们是否在生活中取得了什么成就？我们是否在按常规行事？上司今天说的某句话是否有"特殊意思"？抑或我们是否正在变成秃头……

我们闲暇的时候，头脑容易处于类似真空的状态。每个学物理的学生都知道，"自然界厌恶真空"。你和我可能都见过的最接近真空的东西是白炽灯泡的内部。白炽灯泡一旦打破，压力就使空气钻进去，填满理论上是真空的那个空间。

由于同样的道理，空闲的头脑也会被立刻填满。用什么填充呢？通常是情绪。为什么？因为忧虑、恐惧、仇恨、嫉妒和羡慕等情绪都受到原始的精力和活跃的能量驱使。这些情绪太剧烈，倾向于驱除我们所有的平静的、快乐的想法和情绪。

詹姆斯·L. 默塞尔（James L. Mursell）是哥伦比亚师范学院的教育学教授，对此他有一段生动的陈述："不是在你活动的时候，而是在一天的工作结束以后，忧虑最容易打倒你。那时你的想象力开始混乱，使你考虑各种各样的荒谬的可能性，夸大每一个小过失……在那种时刻，你的思想犹如一辆引擎空转的汽车，横冲直撞，烧毁轴承，甚至有把自己撕成碎片的危险。治疗忧虑的办法，就是将时间完全用于做有建设性的事情。"

不过哪怕不是大学教授，你也能认识到这个真理，并将其付诸实践。第二次世界大战期间，我遇到过一对来自芝加哥（Chicago）的夫妻，他们告诉我，那位妻子自己发现了"治疗忧虑的办法，就是将时间完全用于做有建设性的事情"。我在从纽约前往密苏里的农场的火车餐车上结识了这对夫妻（抱歉，我不知道他们的姓名，虽然我不喜欢在举例的时候不写出姓名和街道住址等能证明故事真实性的细节）。在珍珠港事件的第二天他们的儿子就去参军了。那位女士告诉我，由于担心独生儿子的生命安全，她的身体健康几乎毁掉了。

我问她是如何克服忧虑的？她回答道："我让自己不停忙碌。"起初她辞退了女佣，试图自己做全部家务，但是效果不大。她说："麻烦在于，我做家务只要完成机械性的程序，不用动脑，所以铺床、洗碗碟的时候我依旧在忧虑。我意识到我需要一份新的工作，帮助我在身心两方面都每时每刻不停地忙碌。于是我去一家大型百货公司担任售货员。"

"这个办法有效，"她说，"我立即置身于活力的漩涡之中：大群顾客聚集在我周围，问我价格、尺寸、颜色等问题。思考当前工作以外的事情的余裕连一秒钟都没有。等到夜晚来临，我能想的只是赶紧让疼痛的双脚休息。一吃完晚饭，我就倒在床上，睡得人事不省。我既没有时间也没有精力忧虑了。"

她的发现正是约翰·考珀·波伊斯（John Cowper Powys）在《忘记不愉快的艺术》一书中所说的："人在全神贯注地从事分配给自己的任务时，一定程度的舒适的安全感、深切的内在的平静、由于快乐而变得迟钝的感觉，能安抚人类的兽性神经，使之放松。"

它是多么好的恩赐！世界最著名的女探险家奥莎·约翰逊（Osa Johnson）最近向我讲述了她摆脱忧虑和悲痛的经过。你也许读过她的传记故事，它的题目是"我与冒险结了婚"。如果说有哪位女性与冒险结婚，她就确实如此。她在 16 岁时与马丁·约翰逊结婚，自此离开了堪萨斯州（Kansas）的沙努特（Chanute）城，开始涉足婆罗洲（Borneo）的热带雨林。25 年来，这对堪萨斯夫妻一起周游世界各地，为亚洲和非洲的正在绝迹的野生动物拍摄影片。九年前他们返回美国，进行巡回演讲，放映他们拍摄的著名影片。他们在丹佛（Denver）搭乘飞机飞往西海岸时，飞机撞了山。丈夫马丁当场身亡。医生们说奥莎永远不能下床走动了。然而他们不了解奥莎·约翰逊。三个月以后，她坐在轮椅上在大群听众面前发表演讲。事实上，她在一个季度中进行了一百场演讲。我问她为什么那样做的时候，她回答道："我那样做，是为了没有时间悲伤和忧虑。"

奥莎·约翰逊发现的道理与一百年前丁尼生写下的句子不谋而合："我必须让自己埋头工作，否则我会在绝望中枯萎。"

海军司令伯德（Byrd）发现了同样的真理，当时他在南极冰雪覆盖的一座小棚屋里独自生活了五个月——南极这片未知的大陆面积比美国和欧洲加起来更大，巨大的冰帽下掩藏着大自然最古老的秘密。伯德的驻地周围方圆一百英里内不存在任何类型的生物。南极气候极端寒冷，呼出的空气也会立刻结冰，他能听见冰在耳边凝结的声音。在他的作品《独自一人》中，伯德记述了他在极夜中度过的那五个月，那是既令人困惑又动摇心灵的黑暗长夜。他必须一直忙碌才能维持正常的神志。

他说："夜晚熄灭灯火之前，我习惯先安排好第二天的工作。我给自己分配任务，例如用一小时检查逃生用的隧道，用半小时铲平吹积物，用一小时整理燃料桶，用一小时在食物储藏间的冰墙上切削出一个书架来，用两个小时修理载人雪橇断掉的横梁……"

"以这种方式分割安排时间非常好。它额外带给我一种支配自己的感觉……"他接着说道，"倘若没有相当的替代物，每天的生活就会变得没有目的；没有目的我就坚持不下去，那种生活总是以崩溃瓦解告终。"

请注意最后一句话："没有目的我就坚持不下去，那种生活总是以崩溃瓦解告终。"

每当我们忧虑的时候，请记住我们能运用老式的好办法作为良药。这是多位权威专家的主张，例如前不久去世的哈佛大学临床医学教授理查德·C. 卡伯特（Richard C. Cabot）曾经在他的《人何以为生》中指出："身为内科医生，我很高兴看到我的工作能治愈众多病人，心灵被怀疑、迟疑、踌躇和恐惧压倒而导致的震颤性瘫痪令他们饱受折磨……我们的工作给予的勇气类似于自立，它是爱默生（Emerson）高度评价过的品质。"

如果我们不保持忙碌，而是坐着沉思，我们头脑中就会产生一大堆曾经被查尔斯·达尔文（Charles Darwin）称为"胡思乱想"的东西。这些"胡思乱想"只不过是旧式传说中的小妖精，会掏空我们的头脑，摧毁我们行动的力量和意志的力量。

我认识纽约的一位商人，他用忙碌击败"胡思乱想"，使自己没有时间烦躁焦虑。他的名字是特伦佩尔·朗曼（Tremper Longman），他的办公室在华尔街40号。他是我的成人教育班的学生，他战胜忧虑的故事十分有趣，给人印象深刻。我请他下课之后与我共进晚餐，我们坐在一家饭店，谈论他的经历，直到午夜过了很久。他告诉我的故事是这样的："18年前，我由于过度忧虑而患了失眠症。当时我精神紧张、急躁易怒、战战兢兢；我觉得自己濒临精神崩溃的边缘。"

　　"我的忧虑是有理由的。当时我是纽约西百老汇418号的皇冠水果制品公司的财务主管。我们投资了50万美元，用一加仑的罐头包装草莓。二十年来，我们一直把这种一加仑装的草莓卖给冰淇淋的制造商。然而我们的销售量突然下降了，大的冰淇淋制造商——例如国家奶制品波登公司——正在迅速提升产量，为了节约成本和时间，他们改买36加仑的桶装草莓了。

　　"于是那50万美元的草莓我们卖不出去，而且我们已经签订合同，必须在此后的一年内再购买一百万美元的草莓！我们已经向银行贷款35万美元，现在既不可能还清债务，又不可能延长贷款期限。难怪我忧心忡忡！

　　"我匆匆赶往公司位于加利福尼亚州（California）沃森维尔（Watsonville）的工厂，试图说服总裁状况有变化，我们正面临破产的危机。但是他拒绝相信，把问题全部归咎于纽约的公司，责怪那些可怜的销售人员。

　　"经过几天的恳求，我终于说服他停止按老方式包装草莓，用新的产品供应旧金山（San Francisco）的新鲜草莓市场。这样基本上能解决我们的问题。这件事结束以后我的忧虑也应该停止了，然而我无法做到；忧虑是一种习惯，我已经养成了这一习惯。

"返回纽约之后，我开始为一切事情忧虑：在意大利买进的樱桃、在夏威夷（Hawaii）买进的菠萝等都令我担忧。我精神紧张、战战兢兢，难以入眠。正如我前面说过的，我濒临精神崩溃的边缘。

"在绝望之中，我采取了新的生活方式，结果停止了忧虑，失眠症也自然治愈了。我忙碌地投入工作，致力于需要全力以赴的任务，这样就没时间忧虑了。以前我每天工作 7 个小时；从此我开始每天工作 15 至 16 个小时。我每天早晨八点钟到办公室，一直待到半夜。我承揽新的任务，负起新的责任。每天半夜回家的时候，我总是精疲力竭，倒在床上在数秒之内就失去意识睡着了。

"这样的日程持续了大约三个月。最后我改掉了忧虑的习惯，又恢复到每天工作 7 至 8 个小时的正常日程。这件事发生在 18 年前。从那以后，我再也没有失眠和忧虑过。"

乔治·萧伯纳（George Bernard Shaw）是正确的。他如此归纳这个道理："令人不幸的秘密就是有空闲时间为自己是否快乐而烦恼。"因此不要自寻烦恼地胡思乱想！卷起袖子干活，让自己忙碌起来。你的血液会开始循环，你的思想会变得敏锐，生活方式和身体的这些正面的剧变很快就会帮你驱除烦恼。让自己保持忙碌，这是世界上最廉价的一种药，也是最好的药之一。

因此为了在忧虑击溃你之前击溃习惯性忧虑，第一条规则是：

让自己保持忙碌。忧虑的人必须让自己埋头工作，否则就会在绝望中枯萎。

第七章　不要让琐事打倒你

这里有一个我可能永生难忘的戏剧性的故事。告诉我这个故事的人名叫罗伯特·穆尔（Robert Moore），住在新泽西州（New Jersey）梅普尔伍德（Maplewood）的高地大街 14 号。

他说："1945 年 3 月，我学到了人生中最大的一个教训。我在潜水艇巴亚（Baya S. S.）318 号上服役，潜艇乘员共有 88 人。当时，我们的潜艇正在中南半岛（Indo-China）沿岸 276 英尺深的海里航行。潜艇的雷达发现了日军的一支小型舰队，它正位于我们的航线上。将近黎明时，我们潜下水开始攻击。我透过潜望镜看见了一艘护航的驱逐舰、一艘油轮和一艘鱼雷舰。我们向驱逐舰发射了三枚鱼雷，但是没有击中。似乎鱼雷的机械装置出了毛病。驱逐舰对攻击一无所知，继续向前航行。我们准备攻击落在最后的鱼雷舰，这时它突然转向，直接朝我们驶来（一架日本飞机察觉到我们位于 60 英尺深的水下，用无线电把我们的位置告知了鱼雷舰）。我们潜至 150 英尺深的海里，以免被雷达探查到，同时迅速做好抵御深水炸弹的准备。我们给舱口锁上额外的保险栓；为了使潜艇保持绝对静默，我们还关闭了全部的风扇、冷却系统和电动设备。

"3分钟后，地狱之门打开了。6枚深水炸弹在周围爆炸，把我们的潜艇推到海底，也就是276英尺深的水下。我们惊恐不已。在水深小于一千英尺的海里遭到攻击是危险的，而在水深小于五百英尺的海里遭到攻击几乎肯定是在劫难逃。现在的276英尺大约仅有五百英尺的一半，简直只能算没膝深的水，远远谈不上安全。日本鱼雷舰不断地投掷深水炸弹，持续了15个小时。

"如果深水炸弹在距离潜水艇不到17英尺的地方爆炸，冲击波就会把艇壁炸出一个洞。当时有十几个炸弹在距离我们不到50英尺的地方爆炸。舰长命令我们安静地躺在自己的铺位上，保持镇定。我恐惧得无法呼吸。我不停地对自己说：'这下死定了！……这下死定了！'因为风扇和冷却系统全部关闭了，潜艇内部的气温超过华氏100度；可是我害怕得打寒战，穿上了一件毛衣和一件毛皮夹克还是冷得发抖；我的牙齿咯咯打战，冷汗直流。攻击持续了15个小时，然后突兀地停止了。显然那艘鱼雷舰的深水炸弹全部扔完了，只得开走了。

"我觉得那15个小时仿佛1500万年那么漫长。我以往的生活如走马灯一般在眼前闪现。我回想起了我做过的坏事以及担心过的荒唐琐碎的小事。在加入海军之前，我曾经是银行办事员。我为各种各样的事情烦恼：工作时间太长，薪水太少，缺乏晋升的机会……我担心没钱买自己的房子，没钱买新轿车，没钱给妻子买漂亮衣服。我憎恨银行的老板，他总是无休止地唠叨、挑剔、责骂雇员！我还记得，晚上回家后我脾气不好，常常发牢骚，为一点琐事跟妻子吵架。我还为前额上的一道疤痕烦恼过，那是一次车祸留下的讨厌伤痕。

"那些令人烦恼的事曾经显得多么重要。然而当深水炸弹正在威胁我的生命时，它们却变得如此荒唐可笑。我对自己许诺，倘若我还有机会再次看到太阳和星星，我绝对不要再忧虑了。永远不要！在那可怕的 15 个小时里，我领悟到的生活真谛比我在锡拉库扎（Syracuse）大学的四年间学到的更多。"

在多数情况下，我们能勇敢地面对生活中重大灾祸，然而生活中的琐碎小事，"脖子上的痛处"却能令我们沮丧消沉。举例来说，塞缪尔·佩皮斯（Samuel Pepys）在日记里讲述了哈里·范内（Harry Vane）爵士在伦敦被斩首的情形。哈里·范内爵士登上行刑台的时候，他没有乞求饶命，而是恳求刽子手不要砍他脖子上的疖子！

这也是海军司令伯德（Byrd）的发现，在严寒黑暗的极夜里，他的部下们更容易为"脖子上的痛处"而不是大事烦恼。他说，他们能够毫无怨言地忍受危险、艰苦的工作环境和零下八十度的酷寒，"可是，我知道有几个同住的人互相不交谈，因为他们都怀疑对方乱放东西，侵占了属于自己的空间；还有一个讲究进食细嚼慢咽健康法的家伙，必须把食物认真咀嚼 28 次才吞咽下去，而另一个人在食堂里吃饭时必定要找一个看不见那个家伙的位置才能坐下。"

海军司令伯德说："在南极的营地，连这种小事也能把受过训练的人逼到神志错乱的边缘。"

我们可以补充说，婚姻生活中的这类"小事"也能把人逼到神志错乱的边缘，并导致"世界上一半的伤心事"。

这至少是权威人士的看法。举例来说，芝加哥的约瑟夫·萨巴斯（Joseph Sabath）法官曾经为四万件不幸的婚姻案件做过仲裁，他断言：“大多数婚姻的不幸，根本原因都在于一些日常琐事。”纽约的地方检察官弗兰克·S. 霍根（Frank S. Hogan）说：“刑事法庭审理的一半案件都来源于小事。例如在酒吧间逞能，家庭内部的口角，侮辱性的评论，一句蔑视或贬低别人的话，一次粗鲁的举动，正是这些小事导致暴力攻击和谋杀。非常残忍和罪大恶极的人其实只有极少数。正是对我们自尊心的小小打击、侮辱或轻蔑以及自负的不起眼的动摇导致了世界上一半的伤心事。”

　　埃莉诺·罗斯福（Eleanor Roosevelt）刚结婚时“每天都忧心忡忡”，因为她的新厨师做的菜太难吃。罗斯福夫人说：“不过如果换成现在，我就会耸耸肩忘记这件事情。”很好。这才是一个易动感情的成年人的做法。连专制的独裁者凯瑟琳大帝（Catherine the Great）亦不例外，厨师把肉烤焦的时候她只是一笑置之。

　　我和妻子曾经去芝加哥的一个朋友家赴宴。分菜的时候丈夫出了一点错。我没发现，即便发现了也不会介意。可是他的妻子却跳了起来，当着宾客的面大声指责他：“约翰，看看你干了什么！难道你永远学不会分菜吗！”

　　然后她对我们说：“他总是犯错，从来不知道注意一点。”或许他的确笨手笨脚；但是我绝对佩服他居然能与那样的妻子一起生活二十年。坦白说，我宁愿在平和的气氛中吃几个芥末酱的热狗，也不愿意一边听她唠叨斥责，一边享用北京烤鸭和鱼翅。

　　那件事过后不久，我和妻子邀请了几位朋友在我们家共进晚餐。客人们快要到了，妻子却发现有三条餐巾与桌布的颜色不搭配。后来她告诉我："我冲进厨房找厨师，得知另外三条餐巾送去洗衣店了。客人已经来到门口，没时间换了。我急得快哭啦！唯一的念头是：'为什么会发生如此愚蠢的错误，毁掉我的整个晚上？'然后我转念一想，为什么一定要毁掉呢？于是我走进去吃饭，决定尽情享受。我宁可让朋友们认为我是个邋遢粗心的家庭主妇，也不愿意让他们觉得我是神经质的坏脾气的女人。况且据我所知，根本没人注意那些餐巾！"

有一句著名的法律格言"法律不管琐碎小事"（De minimis non curat lex）。倘若我们想要平和的心境，也就不应该为琐事忧虑。

在多数情况下，若要克服琐事引起的烦恼，我们只需转换心境，转移关注的重点，设立令自己愉快的新视角。我的朋友霍默·克洛伊（Homer Croy）是《他们必须看看巴黎》和另外十几本书的作者，他提供了这个办法的精彩例证。他住在纽约的公寓里写一本书的时候，曾经被暖气设备的咔嗒咔嗒的响声吵得快要发疯了。暖气管里的蒸汽会发出砰砰唑唑的噪声，他坐在书桌边听见那种声音就恼火。霍默·克洛伊告诉我："后来有一次，我和几个朋友一起去远足，我在露营地听着木柴在旺盛燃烧的火堆里发出清脆的爆裂声，忽然注意到这种声音很像暖气散热器发出的噼啪声。为什么我会喜欢这种声音而讨厌那种声音呢？回家后我提醒自己：'木柴在火堆里爆裂的声音令人愉快；暖气散热器的声音几乎一样，我要安心睡觉，不去为噪音烦恼。'我这样做了。最初几天我还意识到暖气设备的声音；不久以后我就完全忘记了。"

"很多琐碎的忧虑同样如此。我们讨厌一些小事，以致心情沮丧不已，完全是由于我们夸大了那些小事的重要性……"

迪斯雷利（Disraeli）说过："生命太过短促，无暇顾虑小事。"

安德烈·莫鲁瓦（Andre Maurois）在《本周》杂志上说："那句话曾经帮助我熬过了许多痛苦的经历。我们经常放任自己为一些本应鄙弃和遗忘的小事而心烦意乱……我们仅能在这个世界上生活几十年，却浪费了大量无可取代的时间，反复考虑那些一年之内就会被我们和所有人遗忘的牢骚。我们应该将生命全部投入到值得做的行动和感情上，思考重要的事情，体验真正的感情，从事能流传后世的事业。因为'生命太过短促，无暇顾虑小事'。"

连拉迪亚德·吉卜林（Rudyard Kipling）那样杰出的人物有时也会忘记"生命太过短促，无暇顾虑小事"这句话。结果呢？吉卜林跟他的小舅子打了佛蒙特州（Vermont）有史以来最著名的一场官司，甚至有人为这场争斗写了一本书：《拉迪亚德·吉卜林的佛蒙特世仇》。

故事是这样的：吉卜林娶了一个佛蒙特州的女子卡罗琳·巴莱斯蒂尔（Caroline Balestier），在布拉特尔伯勒（Brattleboro）建造了一幢可爱的房子，打算在那里定居并安度余生。他的小舅子贝蒂·巴莱斯蒂尔（Beatty Balestier）成了他最好的朋友，他们一起工作一起游玩。

后来，吉卜林从巴莱斯蒂尔那里买了一块地，两人达成非正式的协议，巴莱斯蒂尔可以每季度在那块地上割干草。有一天，巴莱斯蒂尔发现布吉林在干草地上布置了一个花园。他勃然大怒，暴跳如雷。吉卜林也立刻回击，弄得佛蒙特的绿山上的天都变黑了！

过了几天，吉卜林骑着自行车出行时，巴莱斯蒂尔的马车冷不防地从道路中间穿过，撞翻了吉卜林。吉卜林曾经写下"如果周围的人都失去理智向你发难，你仍能镇定自若保持冷静"的格言，这时却昏了头，告到了法庭，要求逮捕巴莱斯蒂尔。然后就是一场轰动全国的审判。记者从大城市纷纷涌入这个小镇。新闻传遍了全世界。这场争吵什么都没能解决。结果吉卜林和妻子离弃了美国的家，在国外度过余生。这一切烦恼和仇恨仅仅是为了一件琐事：一堆干草！

24 个世纪前，伯里克利（Pericles）说过："走吧，先生们，我们在琐事上纠缠了太久。"我们确实如此！

哈里·爱默生·福斯迪克（Harry Emerson Fosdick）博士讲过一个最有趣的故事，描述了森林中的一个巨人的胜利和失败：

在科罗拉多州朗斯峰（Long's Peak）的斜坡上，躺着一棵大树的残骸。博物学家告诉我们，它在森林中矗立了四百多年。哥伦布（Columbus）在圣萨尔瓦多（San Salvador）登陆的时候，它还是一棵幼苗，清教徒们在普利茅斯（Plymouth）定居时，它渐渐长成了大树。在漫长的一生中，它被闪电击中过 14 次，被狂风暴雨侵袭过无数次，它都幸存了下来。然而最后，一群甲虫的攻击却使大树倒在了地上。那些昆虫虽然力量微小，却持续不停地攻击，从树皮开始啃咬，渐渐摧毁了大树的内部。它是森林中的巨人，岁月未曾令它枯萎，雷电未曾将它烧毁，狂风暴雨未曾将它征服，最后却由于小小的甲虫倒了下来。

我们像不像森林中那棵身经百战的巨树？我们努力熬过罕见的狂风暴雨、雪崩和雷电的袭击幸存下来，却让忧虑的小甲虫吞噬我们的心——那些用拇指和食指就能轻易捏死的小小甲虫。

几年前，我和怀俄明州（Wyoming）公路交通局局长查尔斯·塞弗雷德（Charles Seifred）以及其他几位朋友旅行经过蒂顿（Teton）国家公园，我们一起去参观约翰·D. 洛克菲勒（John D. Rockefeller）在那里的一处庄园。不过我开车转错一个弯，迷了路，开到庄园入口时比其他人的车迟到了一个小时。开启私人庄园大门的钥匙在塞弗雷德先生手里，所以他在潮湿闷热、到处都是蚊子的树林里等了一个小时。蚊子多得简直足以让圣人发疯，但是它们未能战胜查尔斯·塞弗雷德。他在等待我们的时候折下一段山杨树枝，做成了一个哨子。我们抵达的时候，看见他正在吹自制的哨子，而不是咒骂蚊子。我保留了那个哨子作为纪念品，纪念一位懂得如何应对琐事的人。

因此为了在忧虑击溃你之前击溃习惯性忧虑，第二条规则是：

不要放任自己为一些本应鄙弃和遗忘的小事而心烦意乱。

谨记"生命太过短促，无暇顾虑小事"。

第八章　概率可以战胜你的许多忧虑

　　我童年时在密苏里州的一个农场长大。有一天，我再帮母亲摘樱桃的时候突然哭了起来。母亲问："戴尔（Dale），你究竟在哭什么？"我啜泣着哭诉："我害怕会被活埋！"

　　小时候我害怕各种各样的事情。暴风雨来临，雷电交加的时候，我害怕被闪电劈死。生活艰苦的时候，我担心没有足够的食物。我担心自己死后会进地狱。我害怕一个年长的男孩山姆·怀特（Sam White）会割掉我的耳朵，因为他那样威胁过我。我担心女孩子在我抬起帽檐向她们致意时嘲笑我。我担心将来没有女孩子愿意嫁给我。我为结婚当天要对妻子说什么而烦恼。在我的想象中，我们会在乡村教堂举行婚礼，然后乘坐顶部有流苏装饰的四轮双座有篷马车回到农场……但是在回农场的路上，我要怎么跟妻子谈话？应该说什么？我经常一边耕田，一边花几个小时反复思考这个惊天动地的大问题。

　　随着岁月的流逝，我逐渐发现我担忧的事情中，有 99% 是永远不会发生的。

举个例子，如同前面说过的，我害怕闪电；现在我知道，根据国家安全委员会的统计，我在任何一年中被雷电劈死的概率仅有三十五万分之一。

关于活埋的恐惧更加荒唐：我想一千万人里面恐怕也没有一个人被活埋，尽管我为此吓哭过。

每八个人中有一个人死于癌症。即便我要为某件事忧虑，也应该为癌症忧虑，不应该害怕被闪电劈死或者遭到活埋。

诚然，前面谈论的是儿童和青春期少年的烦恼。但是很多成年人的忧虑几乎同样荒谬。只要我们停止烦恼，根据平均律法则判断我们的忧虑是否真实或合理，我们 90% 的忧虑可能就会立刻消除。

伦敦的劳埃德（Lloyd）公司是世界上最著名的保险公司，它利用人们为罕见的事情忧虑的倾向，赚到了无数利润。它与人们打赌，他们担心的事情永远不会发生。实质上这是以概率为基础的一种赌博，只不过劳埃德公司美其名曰"保险"而已。两百年来这家大保险公司一直生意兴旺；除非人类的本性发生改变，今后它至少还能继续兴旺五千年，向人们推销鞋子、轮船和火漆的保险，而那些灾祸发生的概率并不如人们想象的那么频繁。

如果我们仔细研究，平均律法则揭示的事实常常令我们震惊。举例来说，假设我知道在今后五年内，我将参与一场葛底斯堡（Gettysburg）战役那样血腥的战争，我肯定会惊恐不已。我会设法增加人寿保险费用，我会拟定遗嘱，变卖财产，处理一切世俗事务。我会说："我多半不会在战争中幸存，所以最好尽情享受所剩无几的人生。"然而事实上，根据概率统计，在和平时期活着度过

50 至 55 岁这一年龄段，与参加葛底斯堡战役同样危险。我的意思是，在和平时期，每一千人中在 50 至 55 岁死亡的人数与参加葛底斯堡战役（总共有 163 000 名士兵）的每一千名士兵中阵亡的人数相等。

我在加拿大落基山区的弓湖岸边写下了本书的几个章节，那里是詹姆斯·辛普森 (James Simpson) 开办的尼姆蒂加 (Num-Ti-Gah) 旅馆。某年夏天，我在那里暂住的时候结识了赫伯特·H. 塞林杰 (Herbert H. Salinger) 夫妇，他们是旧金山太平洋大街 2298 号的居民。沙林吉夫人外表沉着稳重安详，给我一种她从来没有忧虑的印象。一天晚上，在火焰正旺的壁炉前，我问她是否烦恼过。"烦恼吗？"她说，"忧虑差点毁掉了我的生活。在学会战胜忧虑之前，我在自作自受的地狱里生活了 11 年。以前我性情急躁，容易动怒，神经一直处于紧绷的状态。每星期我都乘公共汽车从圣马特奥 (San Mateo) 的家中到旧金山的商店购物。可是连买东西时我都会忧虑得不知所措：我可能把电熨斗放在熨衣板上忘记拔插头了；房子可能着火了；女仆可能逃走，把孩子们抛下了；孩子们可能骑自行车出门，被汽车撞死了……我经常在购物的中途担心得直冒冷汗，匆忙冲出商店乘公共汽车回家，看看是否一切如常。难怪我的第一次婚姻彻底失败了。

"我第二任丈夫是律师，性格平和安静，善于分析，从不为任何事情忧虑。每当我紧张焦虑的时候，他就对我说：'放松，我们好好想一想……你真正担心的是什么呢？让我们研究一下平均律，看着这种事是否真的可能发生。'

"举例来说，我记得有一次，我们开车从新墨西哥州的阿尔布开克（Albuquerque）去卡尔斯巴德洞穴（Carlsbad Caverns）国家公园，在一条尘土遍地的公路上遇到了可怕的暴风雨。

"道路湿滑，轿车摇摇晃晃，控制不住。我觉得我们肯定会滑到路边的沟里；不过丈夫一直对我说：'我现在开得非常慢。不会发生严重的事故。就算车子真的滑进沟里，根据平均律，我们也不会受伤。'他的冷静和自信安慰了我，使我平静下来。

"还有一年夏天，我们到加拿大落基山区的图坎（Touquin）山谷露营旅行。一天晚上，我们在海拔7 000英尺的地方扎营，却突然遇到了暴风雨。所有帐篷都用粗绳固定在一个木头平台上。强风简直要把帐篷撕成碎片。外边的帐篷在风中震动、颤抖，发出尖锐的响声。我不停地想着我们的帐篷要被吹破了，要被卷到天上去了。我惊恐不已，可是丈夫一直安慰我说：'看，亲爱的，我们有印第安的布鲁斯特（Brewster）向导陪伴，他们熟悉这里的环境。他们六十年前就开始在山里扎营了，这些帐篷也有好些年头了，从来没发生过被风吹跑的事。根据平均律，今天晚上帐篷也不会被吹跑；就算这个帐篷被吹坏了，我们还可以躲进别的帐篷里去避难。所以尽管放松……'我听了他的话，结果安稳地睡着了，我们平安度过了那一夜。

"几年前，流行性小儿麻痹症横扫了加利福尼亚州。倘若是在以前，我会变得歇斯底里。但是我的丈夫说服我保持镇静。我们尽可能采取一切预防措施；我们让孩子们远离人群，不要去学校和电影院。我们咨询健康委员会，得知在加利福尼亚州历史上，流行性小儿麻痹症危害最严重的那次，全州也只有1 835名儿童患病。通常患病的儿童是200至300人。尽管对于患者的家庭而言是悲剧，根据平均律，任何儿童遭到传染的机会其实微乎其微。

"'根据平均律，这种事不会发生。'这句话摧毁了我九成的忧虑；多亏这句话，我过去二十年的生活过得美好而平静，超出了我最高的预期。"

乔治·克鲁克（George Crook）将军可能是美国历史上最伟大的印第安战士，他在自传中写道，印第安人的"忧虑和不幸，几乎全部来自他们的想象而非现实"。

我回顾过去的几十年时，发现我的大部分忧虑也是这样产生的。吉姆·格兰特（Jim Grant）告诉我，这也是他的经验。他是位于纽约富兰克林路 204 号的詹姆斯·A. 格兰特批发公司的主人。他每次从佛罗里达州（Florida）购买 10 至 15 车的橘子和葡萄柚。他告诉我，他曾经饱受一些念头的折磨，比如："万一火车发生事故怎么办？""万一水果滚得遍地都是怎么办？""万一我的车过桥时桥突然断了怎么办？"当然，他的水果买过保险；可是他害怕万一不能及时交货，他可能会失去市场。他担心自己由于过度忧虑得了胃溃疡，去找医生检查。大夫告诉他，除了神经过敏之外，他的身体没有任何问题。"这时我忽然开了窍，"他说，"我开始问自己：'想一想，吉姆·格兰特，这些年来你处理过多少车水果？'回答是：'大约 25 000 车。'我又问：'其间发生过几次车祸？'回答是：'哦，貌似有五次。'我接着问：'你知道这是什么意思吗？比率是五千分之一！换句话说，在经验基础上，根据平均律，你的水果出车祸的概率是五千分之一。那么你有啥可担心的呢？'

"然后我对自己说：'好吧，可是桥也许会塌！'我又问自己：'你曾经由于桥塌掉损失过几车水果？'回答是：'没有。'于是我对自己说："你为了从来没塌过的桥，为了概率五千分之一的铁路事故，竟然担心到患胃溃疡的地步，岂不是太蠢了？'"

吉姆·格兰特告诉我："一旦用这种方式看待问题，我就觉得自己相当傻。于是我下定决心，遇到困扰就想想平均律，从那以后，我再也没有为'胃溃疡'烦恼过。"

阿尔·史密斯（Al Smith）担任纽约州州长时，总是反复说"让我们查看记录……让我们查看记录"，然后进一步给出事实，以此回应政敌们的攻击。今后我们为可能发生什么事情而忧虑的时候，可以仿效明智的老阿尔·史密斯，查阅以前的记录，看看长期折磨我们的焦虑有没有事实基础。这正是弗雷德里克·马尔施泰特（Frederick J. Mahlstedt）害怕自己躺在坟墓里时采取的对策。他在纽约的成人教育班上向我们讲述了他的故事：

"1944 年 6 月初，我正躺在奥马哈（Omaha）海滩附近的一个散兵坑里。当时我隶属于 999 信号服务连队，我们刚刚在诺曼底（Normandy）'挖坑'。所谓散兵坑就是在地上挖出的一个长方形的坑，我看着周围对自己说：'这儿简直就像一座坟墓。'我躺下来试图睡觉的时候，感觉它更像坟墓了。我忍不住对自己说：'这儿也许就是我的坟墓。'夜里 11 点，德军的轰炸机开始攻击，投下大批炸弹，我吓得动弹不得。最初两三天晚上我完全无法入睡。到了第四天还是第五天晚上，我差点精神崩溃。我知道要是不想点办法，我就会完全疯掉。于是我提醒自己，已经过去了五天，我还好好活着；而且我们这组人都活着，只有两个人受了轻伤。况且他们受伤的原因不是德军的轰炸，而是被我方的防空炮火的弹片击中。我决定停止忧虑，做点建设性的事情。为此我在我们的战壕上方造了一个厚厚的木头顶棚，以免碎弹片击中自己。我告诉自己，除非炸弹直接命中这个又深又窄的散兵坑，我才会死在这里；我估算出炸弹直接命中的概率还不到万分之一。如此想了几夜以后，我冷静了下来，甚至在敌机突然袭击的时候也能酣睡！"

美国海军也利用平均律的统计数字鼓舞士气。一位前水兵克莱德·W. 马斯（Clyde W. Maas）——他的住址是明尼苏达州（Minnesota）圣保罗（St. Paul）市胡桃街 1969 号——告诉我，有一次上司指派他和同船的海员们到一艘高能量油轮上执行任务。他们都忧心忡忡，因为那艘油轮运载的是高辛烷值的汽油，他们确信倘若油轮被鱼雷击中，自己会立刻被炸得尸骨无存。

可是美国海军掌握着不同的情报；海军发表了确切的统计数字，表明在被鱼雷击中的 100 艘油轮中，有 60 艘并未沉没；在沉没的 40 艘油轮中，也仅有 5 艘是在十分钟之内沉到了海里。这意味着船员有时间逃离，而且伤亡者只占极少数。这样能鼓舞士气吗？"知道了这些数字之后，我的紧张不安一扫而空，"克莱德·马斯说，"全体船员都感觉好多了。我们知道我们有机会逃离，根据平均律，我们很可能不会死。"

因此为了在忧虑击溃你之前击溃习惯性忧虑，第三条规则是：

让我们查着以前的记录，问问自己："根据平均律法则，我正在担心会发生的事，真的发生的概率究竟有多大？"

第九章　接受无法避免的事情

我还是密苏里州西北部的一个乡下男孩时，曾经与几个伙伴在一栋荒废的旧木屋的阁楼里玩。我爬上阁楼，在窗框上歇了一会儿，然后往下跳。我的左手食指上戴着一枚戒指，不巧戒指勾住了一根钉子，结果扯断了我的手指。

我痛得大声尖叫，也吓坏了。当时我确信自己会死掉。但是伤口痊愈以后，我就再没有为它烦恼过。烦恼又有什么用呢？……我接受了无可避免的事实。

如今我经常忘记我的左手只有四根手指，甚至一个月也不会想起一次。

几年前，我在纽约商业区的一幢办公大楼遇见了一个操纵货运电梯的人，他的左手从腕关节处被截断了。我问他，缺少一只手是否有麻烦之处。他回答："哦，不，我几乎不会想这件事。我没结婚，只有在穿针引线的时候，我才会想起它。"

一旦有必要，我们几乎能接受任何境况，并调整自己适应新环境然后忘记它，而且适应的速度快得惊人。

我时常回想起，荷兰阿姆斯特丹（Amsterdam）的一座 15 世纪建造的大教堂的废墟上残留着一行佛兰德语的题词："事情就是如此。不可能是别的模样。"

在人生的数十年生涯中，我们会遇到许多令人不快的情况。它们就是如此，不可能改变。我们也有自己的选择。我们要么将其视为不可避免的情况，接受并适应现实，要么进行反抗，让忧虑毁掉我们的生活，或许最终会精神崩溃。

这是我最喜欢的哲学家之一威廉·詹姆斯（William James）的劝告："要愿意接受既成事实……因为接受已经发生的事，是克服随之产生的任何不幸的第一步。"俄勒冈州（Oregon）波特兰（Portland）市 49 大街 2840 号的伊丽莎白·康利（Elizabeth Connley）历经艰辛终于懂得了这个道理。她在最近寄给我的一封信中如此写道："在庆祝美军在北非战场获胜的当天，我收到陆军部的电报，告知我最爱的侄子在执行任务时失踪了。不久我又收到电报，说他阵亡了。

"悲伤压倒了我。在此之前，我一直觉得自己足够幸运。我爱自己的工作。我帮忙把这个侄子抚养成人。对我而言，他代表了年轻男子的全部美好品质。我以前播下的种子正在结出果实……正在那时我收到了告知噩耗的电报。我整个世界崩塌了。我觉得世间再没有值得留恋的东西了。我忽略了我的工作和朋友们。我放弃了一切。我满心都是痛苦和怨恨。为什么非要夺走我唯一珍爱的侄子？这个孩子还年轻，本应拥有美好的未来，为什么要杀死他？我无法接受事实。由于压倒一切的悲伤，我决定辞掉工作离开，任凭眼泪和痛苦淹没自己。

"正当我清理桌子，准备离去的时候，偶然发现了一封已经忘记的信，那是几年前我的母亲去世后这个侄子写给我的信。他在信里写道：'当然，我们都怀念她，尤其是你。不过我知道你能支撑过去。你的人生观会给你力量。我永远不会忘记你教给我的美丽真理。无论我身在何方，无论我们可能相隔多远，我都永远记得你教我要微笑，不管发生什么事都要勇敢接受，像一个男子汉那样。'

"我把那封信看了一遍又一遍。仿佛他就在我身边，对我说：'为什么不按照你教我的办法去做呢？支撑下去，不管发生什么事。用微笑隐藏你个人的悲伤，继续生活。'

"于是我又回去工作了。我不再怨恨和反抗。我反复对自己说：'事情就是这样了。我不可能改变现实。但是我能如他希望的那样坚持生活下去。'我将全部才智和力量都投入到工作上。我给前线的士兵——别人的儿子们写信。晚上我参加成人教育班，在那里寻找新的兴趣，结识新的朋友。我几乎无法相信在自己身上发生的变化。我不再为已经永远逝去的过往而悲痛。正如我的侄子期待的那样，现在我每天都活得很快乐。我与生活和平共处，接受了自己的命运。如今我的生活比过去更充实、更圆满。"

俄勒冈州波特兰市的伊丽莎白·康利学会了我们每个人早晚都要学会的事情：我们必须接受无法避免的事情。"事情就是如此。不可能是别的模样。"做到这一点并不容易。连宝座上的国王也不得不时刻提醒自己。已故的英王乔治五世在白金汉宫的书房墙上挂着这样的题字："教我不要异想天开，不要为无法挽回的事后悔。"叔本华（Schopenhauer）也表述过同样的思想："充分的顺从，是你踏上人生旅途时最重要的装备。"

显然，单凭环境并不能使我们幸福或不幸福。决定我们感觉的是我们对周围环境的反应。耶稣说过，神的国就在你们心里。地狱同样在你们自己心里。

但凡有必要，我们能够忍受灾难和悲剧并战胜它们。我们可能以为自己不行，但是我们内在的力量惊人地强大，只要善加利用，我们就能战胜一切。其实我们比自己以为的更强大。

已故的布思·塔金顿（Booth Tarkington）总是说："不管生活给我什么考验，我几乎都能忍受，只有一件事例外，那就是失明。那是我绝对不能忍受的。"

然而塔金顿六十多岁的时候，有一天在地毯上滑倒，伤到了眼睛。眼前的颜色模糊了，看不清东西的形状。他去医院看医生，得知了不幸的消息：他的视力正在减退，一只眼睛几乎全盲，另一只眼睛也快瞎了。他最恐惧的事情终于发生了。

那么塔金顿对这"最糟糕的灾祸"有什么反应呢？他是否觉得"这一天终于来临了！这是我生命的尽头"？不，他的心情相当轻松快乐，甚至还能发挥幽默感，对此他自己也很惊奇。"斑点"在他的眼前飘浮游动，遮住他的视界，扰乱他的视觉。可是当最大的黑斑从他眼前晃过时，他却说：'哈罗！黑斑爷爷又来了，今天天气很好，不知它要到哪里去？'"

厄运能征服这样的精神吗？答案是不能。塔金顿在完全失明以后说："我发现我能接受丧失视力，如同一个人能接受别的事情一样。我知道，哪怕我的五个感官全部失灵了，我还能在自己的思想里继续生活。因为无论我们是否意识到，我们都是通过头脑去看、去生活。"

为了设法恢复视力，塔金顿在一年里做了 12 次手术。只用局部麻醉！他抱怨了吗？没有，他知道必须这样做。他知道无法逃避，减轻痛苦的唯一方法就是爽快地接受。他拒绝住单人病房，而是住进医院的公共病区，跟其他病人共处。他尽力让大家高兴。当他必须反复接受手术而且完全清醒着感受手术过程的时候，他尽力去想自己很幸运。他说："真棒！现代科技已经发展到能给人眼这么纤细复杂的东西做手术的地步了！"

如果普通人要忍受 12 次以上的手术和失明的生活，大概会精神崩溃。然而塔金顿说："我不会用这段体验交换更幸福的经历。"这段经历教他如何接受现实，使他明白凡是生活带给他的，他全部都能忍受。正如约翰·弥尔顿（John Milton）的发现："悲惨的并非盲目，不能忍受盲目才是悲惨的。"

著名的新英格兰女权主义者玛格丽特·富勒（Margaret Fuller）曾经说她的信条是"我接受整个宇宙！"

爱发牢骚的老托马斯·卡莱尔（Thomas Carlyle）在英格兰听说这件事，嗤之以鼻："看在老天份上，她最好如此！"是的，你我最好也接受不可避免的事！

如果我们抱怨、反抗，事情就会变得更糟、更难以接受。我们无法改变不可避免的现实，但是我们可以改变自己。我知道，我自己尝试过。

有一次，我拒绝接受我遭遇的某种不可避免的状况。我做了傻事，不断抱怨和抵抗。结果我患了失眠症，饱受折磨。我想起了所有不愿意想的事情。经过一年的自我折磨，最后我终于接受了我从一开始就知道不可能改变的事实。

我早就应该大声喊出老沃尔特·惠特曼（Walt Whitman）的诗句：

> 噢，像树和动物一样，
> 勇敢面对黑夜、暴风雨、饥饿、奚落、意外和粗暴拒绝吧。

我有照管牛群十二年的经验；可是当牧场在干旱季节着火的时候，当冰雹或严寒毁掉牧草的时候，抑或公牛对另一头小母牛大献殷勤的时候，我从未见过哪头泽西种乳牛为此发怒。动物们镇定地面对黑夜、暴风雨和饥饿；因此它们永远不会患上胃溃疡或者神经衰弱，也永远不会精神失常。

我不是在提倡我们应该向任何逆境或厄运随便屈服，绝对没有那个意思！那只不过是宿命论。只要还有挽救的机会，我们就应该奋斗！但是倘若常识告诉我们事情已经无可避免，不可能存在任何转机，那么为了维持正常的神志，我们就不要"瞻前顾后，庸人自扰"了。

最近去世的哥伦比亚大学的霍克斯院长告诉我，他曾经编过一首童谣作为座右铭：

> 天下多疾病，数也数不清，有的能治疗，有的治不好。
> 如果还有救，就对症下药，如果没法治，干脆就忘掉。

在写这本书的过程中，我采访过许多著名的美国商人；我最深刻的印象是，他们都能接受无可避免的状况，生活得格外无忧无虑。倘若没有这种能力，他们就会在压力之下崩溃。这里有几个实例：

彭尼（J. C. Penney）创办了遍布全国的彭尼连锁店，他告诉我："哪怕我失去了全部财产，我也不会忧虑，因为我看不出忧虑能带来什么益处。我只是尽可能做好工作；结果由上帝的意志决定。"

亨利·福特（Henry Ford）也对我讲过同样的话："每当遇到我不能处理的事情，我就让它们自然解决。"

关于如何避免忧虑，克莱斯勒集团的总裁凯勒（K. T. Keller）先生说："面临棘手的状况时，假如有我能采取的措施，我就去做。假如我无计可施，就干脆忘掉它。我从不为未来担忧，因为活着的人不可能预知未来发生的事情。影响未来的因素太多，谁都说不清那些因素的具体作用，又无法理解它们。既然如此，何必担忧呢？"如果你说凯勒是个哲学家，他会觉得窘迫。因为他只是一个优秀的商人。不过他的这种人生观恰巧符合 19 个世纪前古希腊的哲学家爱比克泰德（Epictetus）的理论。爱比克泰德告诫罗马人："通向快乐的道路唯有一条，就是避免为自己力所不及的事情忧虑。"

"天赐的莎拉"莎拉·贝纳尔（Sarah Bernhardt）是一个著名的例证，她是懂得如何接受无可避免的状况的女性。半个世纪以来，她一直是四大洲歌剧院的女王，全世界最受喜爱的女演员。可是她在 71 岁那年破产了，而且她的主治医生、巴黎的波齐（Pozzi）教授告诉她，她的腿必须截肢。因为她乘船横渡大西洋时遇到暴风雨，在甲板上摔了一跤，腿部受了重伤。由于静脉炎，她的腿部严重萎缩。疼痛太剧烈，医生觉得只能动手术截肢。因为"天赐的莎拉"脾气暴躁易怒，医生几乎不敢告诉她这个消息。他满心以为这个可怕的消息会使莎拉歇斯底里大发作。可是他猜错了，莎拉只是看了看他，然后平静地说："要是必须这样的话，那就只好这样了。"这是命运。

她被推进手术室时，她的儿子站在旁边哭泣。她却挥挥手，做了个轻松的手势，高高兴兴地对他说："不要走开。我一会儿就回来。"

在去手术室的路上，她背诵她演过的戏剧台词给别人听。别人问，她这样做是不是为了鼓励自己？她回答："不，我是为了让医生护士们高兴。他们正在紧张。"

结束手术并恢复健康以后，莎拉·贝纳尔继续周游世界，观众们又为她疯狂了七年。

"一旦我们停止抗拒无可避免的事实，"埃尔茜·麦考密克(Elsie Mac-Cormick)在《读者文摘》的一篇文章中说，"释放出来的能量可以让我们创造更丰富的生活。"

谁都没有足够的情感和精力，一边抗拒无可避免的事实，一边创造新的生活。你只能二者择一。要么向生活中无可避免的暴风雨屈服，要么抗拒它然后被折断！

我在密苏里州的农场上亲眼看见了这一过程。我在自家的农场上种了一些树。起初它们成长的速度异常惊人。某天下了一场混合着冰雹的暴雨，厚厚的冰包裹住了细嫩的树枝。这些树在重负之下并未优雅地弯腰，而是抬头挺胸与冰对抗，试图冲破覆盖的冰层，抽出新的枝叶，结果折断了。它们没有学会北方森林的智慧。我曾经在加拿大的常绿森林中旅行过几百英里，从未见过云杉或松树的枝条被冰雪折断。这些常绿树木知道如何屈服，如何弯曲它们的枝条，接受无可避免的状况。

日本的柔术大师教导他们的学生应该"如杨柳一般柔顺，不要如栎树一般直立不屈"。

你知道为什么汽车轮胎能在道路上行驶那么久、承受那么大压力吗？最初制造轮胎的人试图造出一种能够抵抗颠簸的轮胎，结果它很快碎成了一条条带子。然后他们制造了另一种能吸收道路上的震动颠簸的轮胎，它可以"接受"。在崎岖的人生旅途上，只要学会吸收各种震动和颠簸，我们就能活得更久，享受更顺利的旅程。

反之，倘若我们抵抗生活中的挫折，倘若我们拒绝"如杨柳一般柔顺"，坚持如栎树一般不肯屈服，那么会发生什么？答案很简单。一系列内在的冲突会困扰我们。我们会变得忧虑、紧张、急躁、神经质。

倘若再严重一些，我们拒斥严酷的现实世界，退缩到自己创造的梦想世界里，我们就会变得精神失常。

在战争期间，数百万惊恐的士兵要么接受无可逃避的现实，要么在压力下精神崩溃。让我们用威廉·H. 卡塞柳斯（William H. Casselius）的事例来说明，他现在住在纽约州格伦代尔（Glendale）76 街 7126 号。他在我们的成人教育班上发表了这段得奖的演说：

"我加入海岸警卫队之后不久，被派遣到了大西洋西岸最危险的地区。我的任务是管理炸药。请设想一下！我以前只是一个卖饼干的推销员，居然要管理炸药！仅仅想到自己脚下有几千吨 TNT 炸药，我这个卖薄脆饼干的人就吓得打寒战。我只受过两天训练；

其间学到的东西使我越发恐惧。

"我永远不会忘记第一次执行任务的经历。那天又黑又冷，雾气弥漫，我奉命前往新泽西州贝永（Bayonne）的卡文角（Caven Point）的开放码头，并被指派到船上的第五号货仓。我与五个码头装卸工人一起工作，他们身强力壮却对炸药一无所知。我们往船上装载的重磅炸弹，每个都含有一吨 TNT，足以把那条旧船炸飞到天上去。用钢缆捆住的炸弹放到船上时，我不停地对自己说：万一缆绳断掉或者打滑了怎么办！哦，少年！我害怕得浑身颤抖！我口干舌燥，膝盖发软，心跳得像擂鼓。可是我不能逃跑，那是开小差，我和我的父母都会蒙受耻辱，而且我或许会被枪毙。我不能跑，必须留下来。看着那些码头装卸工人草率地对待炸弹，我一直心惊肉跳，担心船随时可能被炸飞。在体验了一个多小时毛骨悚然的恐惧之后，我终于开始用常识考虑问题了。我劝告自己说：'看看这儿！就算你被炸飞了，那又怎么样？你根本不会知道自己是怎么死的！这种死法毫无痛苦。比死于癌症好得多。别傻了。你不可能指望永远活着！你要么做这件工作，要么被枪毙。所以你最好高高兴兴地做。'

"我这样对自己讲了几个小时后，开始觉得放松了。最后，我强迫自己接受了无可避免的状况，从而克服了忧虑和恐惧。

"我永远不会忘记这一课。如今每当我开始为某件不可能改变的事忧虑的时候，我就耸耸肩说：'忘掉它。'我发现这种办法对于卖饼干的人也是有效的。"万岁！让我们三呼万岁，再为这个"皮纳福号（Pinafore）军舰"上的饼干推销员欢呼一次。

除了耶稣在十字架上被钉死之外，历史上最著名的死亡是苏格拉底（Socrates）之死。一百万年后，人类依旧会阅读和重视柏拉图（Plato）对这件事的不朽描述，它也是所有文学作品中最动人最精彩的篇章之一。雅典（Athens）的某些人嫉妒和猜忌赤足的苏格拉底，就罗织了一些罪名，逮捕并审问他，判处他死刑。一个同情他的狱卒把毒酒带给苏格拉底时，对他说："既然必须如此，试着轻松地接受吧。"苏格拉底确实做到了。他平静而顺从地面对死亡，那种态度几乎接近圣人了。

"既然必须如此，试着轻松地接受吧。"这是公元前399年的人说的话。不过在这个充满忧虑的旧世界，今天比以往任何时候都更需要这句话："既然必须如此，试着轻松地接受吧。"

在过去八年里，我实际阅读了我能找到的涉及如何驱除忧虑的每本书和每篇杂志文章，哪怕只是沾一点边也不放过……在读过这些书和文章之后，你想知道我发现的最好的忠告是什么吗？好的，这是纽约百老汇120街的联合神学院的应用基督神学教授莱因霍尔德·尼布尔（Reinhold Niebuhr）博士提供的无价祈祷文：

请上帝赐予我平静从容的心境，以接受我不能改变的事；
请赐予我勇气，以改变我能改变的事；
请赐予我智慧，以辨明这两者的区别。

这段话总共53个字，我们都应该把它贴到盥洗室的镜子上，以便在每次洗脸时洗掉全部忧虑。

因此为了在忧虑击溃你之前击溃习惯性忧虑，第四条规则是：**接受无法避免的事情。**

第十章　给你的忧虑设置"止损限额"

你想知道怎样在证券交易所赚钱吗？好吧，无数人都想知道，假如我知道答案，这本书就能卖出天价了。不过我能告诉你某些成功的操盘手运用过的好办法。故事的主角是投资顾问查尔斯·罗伯茨（Charles Roberts），他在纽约东 42 街 17 号的办公室工作。

查尔斯·罗伯茨对我说："当初我从德克萨斯州（Texas）到纽约来的时候带着 20 000 美元，朋友委托我在证券市场上投资。我本以为自己精通股票交易，可是我赔光了每一分钱。我确实在几次交易中赚到了不少钱；但是最终全部损失掉了。"

罗伯茨先生解释道："假如损失的是自己的钱，我不会那么介意；可是赔光朋友的钱就太糟糕了，尽管他们承受得起那点损失。我的冒险不幸惨败以后，我害怕再见到他们，令我惊讶的是，他们不仅毫不介意，而且是无可救药的乐观主义者。

"我知道，我的交易以无计划的投机为基础，在很大程度上取决于运气和其他人的意见。正如菲利普斯（H. I. Phillips）说过的，我是在'用耳朵玩股票交易'。

"我开始仔细思考我犯过的错误，决心在重返股票市场前先学习基本知识。为此我设法结识了一位最成功的投机者商人伯顿·S.卡斯尔斯（Burton S. Castles）。我相信能从他那里学到很多东西，因为他多年来一直享有成功的名声，我知道单凭机遇或运气不可能有如此辉煌的履历。

"他问了我几个过去的交易经历的问题，然后教给我一个股票交易中最重要的原则：'我每次在市场上交易股票，都设置一个亏损的限度或止损的标准。比方说，我买进50元一股的股票，就立刻设定不能再赔的最低限度是45元。'这就是说，假如股票价格跌至比买入价低5元，就自动把它抛售，这样你的损失就限制在5元以内。

"这位老手继续说：'如果你最初交易的时候足够明智，你的平均利润会有10%、25%，甚或50%。因此只要将损失限制在5元以内，即使半数以上的股票都买错了，你也能赚到足够多的钱。'

"我立即采纳了这一原则，并运用至今。它为我的客户和我自己挽回了无数金钱损失。

"过了一段时间之后，我发现'到此为止'的原则同样适用于股票市场以外的其他方面。我开始给每件令人烦恼或愤恨的事情设置一个'到此为止'的限度。效果好似魔术一般。

"举例来说，我经常跟一个不守时的朋友约定在午餐时见面。过去他习惯在午餐时间过了一半才姗姗来迟，让我等得不耐烦。最后我宣布给我的等待设置了止损限度，我告诉他：'比尔，今后我等你的限制是十分钟。如果你迟到十分钟以上，我们的午餐约会就到此为止，我会立刻离开。'"

太棒了！我多么希望自己在多年以前就具有这种见识，对我的缺乏耐心、我的坏脾气、我的自我证明的欲望、我的懊悔以及一切精神和情感的压力设置一个止损限度。假如我具有这种起码的常识，就能衡量威胁并破坏我的平和心境的一切情势，并告诫自己："看看，戴尔·卡耐基（Dale Carnegie），这个状况不值得小题大做，紧张烦恼到此为止，不可以继续下去！"……

话说回来，至少在一件事上，我必须给自己的理性记个功。那也是在我人生的关键阶段发生的严重事件，当时我眼看着自己的梦想、未来的计划和两年的辛劳全部化为泡影。事情的经过是这样的：我三十岁出头的时候，决定致力于创作小说。我的目标是成为弗兰克·诺里斯（Frank Norris）、杰克·伦敦（Jack London）或托马斯·哈代（Thomas Hardy）那样的作家。为此我在欧洲生活了两年，因为在第一次世界大战结束后的疯狂印钞时期，美元汇率大涨，美国人在欧洲的生活成本较低。我满怀热情，写出了一部巨著，题为《暴风雪》。

这个标题真贴切，因为出版商对它的态度一律冷若冰霜，恰似呼啸着席卷达科他州（Dakota）大平原的暴风雪。我的文学代理商告诉我这部小说一文不值，断定我没有创作小说的天赋才能时，我的心跳几乎停止了。我茫然地离开了他的办公室。我的脑袋仿佛被球棒砸了一样头晕目眩。我愕然不知所措。我意识到自己正站在人生的十字路口，必须做一个极其重大的决定。我应该怎么办？我应该走哪条路？几个星期以后，我才从茫然中清醒过来。当时我从未听说过"给你的忧虑设置到此为止的限制"。不过如今回想起来，我正是那么做的。我把写小说的那两年时间视为一次宝贵的经验，然后放下它继续前进。我重操旧业，又开始组织成人教育班，给成人讲课，只在闲暇时间写写传记和非小说类的书，本书就是其中之一。

如今我庆幸自己做了那个决定吗？庆幸！每次我想起那件事，就高兴得想在街上手舞足蹈！我可以坦率地说，从那以后，我从未有一天或一小时为自己并非第二个托马斯·哈代而悲哀过。

一个世纪前的一个夜晚，一只猫头鹰在瓦尔登（Walden）湖岸边的树林里发出尖锐刺耳的不祥叫声时，亨利·梭罗（Henry Thoreau）用鹅毛笔蘸着他自制的墨水，在日记里写道："一件事物的代价，就是我称之为生活的总值，需要立即交换，或者在最后付出。"

用另一种方式陈述是这样的：我们以自身存在的一部分交换一件东西，如果付了过高的代价，我们就是笨蛋。

然而这正是吉尔伯特（Gilbert）和沙利文（Sullivan）的悲剧。他们懂得如何创作出欢快的歌词和歌曲，却完全不知道如何在生活中制造欢乐。他们创作过最令人愉快的轻歌剧，比如《皮纳福号军舰》《耐性》和《日本天皇》；却不能控制自己的脾气。他们竟为了一块地毯这种小事互相怨恨了许多年！沙利文为他们的剧院订购了一块新的地毯。吉尔伯特看到账单时大发脾气。他们为这件事闹到法院，此后两人再也没有交谈过。沙利文给新歌剧谱完曲后，就把乐谱寄给吉尔伯特；吉尔伯特填上词后，再寄回给沙利文。有一次，他们必须一起上台谢幕，两人就站在舞台两端，分别朝不同的方向鞠躬，以免看见对方。他们没有那种见识，不知道给互相怨恨设置一个"到此为止"的限制，而林肯（Lincoln）做到了。

　　美国南北战争时期，林肯的几位朋友公开谴责他的一些仇敌，林肯却说："你们对私人怨恨比我更敏感。或许我的这种感觉太迟钝；可是我一向以为那不值得。一个人不能把半辈子时间都耗费在争吵上。无论是谁，只要他停止攻击我，我就会忘记他反对过我。"

　　我希望伊迪丝（Edith）老姨妈也有林肯这种宽容精神。她和弗兰克姨父在一个抵押贷款的农场上生活，那里到处都是苍耳属植物，土质恶劣，灌溉不良。由于收成不好，他们的日子过得艰难，必须节省每一分钱。可是伊迪丝姨妈喜欢买一些窗帘之类的东西装饰光秃秃的房间。她在密苏里州马利维尔（Maryville）的一家纺织品店赊账购买这些小小的奢侈品。弗兰克姨父担心信用问题，他跟一般农民一样恐惧催款账单，所以他私下告诉店主丹·埃弗索尔（Dan Eversole），不要再让他的妻子赊账买东西。伊迪丝姨妈听说后大发脾气，这件事已经过去差不多五十年了，她还没有消气。我多次听她说过这件事。最后一次见到她时，她已经将近八十岁了。我对她说："伊迪丝姨妈，弗兰克姨父让你丢脸确实不对；可是你已经抱怨了半个世纪，你真的觉得他的行为比这糟糕无数倍吗？"（结果我这话说了等于白说）

　　伊迪丝姨妈念念不忘她怨恨不满的回忆，为此付出了昂贵的代价，在半个世纪中内心一直不得平静。

　　本杰明·富兰克林（Benjamin Franklin）7岁的时候犯了一个错误，那件事被他铭记了70年。那时，他迷上了一只哨子，冲动之下他跑到玩具店的柜台前，掏出口袋里的全部铜币买了那只哨子，甚至没有问价格。（译者注：此处的说法有误。根据《富兰克林自传》的记述，哨子是富兰克林从一个大男孩手里买的，不是从玩具店买的，按理说除非是黑店，否则不会随便多收一个小孩的钱，况且写了是商店柜台不是路边摊，一般都是先数钱再交货）70年后，他在给一个朋友的信中写道："我回到家，在房子里到处吹我的哨子，玩得十分高兴。"可是他的哥哥姐姐们发现他出了高得离谱的价钱买哨子，纷纷嘲笑他，他说："我懊恼地哭了。"

多年以后，富兰克林成了世界著名的人物，并担任美国驻法国大使；他依旧记得为哨子付出过高代价的往事，结果这件事引起的"懊丧情绪多于哨子带来的快乐"。

不过富兰克林由此学到的教训足够宝贵，他说："成年以后，我进入社会，观察人们的行动，认为我看到了很多——非常多为哨子付出太多代价的人。……简而言之，我想造成人类的很多苦难的原因是他们错误地估计了东西的价值，并为他们的哨子付出了太多代价。"

吉尔伯特和沙利文为他们的哨子付出了过高的代价。伊迪丝姨妈同样如此，我戴尔·卡耐基也不例外——那种情况有不少。不朽的作家列夫·托尔斯泰（Leo Tolstoy）亦不能免俗。他是两部伟大巨著《战争与和平》和《安娜·卡列尼娜》的作者。根据《不列颠百科全书》的记载，在他生命的最后二十年，列夫·托尔斯泰"可能是全世界最受崇敬的人物"。在他去世前的二十年间（即1890年至1910年），踏上朝圣之旅的崇拜者络绎不绝，他们拜访托尔斯泰家，只是为了看他一眼，听听他的声音，或者只是碰一下他的衣摆。从他口中说出的每句话都有人专门记录，仿佛他的话是"神圣的天启"。然而说到生活——平常意义上的生活——好吧，70 岁的托尔斯泰的常识甚至不及 7 岁的富兰克林！他完全没有生活常识。

事情是这样的。托尔斯泰娶了一个他非常爱的女人。事实上，最初他们在一起非常幸福，他们甚至跪下向上帝祈祷，让这种天国一般的极乐生活永远持续。然而托尔斯泰的妻子天生嫉妒心强。她习惯装成农妇暗中监视丈夫的行踪，甚至跟踪到森林里。他们之间爆发了可怕的争吵。她连自己的儿女都嫉妒，曾经抓起枪在女儿的照片上打了一个洞。她还在地板上撒泼打滚，拿着一瓶鸦片膏威胁要自杀，吓得孩子们在房间的角落里挤作一堆哭叫。

那么托尔斯泰做了什么？如果托尔斯泰跳起来砸碎家具，我不会责备他，因为他有理由愤怒。但是他的行为糟糕得多。他写了一本私人日记！是的，他在日记里把全部过错都归咎于妻子！那就是他的"哨子"。他决意在后代子孙面前替自己开脱，把过错全部归咎于他的妻子。他的妻子如何对应呢？当然，她把他的日记撕毁并烧掉了。她也开始写日记，把丈夫描述成了一个恶棍。她甚至写了一本题为《谁之错》的小说。在小说里，她把托尔斯泰描绘成一个魔鬼，而她自己则是家庭的殉难者。

结果呢？这两个人让唯一的家变成了地狱——托尔斯泰称之为"疯人院"。这一切都是为什么？显然，原因有不少。其中一个原因是他们想给你我留下深刻印象的强烈欲望。没错，他们担心的正是我们这些后世子孙的看法！那么我们会去询问阎王应该指责谁吗？不，我们关心自己的问题还来不及，不可能浪费哪怕一分钟时间去考虑托尔斯泰的家务事。这两个不幸的人为他们的"哨子"付出了多么高昂的代价！五十年来他们一直生活在名副其实的地狱里，只因为两人都没有那种见识喊出"停止"！因为两人都没有足够的能力判断价值，不能说："让我们立刻给这件事设置止损限额。我们正在浪费生命。让我们现在就说'够了'！"

是的，我诚心相信这是获得内心真正平静的最大秘诀之一：对价值具有合宜的识别判断能力。我还相信，只要我们建立一种个人的标准，用这种准则衡量事物相对于我们生命的价值，我们就能立刻消灭一半的忧虑。

因此为了在忧虑击溃你之前击溃习惯性忧虑，第五条规则是：

无论何时，如果我们想投入良币挽回已经损失的劣币，应该先停下来衡量这件事相对于人生的价值，问自己这三个问题。

1. 我正在忧虑的这件事对我而言真实价值是多少？

2. 我应该在何处设置"止损限额"，在何时及时停手并忘记它？

3. 我究竟应该为这个哨子付多少钱？我付出的代价是否已经超过了它的价值？

第十一章　不要反复锯那些碎木屑

我写这段文字的时候，从窗户望出去，可以看见院子里有一些嵌在页岩和石块上的恐龙的足迹。我从耶鲁大学的皮博迪（Peabody）博物馆买来了那些化石。该博物馆的馆长在寄给我的信里说，那些足迹是一亿八千万年前留下的。连白痴也不会梦想去改变一亿八千万年前的足迹。然而人的忧虑却同样愚蠢，因为哪怕是三分钟前发生的事情，我们也不可能改变它。诚然，我们或许可以设法改变三分钟前发生的事情造成的影响，但是我们不可能改变当时发生过的事情。

在这个地球上，唯有一种方法能使过去的错误产生建设性的影响，那就是镇定地分析我们的错误，从中吸取教训，然后忘掉它们。

我明白这个道理；但是我是否有勇气和见识始终贯彻这种做法？关于这个问题，让我先讲述若干年前的一段异乎寻常的经历。我曾经白白错失了 30 万美元，连一分钱利润都没赚到。事情是这样的：我启动了大规模开办成人教育班的计划，在各个城市设置分部，毫不吝惜地投入了大量经费和广告费。当时我忙于教学，既没有时间又没有欲望去管理财务，而且我太天真，没有意识到需要一位精明的业务经理帮助我安排各项开销。

过了大约一年，我终于发现了令我如梦初醒的惊人真相。尽管我们有巨额收入，净利润却一分钱都没有。发现这一事实之后，我本来应该做两件事：第一，我应该仿效黑人科学家乔治·华盛顿·卡弗（George Washington Carver），他由于银行倒闭损失了毕生积蓄的 4 万美元财产，有人问他是否知道自己破产了，他回答说："哦，我听说了"，然后继续去教书。他把这笔损失从记忆中完全消除，从此再也不提。第二，我应该分析自己的错误，吸取长久的教训。

然而坦白说，两件事我全都没做。相反，我开始陷入恐慌。有好几个月，我一直神志恍惚，睡不着觉，体重也减轻了。我不仅没有从这个巨大错误中学到教训，反而继续犯了一个级别较小的同类错误。

坦白承认自己做过的蠢事令我尴尬；但是我早已发现，"教 20 个学生怎样做，比跟自己学怎样做容易得多"。

我多么希望有幸进入纽约的乔治·华盛顿中学，听布兰德温（Brandwine）先生讲课！纽约市伍迪克里斯特（Woodycrest）大街 939 号的艾伦·桑德斯（Allen Saunders）曾经是布兰德温老师的学生。

桑德斯先生告诉我，卫生保健课的布兰德温老师教给了他最宝贵的一课。艾伦·桑德斯先生这样讲述他的故事："当时我只有十几岁，却有许多烦恼。我习惯为自己的错误烦闷焦虑。每当考试的时候，我总是不睡觉，咬指甲，害怕自己不及格。我不停地想自己做过的事，希望当初没有那样做；我反复考虑自己说过的话，希望当时说得更好些。"

"一天早晨，全班同学排队走进科学实验室，看见布兰德温老师的桌边放着一瓶牛奶，瓶底一部分悬空。我们坐到自己位置上，盯着那瓶牛奶，心里疑惑它跟卫生保健课有什么关系。布兰德温老师站了起来，冷不防把那瓶牛奶打翻在水槽里，并大声喊道：'不要为打翻的牛奶哭泣！'

"然后他让我们集合到水槽旁边，看着瓶子的残骸，对我们说：'好好看看，我希望你们永远记住这一课。你们可以看见牛奶已经流光了；无论怎样激动忙乱，怎样捶胸顿足，都不可能挽回一滴牛奶。假如稍微思考一下，采取预防措施，或许可以保住那瓶牛奶。但是现在一切都太迟了，我们能做到的只是忘掉它，继续做下一件事。'"

艾伦·桑德斯告诉我："这次小小的演示令我难以忘怀，我在忘记立体几何和拉丁文之后很久仍旧记得这一课。实际上，与中学四年学到的其他东西相比，它教给了我最实用的生存之道。它告诉我，只要有可能，就不要打翻牛奶；不过一旦牛奶打翻并全部流光，我们就应该完全忘掉它。"

有些读者看到此处会嗤之以鼻：说了半天，结论居然是"不要为打翻的牛奶哭泣"这种陈腐的格言？我知道这句话老掉牙了，是陈词滥调，我知道你们已经听过无数遍。但是我还知道，正是这些老一套的格言中包含着一切时代的智慧的精华结晶。它们来自人类的火热经验，流传了无数世代。即使读遍各个时代的伟大学者所写的关于忧虑的全部著作，你也不会看到比"船到桥头自然直"和"不要为打翻的牛奶哭泣"之类陈腐的格言更基本、更深刻的真理。只要我们应用那些格言，而不是嗤之以鼻，我们就根本不需要这本书。事实上，只要善于利用那些古老的格言，我们就能过上接近完美的生活。话说回来，没有付诸实践的知识不是力量。本书的意图并非教你新的知识，而是提醒你想起你已经知道的事，激励你实际应用那些知识。

我一直钦佩已故的弗雷德·富勒·谢德（Fred Fuller Shedd）先生，他具备一种天赋，能用生动形象的方式讲述古老的真理。他是《费城快报》的编辑；有一次在大学毕业班演讲时，他问道："有多少人锯过木头？请举手。"大多数学生都举起了手。他接着问："有多少人锯过木屑？"没有人举手。

"当然，你们不可能锯木屑！"谢德先生大声说，"木屑已经被锯碎了！过去同样如此。当你为那些已经过去和结束的事情忧虑的时候，你只是在锯木屑而已。"

有名的棒球老将康尼·麦克（Connie Mack）81岁时，我问他是否为输掉的比赛烦恼过。

"哦，是的，曾经烦恼过。"康尼说，"但是多年前我就发现那样做太愚蠢了，对我没有任何好处。磨好的谷粒你不可能继续磨，水已经把它们全部冲走了。"

没错，你不可能继续磨谷粒，不可能继续锯木屑，水已经把它们全部冲走了。但是你能看见自己脸上的皱纹，感觉到胃里的溃疡。

去年感恩节时我与杰克·登普西（Jack Dempsey）共进晚餐；隔着火鸡和越橘酱，他向我讲述了他把重量级拳王的头衔输给滕尼·纳图拉利（Tunney Naturally）的那场比赛。他告诉我："搏斗正激烈时，我突然意识到自己变老了……到了第十回合结束，我虽然还没有倒下，却已经没有力气了。我的脸受伤肿了起来，我的眼睛几乎无法睁开……我看见裁判员举起滕尼·纳丘黎的手，宣布他获胜……我不再是世界拳王了。我在雨中离开，穿过人群，回到更衣室。……我看见有人试图握住我的手，还有人眼里含着泪水。"他的自负受到了沉重打击。

　　"一年以后，我再次与滕尼·纳图拉利一战，结果没有改变。我永远完蛋了。为这件事烦恼在所难免，不过我对自己说：'我不要生活在过去的阴影里，不要为打翻的牛奶哭泣。我要承受这记下勾拳，不能让它击倒我。'"

　　杰克·登普西正是这样做的。怎样做呢？他是否反复对自己说："我不要为过去烦恼"？不，那样只会迫使他想起过去的烦恼。他接受并放下自己的失败，集中精力制定未来的计划。他经营百老汇的杰克·登普西餐厅和57街的大北方旅馆；他筹划举办拳击赛，并进行拳击示范表演。他忙于做建设性的事情，这样就既没有时间又没有心情为过去烦恼。杰克·登普西说："我退役以后十年来的生活，比我还是世界拳王时好得多。"

　　我阅读历史和传记作品，观察人们在逆境下的表现，总是惊讶地看到有些人有能力放下烦恼和悲剧，过上相当快乐的生活，他们令我大受鼓舞。

　　我曾经造访过新新监狱，最令我惊讶地发现是那里的囚犯们似乎跟外面的普通人一样快乐。我对新新监狱的监狱长刘易斯·E. 劳斯（Lewis E. Lawes）谈及此事，他告诉我，这些罪犯初到新新监狱时总是愤恨不平，难以接受现实。可是几个月过后，大多数比较聪明的人都会放下他们的厄运，平静地接受监狱生活并安定下来，尽量过得好一点。劳斯监狱长还告诉我，有一个囚犯以前从事园艺工作，他在监狱的围墙里一边栽培蔬菜、种植花朵一边唱歌，因为他知道流泪没有用。

这个新新监狱的囚犯表现出了超越我们大多数人的见识，因为他懂得：

> 不要悔恨，事情已经发生，生活继续前行；
>
> 无论你的虔诚还是风趣都无法删减一字一句，
>
> 即使你流光眼泪，也无法冲洗掉只言片语。

既然不能让时光倒流，我们何必浪费眼泪呢？当然，我们都由于粗心无知犯过错误，做出过荒谬悖理的事情！可是那又怎样？谁从不犯错呢？连拿破仑（Napoleon）也打输过三分之一的重要战役。或许我们的平均战绩不比拿破仑差，谁知道呢？

不管怎么说，纵然动用所有国王的人马，我们也不可能改变过去。

因此让我们记住，为了在忧虑击溃你之前击溃习惯性忧虑，第六条规则是：

不要反复锯那些碎木屑。

一言以蔽之：

在忧虑击溃你之前击溃习惯性忧虑的基本规则

规则一 让自己保持忙碌，以便驱除忧虑。充分行动是治愈"胡思乱想"的最佳疗法之一。

规则二 不要为琐事心烦意乱、小题大做。不要放任一些本应鄙弃和遗忘的小事毁掉你的幸福。

规则三 运用平均律法则判定你的忧虑不合理，问问自己："这件事真的发生的可能性究竟有多大？"

规则四 接受无法避免的事情。一旦遇到超出自己能力范围、无法改变或补救的情况，就对自己说："事情就是如此。不可能是别的模样。"

规则五 给你的忧虑设置"止损限额"。衡量某件事物的价值，决定为其焦虑不安到什么程度，拒绝付出更多代价。

规则六 埋葬过去，不为过去的事情忧虑。不要反复锯那些碎木屑。

第四篇

培养能带给你平静和
幸福的精神态度的七
种方式

第十二章　能转变你的人生的十二个字

几年前，我参加一个广播节目时被问到一个问题："你平生得到的最大教训是什么？"

答案很简单：我得到过的至关重要的教训是人的想法的重要性。假如我知道你的想法，我就能知道你是什么样的人。我们是由我们的思想造就的。我们的精神态度是决定我们命运的 X 因子。爱默生（Emerson）说过："人是自己认知的产物。"……怎么可能不是呢？

如今我毫无疑问地确信，你我必须应对的最大问题——其实几乎是唯一的问题——是如何选择正确或合适的思想。只要做到这一点，我们就找到了解决一切问题的捷径。曾经统治古罗马帝国的伟大哲学家马可·奥勒留（Marcus Aurelius）用十二个字总结道："我们的思想塑造我们的人生。"它能决定你的命运。

是的，想一些快乐的事情时，我们就会快乐。想一些凄惨不快的事情时，我们就闷闷不乐。想一些可怕的事情时，我们就感到恐惧。想一些令人厌恶的事情时，我们可能会生病。想着失败的时候，我们无疑会失败。如果我们沉湎于自怨自艾，每个人都会避开我们。诺曼·文森特·皮尔（Norman Vincent Peale）说过："你不是自己以为的那种人；而是你如何认知自己，你就会成为怎样的人。"

我在提倡对所有问题都采取习惯性盲目乐观的态度吗？不，遗憾的是，生活并非如此简单。我的主张是我们应该采取积极的态度，而不是消极的态度。换句话说，我们需要担心自己的问题，但是不要忧虑。担心和忧虑之间有什么区别？让我说明一下。每次我穿越纽约市交通拥挤的街道时，总觉得有些担心，但是不会忧虑。担心意味着知道问题所在，镇定地采取措施解决它们。忧虑意味着发疯地转圈子，毫无意义地焦虑。

一个人可以一边担心自己的严重问题，一边抬头挺胸走路，在纽扣孔上插一朵康乃馨。我见过洛厄尔·托马斯（Lowell Thomas）这样做。我曾经有幸陪伴洛厄尔·托马斯推广关于第一次世界大战期间的艾伦比（Allenby）和劳伦斯（Lawrence）的战役的著名影像记录。他和他的助手们六次亲赴前线拍摄战争纪录片；其中最精彩的是"劳伦斯与他多彩的阿拉伯军队"和"艾伦比征服圣地"。他发表的说明演讲的题目是"与艾伦比一起在巴勒斯坦，与劳伦斯一起在阿拉伯"，在伦敦及全世界引起了轰动。为了让他继续讲述他的冒险故事，并在考文垂（Covent）花园皇家歌剧院展示他的照片影像，伦敦的歌剧季推迟了六个星期。在伦敦引起轰动之后，他相继在多个国家举行了巡回演出并大获成功。随后他用两年时间准备拍摄印度和阿富汗的生活。然而他遇到了难以置信的坏运气，不可能的事情发生了：他在伦敦宣告破产。当时我在他身边。

我记得我们不得不在廉价的餐馆里吃便宜的饭菜。要不是有名的苏格兰艺术家詹姆斯·麦克贝（James McBey）借钱给我们，我们连那种便宜的饭菜也吃不起。故事的重点在于，洛厄尔·托马斯面临巨额债务和令人失望的严峻状况时，他虽然担心，却不忧虑。他知道，如果任凭逆境击倒他，他就对任何人都毫无价值，包括债权人。因此每天早晨出发前，他总是买一朵花别在纽扣孔上，抬头挺胸、精力充沛、心情愉快地走过牛津街。他勇敢地保持积极的态度，拒绝让失败击倒他。对他而言，一次失败只是比赛的一部分，如果希望登上顶峰，就必须接受这种有益的训练。

我们的精神态度能对我们的身体力量产生几乎难以置信的影响。著名的英国精神病专家哈德菲尔德（J. A. Hadfield）在他的精彩作品《力量心理学》中有一段引人注目的阐述，他写道："为了研究心理暗示对生理状况的影响，我请三个人参加测试，测试工具是握力计。"他让他们全力握紧测力计，在三种不同条件下进行测量。

在正常的清醒状态下，他们的平均握力是 101 磅。

第二次试验时他催眠了他们，并暗示他们非常虚弱，结果他们的握力减少至 29 磅，甚至不到正常握力的三分之一（这三个人中间有一个人是获奖的拳击手；进入催眠状态后，他说他感觉自己的胳膊"很小，像婴儿一样"）。

第三次试验时，哈德费尔德医生通过催眠暗示他们非常强壮，结果他们的平均握力增至 142 磅。他们头脑里对自己的力量充满确信时，他们的实际体力也增加了，几乎是原来的 1.5 倍。

这就是精神态度的难以置信的力量。

为了说明思想的神奇力量，接下来我想讲述美国历史上最令人震惊的故事之一。这件事我可以写成一本书，不过还是让我们长话短说。南北战争结束之后不久，在十月的一个霜冻的夜晚，一个无家可归的赤贫女人在街上徘徊，敲响了"母亲"韦伯斯特（Webster）的家门。"母亲"韦伯斯特住在马萨诸塞州（Massachusetts）的埃姆斯伯里（Amesbury），是一位退休船长的妻子。她打开门，看见了一个虚弱瘦小的女人，"战战兢兢，骨瘦如柴，体重还不到一百磅"。这个陌生人解释说，她是格洛弗（Glover）太太，正在寻找住处，她需要考虑并解决一个让她日思夜想的重要问题。

"为什么不在这里住下呢？"热心的韦伯斯特夫人说，"房子很大，只有我一个人住。"

格洛弗太太本来可能在"母亲"韦伯斯特家长久地住下去，可是韦伯斯特夫人的女婿比尔·埃利斯（Bill Ellis）忽然从纽约过来度假。他发现家里住进了一个陌生人，大叫道："这里不收容流浪女人！"他把这个无家可归的女人赶出了门。外边正在下雨，她站在雨中颤抖了几分钟，然后走上大路，去寻找避难所。

令人震惊的事实是，比尔·埃利斯赶走的那个"流浪女人"命中注定要成为在思想界最具影响力的女性之一。她的名字是玛丽·贝克·埃迪（Mary Baker Eddy），基督教科学派的创立者，如今拥有数百万忠实的追随者。

不过在当时，她的生活里仅有疾病、悲伤和灾难。她的第一个丈夫在婚后不久就去世了。她的第二个丈夫抛弃了她，跟另一个已婚女人私奔了，后来死在了济贫院。她只有一个儿子，由于疾病、贫穷和妒忌，她被迫把四岁的儿子交给了别人，其后就音讯全无，整整 31 年没有见面。

由于健康状况不佳，埃迪太太一直对她所谓的"心灵治疗学"很感兴趣。不过在马萨诸塞州的林恩（Lynn），她的生活发生了戏剧性的转折。有一天很寒冷，她在商业区行走时，在冰雪覆盖的人行道上滑倒了。她当场昏迷不醒，脊椎严重受伤，不时发生痉挛，连医生也以为她死定了。医生断言，即使她奇迹般地活下来，以后也不能走路了。

玛丽·贝克·埃迪只得躺在床上等死，她翻开《圣经》，偶然——她声称是受到圣灵的指引——看到了《马太福音》中的一段话："有人用褥子抬着一个瘫痪者，到耶稣跟前来。耶稣见他们的信心，就对瘫痪者说，'小子，放心吧。你的罪赦了。……站起来，拿你的褥子回家去吧。'于是那人站起来，回家去了。"

她声称，由于耶稣的这段话，她的内心充满了力量和信心，浑身洋溢着治愈之力，以致她"立即能下床走路了"。

她宣称："那段经历犹如掉到头上的苹果，指引我发现如何治疗自己以及其他人的方法……我有科学的确信，一切因果都在于人的精神，一切影响都是心理认知现象。"

玛丽·贝克·埃迪就这样成了一种新兴宗教的创始人和高级女祭司。基督教科学派，它传遍全球，是有史以来唯一由女性创立的重要宗教信仰。

读到此处，你可能对自己说："这个卡耐基（Carnegie）在劝诱别人加入基督教科学派。"不，其实不然。我并非基督教科学派的信徒。不过年纪越大，我就越强烈地相信思想的巨大力量。在从事成人教育的 35 年间，我知道人们能够驱除忧虑、恐惧和各种疾病，通过改变思想观念改变自己的生活。我知道！我知道！！我知道！！！我目睹过几百次这种难以置信的转变。由于多年的经验，我已经深信不疑。

举例来说，我的一个学生经历过这样的转变，他的名字是弗兰克·J. 惠利（Frank J. Whaley），住在明尼苏达州圣保罗市西爱达荷街 1469 号。他患过神经衰弱，原因是忧虑。弗兰克·惠利告诉我："一切事情都令我忧虑。我担心自己太瘦；我害怕自己的头发会掉光；我担心永远赚不到足够的钱娶老婆；我担心自己当不好父亲；我害怕失去那个我想娶的女孩；我觉得生活不如意；我担心自己不能给别人留下好印象；我以为自己得了胃溃疡……我不能继续工作，只得辞职了。我的神经越来越紧张，简直就像一个没有安全阀的压力锅。压力超出了承受的极限，锅子就会爆炸。如果你从未体验过神经衰弱，就向上帝祈祷吧，但愿你永远不会有那种体验，因为肉体的病痛与折磨精神的痛苦无法相提并论。"

"我的神经衰弱极其严重，甚至不能与家人说话。我无法控制自己的思维，内心充满了畏惧。最轻微的噪声也会把我吓得跳起来。我必须避开每个人。我会无缘无故地崩溃哭泣。

"每天的生活都是极大的痛苦。我觉得自己被所有人离弃了，上帝也抛弃了我。我甚至试图跳河自杀。

"我决定去佛罗里达州旅行，希望环境的转变对我有帮助。上火车的时候，我的父亲递给我一个信封，嘱咐我到了佛罗里达之后再打开看。我抵达佛罗里达的时候正遇上旅游旺季。旅馆全部爆满，我只得在一家汽车旅馆租了一个房间。我试图在迈阿密

（Miami）的一艘不定期货船上找一份工作，但是运气不佳。我不得不在海滩上消磨时间；虽然到了佛罗里达，我的心情比在家时更沮丧了。于是我拆开信封，看看爸爸写了什么，他在信中写道：'儿子，此刻你离家 1 500 英里，可是你没感到任何区别，对吗？我知道，因为你带走了你的全部烦恼的根源，那就是你自己。你的身体和精神都没有病。使你不幸的不是环境，而是你对环境的想法。"因为他心怎样思量，他为人就是怎样。"（译者注：出自《旧约圣经·箴言》23：7）一旦认识到这个道理，就回家吧，儿子，你会痊愈的。'

"父亲的信令我恼火。我想要的是同情，不是说教。我气疯了，决定再也不回家了。那天夜里，我在迈阿密街头游荡，偶然路过一条小巷中的教堂，那儿正在举行礼拜仪式。既然无处可去，我就走进去听布道，其中有这样一句话：'治服己心的，强如取城。'"（译者注：出自《旧约圣经·箴言》16：32，直译就是战胜自己精神的人比攻占一座城市的人更强大）

"我坐在上帝的神圣殿堂里，听见的道理与父亲在信中所写的如出一辙。这一切洗净了我混乱不堪的头脑。我终于能清楚地思考，平生第一次变得明智起来。我意识到自己以前有多么愚蠢。我在真理之光的照耀下震惊地看清了自己：过去我竟想改变整个世界和所有人，其实唯一需要改变的只是我心灵的焦距，亦即看待事物的视角。

"第二天早晨，我收拾好行李踏上了回家的路。一个星期以后，我重新开始工作了。四个月以后，我娶了那个我曾经害怕失去的女孩。如今我们组成了幸福的家庭，有五个孩子。我在物质方面和精神方面都得到了上帝的眷顾。我神经衰弱的时候，只是一个小部门的夜班工头，负责管理 18 名员工。现在我是一家纸板箱制造公司的主管，手下有 450 多名雇员。我的生活越来越充实、越来越和睦了。我相信我领悟到了生活的真实价值。虽然不安的情绪有时会乘虚而入（每个人都会遇到这种时刻），我告诉自己，只要恰当调整心态，一切都会好起来的。

"我可以诚实地说，我很高兴有那段神经衰弱的经历，因为我发现思想能给我们的精神和身体提供巨大的力量。现在我学会了善用自己的思想，不让它损害我。父亲说，导致我的痛苦的不是外部环境，而是我对环境的想法，现在我明白他是对的。一旦意识到这一点，我的病就痊愈了，而且再也没有被它困扰过。"这就是弗兰克·J. 惠利的经历。

我深信，生活能否给我们带来精神上的平静和欢乐，仅仅取决于我们的精神状态，而不是取决于我们身在何处、拥有什么或者我们的身份。外部的环境条件几乎完全无关。让我们以老约翰·布朗（John Brown）为例，他占领了位于哈珀斯费里（Harpers Ferry）的美国兵工厂，并煽动奴隶造反，结果被判处绞刑。他乘在自己的棺材上被送往刑场。押送他的狱卒神经紧张，焦虑不安。老约翰·布朗却显得冷静镇定。他眺望着弗吉尼亚（Virginia）的蓝岭（Blue Ridge），大声说："多么美丽的国家！以前我从来没机会好好欣赏。"

还有罗伯特·福尔肯·斯科特（Robert Falcon Scott）和他的同伴们的事例。他们是第一批试图抵达南极点的人。返程时他们可能经受了人类经历过的最严酷的考验。食物和燃料都消耗殆尽。他们寸步难行，因为暴风雪咆哮着席卷了世界尽头，持续了整整 11 个日夜，风力太强劲，甚至在极地的冰层上切削出了山脊。斯科特和他的同伴们知道他们快死了。他们带了一些鸦片，本来是为紧急情况准备的；大剂量的鸦片能让他们进入愉快的梦境，永远不再醒来。但是他们没有使用药物，而是"快活地唱着歌"迎接死亡。我们知道这一点，因为八个月之后一支搜索队发现了他们冰冻的遗体，旁边留下了告别信。

是的，只要我们珍视勇气和镇定的品质，我们就能在去刑场的路上坐在自己的棺材上观赏风景，纵然面临饿死和冻死的绝境，我们也能在帐篷里"快活地唱歌"。

三百年前，失明的弥尔顿（Milton）发现了同样的真理：

精神是自身的殿堂，既能将地狱变为天国，又能将天国变成地狱。

拿破仑（Napoleon）和海伦·凯勒（Helen Keller）是弥尔顿的这句话的完美例证。拿破仑拥有人们通常渴望的一切：荣耀、权力、财富，然而他在圣赫勒拿（St. Helena）岛上说："我这一生幸福的日子只有六天。"而既聋又哑又失明的海伦·凯勒却声称："我发现生命如此美好。"

在半个世纪的人生中，倘若我学到了任何东西，那就是"除了你自己，什么都不能带给你内心的平静"。

爱默生的散文《论自立》的结尾很好地阐述了这个道理，我在这里只是重复那段话："政治方面的胜利，租金上涨，疾病康复，老朋友久别重逢，抑或其他外部的事情让你兴致勃勃，觉得美好的日子就在眼前。但是不要轻信。事情不可能如此简单。除了你自己，什么都不能带给你内心的平静。"

斯多葛学派的哲学家爱比克泰德（Epictetus）曾经告诫我们，应当更关心消除错误的思想观念，这比割除"身上的肿瘤或脓肿"要紧得多。

现代医学证明了爱比克泰德在 19 个世纪前说过的这句话。坎比·鲁宾逊（Canby Robinson）宣称，约翰·霍普金斯（Johns Hopkins）医院收治的五个病人中就有四个人的部分病因是情绪紧张和压力。器官功能失调的病例也经常如此。他断言："归根结底，导致这些疾病的原因都是对生活及其问题的适应不良。"

伟大的法国哲学家蒙田（Montaigne）用这句话当座右铭："对人造成严重伤害的并非发生的事情本身，而是人对发生的事情的看法。"而我们对事情的看法完全取决于自己。

我是什么意思？当你被困难击倒，当你的神经仿佛电线一样断掉卷曲的时候，我居然做出了极度无礼的行为，当面告诉你，在那种状况下你也能凭意志力改变自己的精神态度？是的，我的意思正是如此！而且还没完。我还要告诉你怎样做。实行或许要费一点力，不过秘诀很简单。

威廉·詹姆斯（William James）在实用心理学领域一直是最杰出的专家，他曾经说过："人的行动看似是遵循感情，然而实际上行动与感情是相互并行的；因此如果通过意志的更直接的控制去调节行动，我们就能够间接地调整不受意志直接控制的情绪。"

换言之，威廉·詹姆斯告诉我们，我们不可能通过"下定决心"立刻改变自己的情感，不过我们能改变自己的行动。通过改变行动，我们的感情就能自动地改变。

他解释道："因此如果我们感到不高兴，独立自主和自发地得到快乐的办法是高兴地坐下来，行动和说话时表现出已经很快乐的样子……"

这种简单的把戏有用吗？像整容手术一样有用！请自己尝试一下。首先露出一个大大的、真心诚意的微笑，放松肩膀，深深吸一口气，然后唱几句歌。如果你不会唱歌，可以吹口哨；如果你连口哨都不会吹，就随便哼哼。你很快就会发现威廉·詹姆斯的话是真的，只要你表现出容光焕发、喜气洋洋的模样，你的肉体就不可能保持忧郁或沮丧！

这是自然界的一个小小的基本真理，它能在我们的生活中轻易引发奇迹。我认识加利福尼亚州的一位女士（这里不便提及她的名字），如果她知道这一秘诀，本来可以在 24 小时内抹消她的全部苦难。她是一位年老的寡妇，我承认这是令人难过的处境，但是她尝试让自己快乐了吗？没有。如果你问她感觉如何，她会回答："噢，我没事。"可是她脸上的表情和哀怨的声音却仿佛在说："噢，上帝，你知道我多么烦恼吗！"她的存在本身似乎在责备你竟敢快乐。处境比她糟糕的女人还有很多，至少她的丈夫留下了保险金，足够供养她度过余生，她的孩子们已经结婚，给了她一个家。但是我极少见到她的笑容。她抱怨说，她的三个女婿都吝啬自私，虽然她会在他们家连续住几个月。她抱怨说，她的三个女儿从不送她礼物，虽然她总是小心地聚敛自己的钱，"为了养老"。对于自己和她不幸的家庭而言，她都是祸根！这是必然的吗？遗憾的是，她本来可以从一个悲惨、心怀怨恨、不高兴的老女人转变成家族成员人人尊敬爱戴的长辈，只要她自己愿意改变。为了转变，她必须做的仅仅是装出高兴的样子，装作可以稍微爱一点别人，而不是把时间全部浪费在生气和埋怨上。

恩格勒特（H. J. Englert）先生住在印第安纳州（Indiana）退尔（Tell）市 1335 街，他能活到今天，就是因为他发现了这一秘诀。十年前，恩格勒特先生感染了猩红热，好不容易康复后，又患上了肾炎。他告诉我，他试过各种各样的医生，"甚至江湖医生"，但是没人能治愈他。

前些时候，他又患上了其他并发症。他的血压骤然升高。医生告诉他，他的血压达到了最高值 214；这是致命的，而且病情会越来越严重，他最好立刻按顺序处理身后的事务。

他说："我回到家，先确认保险费全部付清了，向上帝忏悔我的所有过错，然后坐下来，陷入了阴郁的沉思。

"我让所有人都不高兴。我沉浸在深深的沮丧中，忽略了我的妻子和家人的不幸。不过一个星期之后，我对自己说：'你这样子像个傻瓜！你也许还能活一年，既然现在还活着，为什么不高兴一点呢？'

"我停止沉湎于自怜，放松肩膀，脸上露出一个微笑，尝试表现出一切如常的样子。我承认最初比较费力，不过我迫使自己显得开朗快乐；这样不仅帮助了我的家人，而且帮助了我自己。

"我发现自己的身体状况开始变好，几乎跟我假装感觉的一样好！状况继续改善。我原以为自己快进坟墓了，可是几个月后的今天，我依旧健康快乐地活着，而且我的血压降下来了！我能确定的是，倘若我继续不停地想着'死亡'，医生的预言无疑会变成现实。我给了我的身体一个自己痊愈的机会，没有用其他手段，只是改变一下精神状态！"

让我问你一个问题：如果只要装作高兴、想想健康和勇气之类积极的事情就能挽救一个人的性命，那么我们何必再忍受那些无关紧要的忧郁和沮丧？既然只要装作高兴就有可能自己制造幸福，那么我们何必再让自己和周围的人闷闷不乐呢？

若干年前，我读过一本小册子，它对我的人生造成了持久而深切的影响。它是詹姆斯·莱恩·艾伦（James Lane Allen）的《思想的力量》，其中有这样一段话：

"你会发现，当你依循事物和其他人改变自己的想法时，事物和其他人也会依循你发生改变……如果你彻底改变自己的想法，就会惊讶地发现自己的生活的物质环境也会发生急速转变。人吸引的不是自己想要的东西，而是自己所是的东西……最终塑造我们的神性存于我们自身。它正是我们自身……你获得的成果是你自己的思想的直接产物……只要振奋精神，你就能站起来克服困难获得成功。反之，只要拒绝振奋精神，你就会一直软弱无力、凄惨不幸。"

根据《圣经·创世纪》的记载，造物主赋予了人类统治整个世界的权力。这是件强有力的大礼物。不过我对这种超帝王的特权没有兴趣。我的全部愿望只是统治自己，支配自己的思想，支配自己的恐惧，支配自己的头脑和心灵。事情的美妙之处在于，我知道我能将这种支配权行使到令人惊讶的程度，只要控制自己的行动，行动就会转而控制身体的反应，我随时都能做到。

让我们记住威廉·詹姆斯的这句话："只要遭受折磨的人简单地改变精神态度，从恐惧转为奋斗，在大多数情况下，我们称之为罪恶或祸害的东西……都可以转变成令人振奋的有益的东西。"

让我们为自己的幸福奋斗吧！

怎样为自己的幸福奋斗呢？让我们制定日常的程序，想一些令人高兴的、建设性的事情。这里有一套这样的程序，题目是"只为今日"。我发现它很有激励作用，所以分发了几百份副本。它是最近去世的西比尔·F. 帕特里奇（Sibyl F. Partridge）在 36 年前写的。你和我只要遵循这套程序，就能消除我们的大多数忧虑，并使法国人所谓的"生活的乐趣"无限增加。

只为今日

1. 只为今日的生活，我会快乐。假定亚伯拉罕·林肯（Abraham Lincoln）的话是真的："大多数人只要下定决心快乐，就能快乐。"幸福不是外部的问题，它来自我们内部。

2. 只为今日的生活，我会尽力调整自己适应环境，而不是试图改变一切，使环境符合自己的愿望。我会接纳自己的家庭、职业和运气，并调整自己适应它们。

3. 只为今日的生活，我会照顾自己的身体。我会锻炼身体，注意健康，好好吃饭，不滥用或忽视它，使它成为完美地执行我的命令的机器。

4. 只为今日的生活，我会努力强化思维能力。我会学习有用的东西。我不要成为精神上的游手好闲者。我会阅读一些需要费神思考、集中注意力的东西。

5. 只为今日的生活，我会用三种方式锻炼我的灵魂：我要为别人做件好事，不求回报。我要按照威廉·詹姆斯的建议，至少做两件我不想做的事情，作为练习。

6. 只为今日的生活，我会与别人愉快相处。我会尽量露出友善的表情，尽可能穿相称的衣服，低声说话，举止彬彬有礼，慷慨地称赞别人，完全不批评，既不挑剔任何事情的错误，也不试图控制或改进任何人的行为。

7. 只为今日的生活，我会尝试只活在当下，不要妄图一次解决人生的全部问题。虽然我能够一天12小时做一件事，但是一辈子都要这样的话，我自己会被吓坏。

8. 只为今日的生活，我要拟定日程。我会写出在每个小时计划做的事情。我不一定会精确地按照程序行动，不过需要有一个计划。它能帮助我消除仓促行动和迟疑不决这两种恶习。

9. 只为今日的生活，我会保留半个小时独处的时间，保持安静和放松。在这半个小时里，我间或会思考上帝，稍微想一想我的人生的远景。

10. 只为今日的生活，我会无所畏惧，尤其大胆地获得快乐，享受美好的东西，体验爱，并相信我爱的人也爱我。

为了培养能带给我们平静和幸福的精神态度，第一条规则是：

想一些高兴的事情，表现得快乐，你就会感到快乐。

第十三章　心存报复的高昂代价

　　若干年前的一天夜晚，我在黄石（Yellowstone）公园旅游，我和其他观光客一起坐在露天看台上，前方是茂密的松树和云杉树林。我们正在等待号称森林恐怖之王的北美灰熊出现。不一会儿，那头动物大步走进耀眼的灯光下，开始狼吞虎咽地吃一家公园旅馆倾倒的食物残渣。护林员马丁代尔（Martindale）少校骑在马背上，向兴奋的观光客们介绍灰熊；他告诉我们，北美灰熊在西部世界是所向无敌的，它一掌就能拍扁几乎任何动物——可能有少数例外，比如野牛和科达克（Kadiak）熊。然而那天夜里我注意到，只有一种动物，北美灰熊允许它走出森林跟它一起在强光下进食：臭鼬。北美灰熊知道，它的爪子的一记重击就能消灭臭鼬。它为什么放过臭鼬呢？因为它从经验中学到，那样做不值得。

　　我也懂得这一点。小时候，我在密苏里州的农场的灌木篱笆旁边设下陷阱，逮住过一只四条腿的臭鼬。成年以后，我在纽约遇到过几个臭鼬一样的人。我从糟糕的经历中学到，不管是四条腿的臭鼬还是两条腿的臭鼬，招惹它们都是不值得的。

当我们憎恨敌人时，等于是在削弱自己，增强敌人的力量：让敌人影响我们的睡眠、胃口、血压、健康和幸福。要是敌人知道他们令我们如何烦恼、如何伤害我们、报复我们，他们会高兴得手舞足蹈！我们的憎恨无法伤害他们，反而使我们的生活如地狱一般混乱。

猜猜看，这段话是谁说的："如果自私的人企图占你的便宜，把他们从联系名单中删除，但是不要试图报复。报复心态对你造成的伤害比对敌人造成的伤害更严重……"这种话听起来似乎应该是出自某个过度乐观的理想主义者之口。其实不然。这段话出自密尔沃基（Milwaukee）市警察局的公告栏。

报复心态怎么会伤害你？有许多种途径。根据《生活》杂志的观点，它甚至会毁掉你的健康。《生活》杂志的文章写道："高血压患者的主要性格特征是容易愤愤不平，长期的愤愤不平会引起慢性高血压、心脏病等心脑血管疾病。"

由此可见，耶稣所说的"要爱你们的仇敌"，不是单纯的伦理道德的说教。他的布道还包含了20世纪医学的道理。当耶稣要求我们原谅敌人"七十个七次"（译者注：出自《新约圣经·马太福音》18：22）时，他是在告诉我们如何远离高血压、心脏病、胃溃疡和多种慢性疾病。

最近我的一位朋友的心脏病严重发作。她的医生让她卧床休息，嘱咐她不管发生什么事情都绝对禁止生气。医生知道，在你的心脏虚弱的时候，怒气能要你的命。我说了"能要你的命"吗？几年前，怒气确实害死了华盛顿斯波坎（Spokane）的一位餐馆老板。

我手头有一封来自杰瑞·斯沃特奥特（Jerry Swartout）的信，他是华盛顿斯波坎的警察局局长，他写道："几年前，68 岁的威廉·法尔卡伯（William Falkaber）在本地经营一家小餐厅，因为他的厨师坚持喝咖啡不用茶碟，店主大动肝火，操起一把左轮手枪开始追打厨师，结果心脏病发作，突然倒地死亡，手里还紧握着那把枪。根据验尸官的报告，怒气导致了心脏病的发作。"

耶稣说"要爱你们的仇敌"时，也在教我们如何改善自己的容貌。你和我都认识一些女人，她们的脸由于憎恨而表情僵硬，由于怨恚而布满皱纹，容貌变得丑陋。即使用尽基督教世界的一切美容疗法，效果也及不上满怀宽恕、温柔和爱心的美容效果的一半。

憎恨甚至会破坏我们享受食物的胃口。《圣经·箴言》中如此写道："吃素菜、彼此相爱，强如吃肥牛、彼此相恨。"

倘若我们的敌人得知我们的仇恨正在耗尽我们的精力，毁掉我们的容貌，令我们疲惫不堪、神经紧张，使我们患上心脏病，甚至可能缩短我们的寿命，他们岂不会拍手称快？

纵然我们不可能爱我们的敌人，至少应该爱我们自己。既然爱自己，就不要容许我们的敌人控制我们的幸福、毁掉我们的健康和容貌。正如莎士比亚（Shakespeare）所说的："不要为你的敌人把炉火烧得太热，以致烫伤自己。"（译者注：出自《亨利八世》）

当耶稣要求我们原谅敌人"七十个七次"时，也在传授职业方面的道理。举例来说，我手头有一封乔治·罗纳（George Rona）先生寄给我的信，他的地址是瑞典乌普萨拉（Uppsala）市弗拉德伽塔（Fradegata'n)24 号。多年来，乔治·罗纳一直在维也纳（Vienna）当律师；第二次世界大战期间，他逃到了瑞典。当时他急需用钱，非常想找一份工作。他能说和写几种语言，所以希望在从事进出口贸易的公司找个通信员之类的职位。大多数公司都回复说，战争期间不需要这类服务，不过他们会记下他的名字……可是有一家公司给乔治·罗纳回信说："你对我们公司的业务的想象完全错了。你既蠢又笨。我根本不需要代写书信的人。就算需要，我也不会雇用你，因为你连瑞典文都写不好。你的信里到处都是错误。"

乔治·罗纳看到这封信，像唐老鸭一样气疯了。这个瑞典人是什么意思！居然说他不会写瑞典文，这个瑞典人自己写的信才错误百出好不好！于是乔治·罗纳写了一封回信，打算气死那个瑞典人。但是他停手了。他对自己说："先等一等。我怎么知道这个人不对？我学过瑞典语，不过那不是我的母语，所以或许我犯了错误自己还不知情。万一我确实错了，为了找到工作，我当然必须更努力地学习。这个人可能帮了我一个忙，虽然他并无此意。他只不过使用了令人不快的表达方式，可是他帮了我一个忙的事实没有改变。因此我要写信向他表示感谢。"

于是乔治·罗纳撕掉了已经写好的尖刻回信，重新写了这样一封信："谢谢您费心给我回信，尤其在您不需要通信员的情况下。我很抱歉误解了您的公司。我写信给您是因为我打听过情况，听说您是这个行业的领袖。我不知道自己犯了那么多语法错误。对此我感到抱歉和惭愧。现在我打算更勤奋地学习瑞典语，尽力改正自己的错误。我想感谢您指出我的错误，帮助我争取进步。"

几天后，乔治·罗纳收到了那个人的回信，对方邀请他去面谈。他去了，并且得到了一份工作。乔治·罗纳学到了"温和的回应能化解愤怒"的道理。

我们也许不能像圣人那样爱自己的敌人，不过为了我们自身的健康和幸福，我们至少应该原谅和忘记他们。那才是明智的做法。孔子说过："君子坦荡荡，小人长戚戚。"有一次，我问艾森豪威尔（Eisenhower）将军的儿子约翰，他的父亲是否保持过愤恨不满的情绪。他回答说："不，父亲从未浪费一分钟去想自己不喜欢的人。"

有这样一句古老的谚语：不会生气的人是傻瓜，不去生气的人是智者。

这正是纽约前任市长威廉·J. 盖纳（William J. Gaynor）采取的策略。黄色报刊充满仇恨地谴责他，有个疯子对他开枪，差点把他打死。他躺在医院的病床上，在生死关头挣扎的时候说："每天夜里，我都原谅一切人和一切事。"

这是不是太理想化了？是不是过于甜蜜光明了？那么让我们来看看伟大的德国哲学家叔本华（Schopenhauer）的忠告，他是《悲观主义研究》的作者。

他将生命视为一种无意义的痛苦的冒险过程。他的字里行间渗透着阴郁；然而在绝望的深渊中，叔本华大声喊道："如果可能，不要憎恨任何人。"

伯纳德·巴鲁克（Bernard Baruch）担任过六位总统——威尔逊（Wilson）、哈定（Harding）、柯立芝（Coolidge）、胡佛（Hoover）、罗斯福（Roosevelt）和杜鲁门（Truman）——的顾问并深受信赖，有一次我问他，他是否受过敌人的攻击的困扰。他回答道："没有人能羞辱我或使我烦恼，我不容许。"

除非我们允许，也没有人能羞辱我们或使我们烦恼。

不过言辞从不能伤害我。

遍及每个时代，人类总是为像基督一般对敌人不怀恶意的人们消耗精力。在加拿大的贾斯帕（Jasper）国家公园，我常常凝望西方世界最美丽的山脉之一，那座山是根据伊迪丝·卡维尔（Edith Cavell）命名的，1915 年 10 月 12 日，那位英国护士像圣徒一样死在了德军的枪下。她的罪名是让受伤的法国和英国士兵藏匿在她比利时的家中，并照料他们，帮助他们逃往荷兰。那个十月的早晨，一位随军牧师走进布鲁塞尔（Brussels）的军队监狱里的牢房，准备帮她做临终忏悔，伊迪丝·卡维尔说了两句话，这两句话刻在青铜和花岗岩上保存了下来："我意识到爱国主义是不够的。我一定不能憎恨或仇视任何人。"四年以后，她的遗体被运回英格兰，威斯敏斯特（Westminster）大教堂中举行了纪念仪式。如今她的花岗岩塑像坐落在伦敦的国家肖像美术馆对面，成了英格兰的不朽塑像之一。"我意识到爱国主义是不够的。我一定不能憎恨或仇视任何人。"

要原谅和忘记我们的敌人，一个确实有效的办法是专心致志地投入某种远远超出我们能力范围的事业。那样我们就会忽略自己的目标之外的一切事物，侮辱和敌意自然变得无关紧要了。让我们以一个紧张而富有戏剧性的事件为例，那是 1918 年发生在密西西比（Mississippi）的松树林中的一个故事。私刑处决！劳伦斯·琼斯（Laurence Jones）是一位黑人教师兼传教士。几年前，我造访了他创建的松树乡村学校，并在学生们面前发表过演说。如今那所学校全国闻名，不过我要讲述的这段插曲发生在多年以前。那是第一次世界大战期间，人们情绪紧张，容易激动。一个谣言传遍了密西西比州中部，说德国人正在煽动黑人叛乱。如前所述，劳伦斯·琼斯是黑人，被指控正在鼓动和组织他的同胞们暴动，所以白人们打算私刑处死他。一群白人路过教堂外面，听见劳伦斯·琼斯对会众大声喊道："生活就是一场战斗，每个黑人都必须穿上盔甲，为生存而战，争取胜利！"

"战斗"！"盔甲"！肯定是造反！这些白人青年飞奔进夜幕中，召集了一群暴徒，又返回教堂，用绳子把传教士捆绑起来，拖着他走了一英里，把他放到一个干柴堆上，点燃火柴，准备把他吊起来烧死，这时有人大声叫道："在烧死他之前，让这个该死的混蛋说几句吧。讲话！讲话！"劳伦斯·琼斯站在柴堆上，脖子上套着绳索，开始讲述他的人生和事业。1907年他从爱荷华（Iowa）大学毕业。由于他的优秀品格、他的学问和音乐技能，他在学生和教职员中间都广受欢迎。毕业之后，他回绝了一个宾馆经营者的聘请，又放弃了一个富人资助他接受音乐教育的机会。为什么？因为他心中充满了追求梦想的激情。看过布克·T. 华盛顿（Booker T. Washington）的传记之后，他受到激励，决定为教育事业献身，让众多一贫如洗、遭受损害、目不识丁的黑人同胞有机会受教育。于是他来到美国南方最落后的地带，密西西比州首府杰克逊（Jackson）以南25英里的地方。他典当了自己的手表，用换来的1.65美元开办学校，教室设在露天的树林，课桌就是树墩。面对这些等着私刑烧死他的愤怒人群，劳伦斯·琼斯讲述了他如何努力奋斗，教育失学的男孩女孩，培养他们成为优秀的农民、机械师、厨师、管家。他还告诉他们，一些白人帮助他建立松树乡村学校，提供了土地和木材以及猪、奶牛和资金，帮助他实施教育计划。

后来有人问劳伦斯·琼斯，他是否恨那些把他在路上拖着走、打算把他吊起来烧死的人，他回答道，他正忙于事业，那是远远超出他的能力的大事业，无暇去恨别人。他说："我没有时间吵架，没有时间懊悔，没人能迫使我弯腰低头去恨他。"

由于劳伦斯·琼斯有动人的口才，诚恳的态度，而且他没有乞求饶命，而是讲述自己的事业，暴徒们开始软化了。最后，人群中有一个参加过南北战争的南军老兵出来说话了："我相信这个年轻人说的是实话。我认识他提到过的白人。他做的是善事。我们搞错了。我们应该帮他，而不是吊死他。"南军老兵脱下帽子，传递给周围的人们，很快在刚才还打算烧死这个松树乡村学校的创建者的人群中间募集到了 52.4 美元的捐款。

19 个世纪前，爱比克泰德（Epictetus）曾经指出，种瓜得瓜，种豆得豆，命运几乎总是以某种方式让我们为自己的罪行付出代价。爱比克泰德说："从长期角度看，每个人都会为自己的错误行为接受惩罚。记住这一点的人就不会生气、愤怒，不会谩骂、责备、冒犯、憎恨任何人。"

在美国历史上，可能没有人像林肯（Lincoln）那样经受过那么多的公开谴责、仇恨和出卖。然而按照赫恩登（Herndon）的经典传记的记载，林肯"从不根据自己的好恶判断别人。如果要执行某个特定的法令，他理解他的敌人和其他人一样能完成任务。如果曾经诽谤他或者对他进行过人身攻击的人正好是某个职位的最合适人选，林肯会立刻任命那个人，就像任命他的朋友一样……我想林肯从未由于某个人是敌人或者不喜欢某个人而撤他的职"。

林肯曾经任命一些公开谴责和侮辱过他的人担任重要职位，例如麦克莱伦（McClellan）、苏厄德（Seward）、斯坦顿（Stanton）

和蔡斯（Chase）。按照他的律师同伴赫恩登的记述，林肯相信"不应该依据所作所为永远称颂某人，或者永远谴责某人"，因为"我们全都是状况、条件、机遇、环境、教育、既有习惯以及遗传因子塑造的产物，永远受其影响"。

或许林肯是正确的。假如你我与我们的敌人继承了相同的身体、头脑和情感特征，与我们的敌人有相同的经历，那么我们的行为也会与他们完全相同。我们不可能与他们不同。正如克拉伦斯·达罗（Clarence Darrow）说过的："知道一切就是理解一切，也就没有审判和谴责的余地。因此我们不应该憎恨我们的敌人，让我们怜悯他们，感谢上帝没有使我们变得跟他们一样。我们不应该谴责和报复我们的敌人，让我们理解他们、同情他们、宽恕他们、帮助他们，为他们祈祷。"

童年时，我们家有一个习惯，每天夜里诵读或者背诵一段《圣经》里的经文，然后跪下来进行"家庭祈祷"。我依然记得，在密苏里州的荒凉农舍，父亲给我们背诵耶稣的这段话："要爱你们的仇敌，祝福诅咒你们的人，善待仇恨你们的人，为迫害凌辱你们的人祷告……"（译者注：出自《新约圣经·马太福音》5：44）只要人类仍旧珍视这个理想，这段经文就将被永远传诵。

我的父亲努力遵循耶稣的教诲生活，因此他得到了全世界的国王富人们经常徒劳地寻找的内心平静。

为了培养能带给我们平静和幸福的精神态度，第二条规则是：

永远不要试图报复我们的敌人，因为报复心态对我们造成的伤害比对敌人造成的伤害更严重。让我们仿效艾森豪威尔将军的做法，永远不要浪费哪怕一分钟去想我们不喜欢的人。

第十四章　这样做你就永远不必担心忘恩负义

最近我遇见了一个怒气冲冲的德克萨斯商人。别人提醒我，他必定会在谈话开始后的 15 分钟之内提起那件事。果然如此。那件令他愤慨不已的事情发生在 11 个月之前，他至今还怒气未消，逢人就诉说那件事。上个圣诞节，他给 34 名雇员发了 10 000 美元奖金，每人大约拿到 300 美元，可是没人对他表示感谢。他愤愤不平地埋怨说："我真后悔，一分钱奖金都不该给他们！"

孔子说过："愤怒的人总是散发毒气。"（译者注：孔夫子从没说过这句话，《论语》里面只有一句勉强可能沾点边："躬自厚而薄责于人，则远怨矣。"出自《卫灵公篇》。活着的中国人都未必能完全理解《论语》，何况是半个世纪前就死了的美国人？卡耐基大概把"古代中国人"说的话一律当成孔子说的话了，读者可以把"孔子"自行置换成"古代中国人"，本书中其他提及"孔子"的地方也照此处理，译者尽量找意思相近的句子代替，实在找不到的情况下就按照英文直译。）我实在怜悯这个浑身散发毒气的商人。根据人寿保险公司的统计数据，我们剩余的寿命平均比 80 岁与我们目前岁数的差额的三分之二略多一点。这个商人大约六十岁，所以如果他足够幸运，应该还能活十四五年。然而为了一件已经过去的小事，他浪费了所剩无几的人生中的将近一年时间去仇视和愤恨。我怜悯他。

若非沉湎于怨恨和自怜，他本来应该问问自己，为什么他得不到任何感激。或许他给雇员的工资太低，工作时间太长；或许雇员们觉得圣诞节奖金不是礼物，而是他们应得的报酬；或许雇员们觉得大部分利润都必须纳税，所以老板宁可把那些钱作为奖金发掉。

另一方面，或许那些雇员确实自私、吝啬、不懂礼貌。有各种可能性。我跟读者一样不了解情况。不过我知道，塞缪尔·约翰逊（Samuel Johnson）博士说过："感激是良好教养的成果。不能指望从粗俗的人那里得到感激。"

我想表达的重点是：这个人犯了一般人都会犯的可悲错误，对感激有过高的期待。他只是不了解人性。

假如你救了一个人的命，你或许会指望他感激你，实际如何呢？著名刑事律师塞缪尔·莱博维茨（Samuel Leibowitz）在当上法官之前救过 78 个人的命，使他们免于坐电椅。你猜猜看，有几个人对塞缪尔·莱博维茨表示感谢，抑或在圣诞节时费心给他寄过一张贺卡？有几个？……你猜对了，一个都没有。

耶稣曾经在一个下午治愈了十个麻风病人，结果有几个人回来感谢他？只有一个人。《路加福音》中有记载。耶稣环顾他的门徒，问道："其他九个人呢？"他们全部逃走了，消失得无影无踪，连句谢谢都没说！那么我问你一个问题：既然连耶稣基督都得不到感激，我们或者那个德克萨斯商人为什么要指望我们的小恩小惠能得到更多感激呢？

事情一旦涉及金钱，唉，情况甚至更绝望！查尔斯·施瓦布（Charles Schwab）告诉我，他曾经拯救过一个银行出纳员。那个人挪用银行的资金在证券市场上投机失败，施瓦布帮他填补了亏空，使他免于锒铛入狱。那个出纳员是否感激他？哦，是的，不过只是暂时。然后他又与施瓦布作对，辱骂和谴责这位拯救了他的恩人。

假如你给了一个亲戚一百万美元，你估计他会感激你吗？安德鲁·卡耐基（Andrew Carnegie）这样做过。然而倘若坟墓中的安德鲁·卡耐基地下有知，就会震惊地发现那个亲戚在他死后咒骂他！为什么？因为老安迪给慈善机构捐献了 3.65 亿美元，却"用少得可怜的一百万美元打发了他"——这是那个亲戚的说法。

现实就是如此。自古以来人性从未改变，而且在你我的一生中很可能也不会改变。那么何妨接受它？让我们效仿古罗马帝国的最明智的统治者老马可·奥勒留（Marcus Aurelius），采取现实主义的态度。这位皇帝在一篇日记中写道："今天我将要会见的人说话唠叨、自私自利、妄自尊大，实在令人讨厌。但是我不会惊讶，不会为之烦恼，因为我想象不出一个没有那种人的世界。"言之有理，不是吗？如果我们到处抱怨忘恩负义的行为，应该责怪谁呢？应该责怪人性还是我们对人性的无知？让我们不要期待感激。那样的话，一旦我们偶然获得感激，就会感到意外的惊喜。纵然得不到感激，我们也不会受到困扰。

这是我在本章中试图阐明的第一个观点：人们忘记感激是自然的；因此如果我们期待别人的感激，就会遇到许多令我们伤心的事情。

我认识一个纽约人，她总是抱怨说自己太孤单。她的亲戚全都不愿意接近她。那也难怪，因为她会对每个访客诉说她抚养侄儿或甥女们的经历：他们小时候，她在麻疹、腮腺炎和百日咳流行期间照料他们；她给他们做饭烧菜好些年；她帮助其中一个孩子进了商业学校，在她结婚前给另一个孩子提供了一个家……她能连续讲上几个小时。

那么现在她的侄儿或甥女们来看望她吗？哦，是的，不时会来，但是只是为了履行义务。他们害怕这种造访。他们知道他们不得不坐在那里几个小时，听她半明半暗的埋怨。他们得到的招待是无休止的絮絮叨叨、辛酸的抱怨和自怨自艾的叹息。当这个女人不管怎么打击、威逼、恐吓都不能让侄儿或甥女们再来看望她的时候，不幸的事发生了。她心脏病发作了。

她的心脏病是真的吗？哦，是的。医生说，她患有"神经性心脏病"，受心悸的折磨。但是医生又说，她的病是情绪造成的，对此他们无能为力。

这个女人真正需要的是爱和关注，然而她称之为"感激"。依靠索取永远不能得到感激或爱，虽然她觉得那是她应得的。

世界上有无数她这样的女人，她们由于忘恩负义、孤独和漠视而生病。她们渴望被爱，然而世界上只有一种方法能让他们有希望得到爱，那就是停止索取，向别人不求回报地倾注爱情。

听起来是不是像不切实际的、空想的、十足的理想主义？其实不然。这仅仅是普通的常识。这是寻找我们所追求的幸福的好办法。我知道。因为我在自己的家庭中亲眼看见过。我的母亲和父亲以帮助他人为乐。我们家很穷，总是被债务压得直不起腰。尽管如此，我的母亲和父亲每年都设法筹一点钱，捐给爱荷华州康瑟尔布拉夫斯（Council Bluffs）的"基督之家"孤儿院。我的父母亲从未造访过那家孤儿院。除了寄信之外，可能没人直接感谢过他们，但是他们得到了充分的回报，他们为帮助小孩子而高兴，同时不希望或期待得到任何感激。

我长大离开家以后，总是在圣诞节寄一张支票给父母亲，力劝他们买一点奢侈品，尽情享受一下。但是他们几乎没给自己买过什么。我在圣诞节前回家时，父亲告诉我，他们送给镇上的某个"可怜女人"一些煤炭和杂货，因为她有很多孩子，没钱买食物和燃料。送礼物让他们感到高兴，这就是施与而不求任何回报的快乐！

我相信我的父亲基本上符合亚里士多德（Aristotle）对理想人物——最有资格得到幸福的人——的描述。亚里士多德说过："理想人物在施恩于人的过程中得到快乐；但是接受别人的恩惠令他感到惭愧。因为施恩行善是优越性的标志；但是接受恩惠是处于劣势的标志。"

这是我在本章中试图阐明的第二个观点：如果我们想得到幸福，就停止考虑感激或忘恩负义，只为了内心的快乐而施予。

一万年来，父母们一直在为儿女们的忘恩负义而烦恼。连莎士比亚（Shakespeare）笔下的李尔王（Lear）也如此感叹："逆子无情甚于蛇蝎！"

但是如果我们没有训练他们学会感恩，孩子们如何懂得感恩？忘恩负义犹如杂草一样自然生长。感激则好比玫瑰花。花朵需要浇水、锄草、栽培，需要爱和保护。

假如我们的孩子不知感激，应该责怪谁呢？也许是我们自己。假如我们从未教他们向别人表达感激，怎么能指望他们感激我们呢？

我认识一个芝加哥人，他有理由抱怨他的继子们忘恩负义。他在一家集装箱工厂做苦工，每周的薪水很少超过 40 美元。他娶了一个寡妇，后者劝说他借钱给她的两个成年儿子，资助他们上大学。他只有每周 40 美元的薪水，还必须交房租、买食物、燃料和衣服，还要偿还票据的款项。他像苦力一样干了四年，而且毫无怨言。

他获得感谢了吗？没有，他的妻子认为那是理所当然的，两个儿子也如此认为。他们从不觉得亏欠继父任何东西，甚至包括感谢！

应该责怪谁？那两个儿子？是的，不过他们的母亲有更大责任。她认为用"责任感"束缚他们的年轻生命是一种耻辱。她不希望她的儿子们"在人生的开端就背负上沉重的债务"。她做梦都没想过要说一句："你们的继父真了不起，帮助你们进大学！"相反，她采取这样的态度："噢，那是他能做的最低程度的事情。"

她以为自己是在免除儿子们的负担，而实际上，她让他们带着一种危险的观念走上了社会：这个世界欠他们一个生存之道。结果呢？那两个儿子中的一个企图"借"他的雇主的钱，最后被关进了监狱！

我们必须记住，孩子的人格是由我们塑造的。举例来说，我母亲的妹妹薇奥拉·亚历山大（Viola Alexander）住在明尼阿波利斯（Minneapolis）的西明尼哈拉林荫大道（Minnehala Parkway）144 号，她正是没有理由抱怨孩子们"忘恩负义"的女人的突出范例。我童年时，薇奥拉阿姨把自己的母亲接到家中，爱她照顾她，而且同样对待丈夫的母亲。闭上眼睛，我仍旧能回忆起那两位老妇人坐在薇奥拉阿姨家农舍的火堆前的模样。她们给薇奥拉阿姨带来"麻烦"了吗？哦，我猜那种事经常有。但是从她的态度完全看不出来。她爱那两位老妇人，所以她纵容她们，溺爱她们，使她们觉得像在自己家一样。此外，薇奥拉阿姨有六个孩子；可是她从未觉得在自己家善待那两位老妇人是特别高尚的行为，抑或值得戴上圣人光环。对她而言，那是自然而然的，应该做的，也是她想做的事情。

如今薇奥拉阿姨在哪里？哦，她已经孀居了二十年，她有五个成年的孩子，他们虽然分开居住，却是一家人，他们都争着照顾她，邀请她去自己家里住！她的孩子们爱戴她，从未厌倦。出于"感激"吗？胡扯！那是爱，完全是出于爱。在整个童年时代，她的孩子们都在温暖、喜悦、充满人情味和友善的环境里生活。现在当形势逆转，他们就用爱回报她，这又何足为奇呢？

让我们记住，为了培养懂得感激的孩子，我们自己必须以身作则。让我们记住，"小孩子耳朵灵"，我们说的孩子都能听见。也就是说，以后我们想在孩子面前轻视别人的善意时，应该阻止自己。永远不要说："看看远亲苏（Sue）在圣诞节送来了什么？一堆抹布！居然是她自己织的。她一分钱都没花！"这种事在我们看来也许毫无意义，但是孩子们在听着。因此我们最好说："看看远亲苏送来的圣诞节礼物，她花很多时间亲手织的！她真好，不是吗？我们要写信谢谢她，现在就记下来。"这样我们的孩子就可能在不知不觉间养成赞美和感激的习惯。

为了避免由于忘恩负义而烦恼和愤恨不平，第三条规则是：

1. 不要为忘恩负义烦恼，要有心理准备。让我们记住，耶稣曾经在一个下午治愈了十个麻风病人，结果只有一个人向他道谢。我们为什么要指望自己得到的感激能比耶稣更多呢？

2. 让我们记住，如果我们想得到幸福，唯一的方法是不再期待感激，只为了内心的快乐而施予。

3. 让我们记住，感激的特征是需要"培育"；因此如果我们希望自己的孩子懂得感激，就必须教育他们感激别人。

第十五章　你愿意用现有的一切换取一百万美元吗？

　　我与哈罗德·阿博特（Harold Abbott）相识多年。他的住址是密苏里州韦布（Webb）市南麦迪逊（Madison）大街820号。他曾经是我的讲习班的经纪人。有一天，我跟他在堪萨斯城（Kansas）见面，他驾车带我回密苏里州贝尔顿（Belton）的我家农场。路上我问他，他是怎样避免忧虑的。他给我讲了一个令我永远难忘的故事，我从中得到了很多启示。

　　哈罗德·阿博特这样讲述他的故事："过去我有许多烦恼；1934年春季的一天，我在韦布市的西多尔蒂（Dougherty）街上走，正巧目睹了一件事，它驱除了我的全部烦恼。事情的整个过程仅有十秒，可是我从那十秒钟学到的东西比我在以前十年里学到的更多。当时我在韦布市经营一家杂货店已有两年，不仅损失了全部积蓄，而且欠下了大笔债务，要用七年才能还清。我的杂货店在上个星期六关门了；此时我正要去商矿银行借钱，以便去堪萨斯城找份新工作。"

他接着说："我垂头丧气地走着。我丧失了所有斗志和信心。忽然间，我看见街边有一个失去双腿的人。他坐在一个配备了溜冰鞋的轮子的木制小平台上。他双手各拿着一段木棍，用它们推动自己沿着街边向前走。我看见他的时候，他刚刚穿过马路，开始努力把身体抬高几英寸，挪动到人行道上去。他的木制小平台倾斜一个角度的时候，他的视线与我交汇了。他露出笑容，高兴地跟我打招呼：'早上好，先生。今天天气很好，不是吗？'我停下脚步看着他，忽然意识到自己多么富有。我双腿健全，能够走路。我为自己的自怜感到惭愧。我对自己说，既然这个没腿的人能够高兴、快乐、充满自信，我这个健全的人肯定也能。我已经觉得精神振奋。我原先打算到商矿银行借一百美元，此刻我有勇气借两百美元了。我原先打算去堪萨斯城试试找份工作，此刻我自信地宣布我要去堪萨斯城找份工作。我借到了钱，然后顺利找到了工作。"

"现在我把下面这段话贴在浴室的镜子上，每天早晨刮胡子的时候读一遍：

我很沮丧，因为我没有鞋子，

直到我在街上遇见了一个没有脚的人。"

艾迪·里肯巴克（Eddie Rickenbacker）和他的同伴们曾经在太平洋上迷失，在绝望的环境里乘着救生筏漂流了 21 天，有一次我问他，从那段经历中学到的最大教训是什么？他回答："我从那段经历中学到的最大教训是，无论何时，只要有足够的淡水喝，只要有足够的食物吃，你就不应该抱怨任何事。"

《时代》杂志刊登过一篇关于在瓜达卡纳尔岛（Guadalcanal）受伤的一位士官的文章。他的咽喉被弹片击中，总共输了七次血。

他写了一张纸条问医生："我能活下来吗？"医生回答说："没问题。"他又写了一张纸条问："以后我还能说话吗？"医生又说是的。于是他又写了一句话："那么我还有什么可担心的？"

你为什么不立刻停下来，问问自己："我究竟有什么可担心的？"你很可能发现，自己的烦恼是相对不重要或无足轻重的。

在我们的生活中，正常的事情大约占九成，错误的坏事大约占一成。如果我们想过得快乐，只要专心注意那九成的好事，忽略那一成的坏事。如果我们想焦虑烦恼、患上胃溃疡，只要专心注意那一成的坏事，忽略那九成令人快乐的事。

英格兰的许多克伦威尔式（Cromwellian）教堂里都镌刻着"思考和感恩"。这组词也应该铭刻在我们心中——"思考和感恩"。想想我们应该感谢的一切，感谢上帝的一切恩惠和赏赐。

《格列佛游记》（Gulliver's Travels）的作者乔纳森·斯威夫特（Jonathan Swift）是英国文学史上最引人注目的悲观主义者。他甚至为降生到这个世界上感到难过，在自己的生日穿黑色的丧服。尽管如此，这位极端悲观主义者在绝望颓废中仍然赞赏快乐愉悦的心情带来的有益健康的力量。这位英国作家声称："全世界最好的医生是有节制的饮食、安静的环境和愉悦的心情。"

我们随时都可以得到"愉悦医生"的免费服务，只要我们把注意力集中于我们拥有的不可思议的财富，它们远远超过故事中的阿里巴巴的宝藏。你是否愿意以十亿美元的价格卖掉自己的双眼？你的双腿呢？抑或你的双手、听觉、儿女、家庭？算一算你拥有的资产，你会发现，纵然用洛克菲勒（Rockefeller）、福特（Ford）和摩根（Morgan）家族的全部财富来交换，你也不愿意卖掉它们。

然而我们是否珍视目前拥有的一切？啊，不。正如叔本华（Schopenhauer）所言："我们总是想着自己缺少的，却极少想到自己拥有的。"世界上的最大悲剧正是这种倾向。与历史上的战争和瘟疫相比，它导致的苦难可能更多。

　　这种倾向使约翰·帕尔默（John Palmer）"从一个正常人变成爱发牢骚的家伙"，还差点毁掉了他的家庭。他向我讲述了他的故事。

　　帕尔默先生的家在新泽西州帕特森（Paterson）市19大街30号。他说："我从军队退役后不久，开始自己经商。我夜以继日地努力工作。起初事情进展顺利。然后我遇到了麻烦。我买不到需要的部件和材料。我害怕生意做不下去。由于过度焦虑，我从一个正常人变成了爱发牢骚的家伙。我变得脾气暴躁，容易发怒；虽然当时没有意识到，现在我知道了，我差点失去幸福的家庭。一个残疾的年轻退伍军人在我手下工作，有一天，他对我说：'约翰尼，你应该觉得惭愧。看你的样子，好像全世界只有你一个人遇到了麻烦。就算不得不把店铺关掉一阵，那又怎么样？等到情况恢复正常，你可以重新开始。你拥有许多应该感恩的东西。可是你却一味抱怨。我多想跟你交换一下！看看我。我只有一只手臂，脸被炸掉了一半，可是我没抱怨。如果你不停止发牢骚，你不仅会失去生意，而且会失去健康、家庭和朋友！'

　　"他的话犹如当头棒喝。我意识到自己已经相当富有。于是我下定决心彻底改变，找回往日的自我，结果我成功了。"

　　我的一个朋友露西尔·布莱克（Lucile Blake）曾经在悲剧的边缘徘徊，直至她学会珍惜已经拥有的，停止为自己没有的东西烦恼。

几年前我结识露西尔时，我们都在哥伦比亚大学新闻学院选修短篇小说写作课。她的生活在九年前突然发生了变故。当时她住在亚利桑那州（Arizonia）的图森（Tucson）市。下面是她告诉我的故事：

"以前我的生活紧张繁忙，每天犹如置身于漩涡中心：在亚利桑那州立大学学习管风琴，在城里管理一家演说训练班，在我居住的沙漠柳牧场教音乐鉴赏课。每天夜里我还要出席派对、舞会、骑马。有一天早晨我的身体终于垮了，我的心脏出了问题！医生说：'你必须卧床静养一年。'他甚至没有鼓励我，说我还能康复。

"像废人一样在床上躺一年！或许还会死！我惊恐不已。为什么会发生这种事情？我做错了什么，要遭这种罪？我痛哭流泪，满心苦涩，愤愤不平。不过我还是按照医生的忠告卧床休息。我的一个邻居艺术家鲁道夫（Rudolf）先生对我说：'现在你觉得在床上躺一年是场灾难。其实未必。现在你有时间思考并深入了解自己。在接下来的几个月中，你在精神方面的成长和收获可能比过去几十年的更多。'我平静下来，努力培养新的价值观。

"我开始读书，得到了许多启迪。某天我听见一个电台播音员说：'你的表现只能是你的意识的反映。'此前我多次听过类似的话，只有这次，它触及了我的内心，引起了共鸣。我决心今后只考虑有益于生活的事情：快乐、幸福、健康。每天早晨一醒来，我就强制自己去想我应该感恩的所有事情：我的身体不痛；我有一个可爱的小女儿；我的视力和听力都正常；电台播送着悦耳的音乐；我有时间读书；能吃到美味的食物；我拥有许多好朋友。我很高兴，来我的小屋探望的人太多，以致医生只得挂出一个牌子，上面写着每次只允许一位访客入内，并且限定探访时间。

"从那以后，时间过去了九年，如今我的生活积极充实。我为卧床的那一年而深深感激。那是我在亚利桑那州度过的最有价值、最幸福的时光。那时我养成了每天早晨列举自己的幸运的习惯，并一直保持至今。它是我最珍贵的财富之一。我惭愧地发现，直至我体会到死亡的恐惧，我才真正开始学会生活。"

我亲爱的露西尔·布莱克，你或许没有意识到，你学到的教训正是塞缪尔·约翰逊（Samuel Johnson）在两百年前学到的教训。约翰逊博士说过："养成从最好角度看待一切事情的习惯，比每年赚一千英镑更有价值。"

请注意，说出这句话的人并非专业的乐观主义者，实际上，约翰逊博士二十年来饱受焦虑、贫穷和饥饿的折磨，但是他终于成为那个时代最著名的作家之一和所有时代最负盛名的评论家之一。

洛根·皮尔索尔·史密斯（Logan Pearsall Smith）说过："人生有两个目标：第一，得到你想要的；第二，享受你得到的。唯有最明智的人能实现第二个目标。"这寥寥数语包含了人生的智慧。

你想不想知道，如何使在厨房水槽边洗碗碟那种事也变成令人兴奋的体验？想知道的人可以去看博格希尔·达尔（Borghild Dahl）的鼓舞人心的作品，书名是《我想看见》。

该书的女作者几乎完全失明了半个世纪，却具有难以置信的勇气。她在书中写道："我只有一只眼睛，而且视力严重受损，只能通过眼睛左边的一个小洞看东西。我看书时必须把书紧贴到脸上，并且尽全力把眼珠转向左边。"

然而她拒绝接受怜悯，拒绝接受特殊对待。童年时，她跟小伙伴们一起玩跳房子，可是她看不见地上的标记。于是等其他小孩回家以后，她趴到地上努力辨认那些标记。她记住了全部的格子和线条的位置，很快就能跟同伴一起玩了，而且成了游戏能手。她在家里看大字体印刷的书，脸贴得太近，甚至睫毛都碰到纸张了。她获得了两个大学的学位：明尼苏达大学的学士学位和哥伦比亚大学的硕士学位。

　　博格希尔·达尔开始在明尼苏达州双子谷的一个小村庄教书，后来当上了位于南达科他州苏福尔斯（Sioux Falls）的奥古斯塔那（Augustana）学院的新闻学和文学教授。她在那里执教十三年，在妇女俱乐部举办讲座，在电台广播节目里讨论书籍和作家。她在书中写道："我的内心深处始终潜藏着对完全失明的恐惧。为了克服这种恐惧，我采取了快乐的、近乎滑稽的态度面对人生。"

　　1943 年，也就是她 52 岁那年，奇迹发生了：著名的梅奥诊所给她动了一次手术。如今她的视力是过去的 40 倍。

　　一个激动人心的、美好的新世界展现在她眼前。她发现连在厨房水槽边洗碗碟也是令人兴奋的体验。她写道："我开始玩盆里那些松软的白色肥皂泡。我的手浸入泡沫中，掬起一个小小的肥皂泡。我把它们捧起来，朝向阳光，可以看见每个泡泡表面都有一道微型彩虹，反射着美丽的光彩。"

　　透过水槽上方的窗口向外望去，她看见"麻雀们轻拍着灰黑色的翅膀，飞过覆盖着厚厚积雪的地面"。

　　她发现，肥皂泡和麻雀这样的景象也能令人狂喜，她在那本书的结尾写道："'我们的主，'我低声说，'天上的父啊，我感谢您。

感谢您让我看到这个世界。'"

　　设想一下，仅仅因为在洗碗时看见肥皂泡表面的彩虹和雪地上飞过的麻雀就感谢上帝！

　　你和我都应该感到羞愧。我们出生之后的每一天都生活在美丽的仙境中，可是我们却如此盲目，看不见也不懂欣赏它的美。

　　为了培养能带给我们平静和幸福的精神态度，第四条规则是：

列举你的幸运，不要想你的烦恼！

第十六章 发现自我、做你自己：记住你是世界上独一无二的

住在北卡罗来纳（Carolina）州芒特艾里（Mount Airy）的伊迪丝·奥尔雷德（Edith Allred）夫人给我写过一封信，她在信中说道："小时候，我极其敏感腼腆，因为我总是体重超重，而且脸型使我显得比实际更胖。我的母亲又很古板，认为给孩子穿可爱的衣服太傻了。她总是说'宽大的衣服耐穿，紧身的衣服容易破'，并照此选择我的衣服。我从不参加社交聚会，没有任何娱乐，上学以后，我从不参与其他孩子的户外活动，甚至不去上体育课。我害羞到了病态的程度。我觉得自己与任何人都'不同'，而且完全不受欢迎。

"成年以后，我嫁给了一个比我年长的男人。但是我依旧没有改变。我丈夫全家都是镇定、充满自信的人。我应该像他们那样，可是我做不到。我竭尽全力效仿他们，却总是失败。他们每次尝试让我敞开心怀，结果总是反而让我缩回自己的壳里。我变得胆小紧张、不安急躁。我避开所有朋友。我的状况甚至严重到害怕门铃

响！我知道自己是个失败者。我害怕丈夫发现这一点。因此凡是在公开场合，我都努力装出欢快的样子，甚至表现得过火。我知道我搞砸了，今后的日子会很凄惨。我非常郁闷，最后开始怀疑自己的存在意义。我开始想自杀。"

发生了什么事，改变了这个不幸女人的生活？仅仅是偶然的一句话！

奥尔雷德夫人接着说道："偶然的一句话转变了我的整个人生。有一天，我的婆婆跟我聊起养育孩子的经验，她说：'不管发生什么，我总是坚持要求他们做真正的自己。'……'做真正的自己'……正是如此！灵光一闪，我意识到我过去一直勉强自己顺应并不适合我的别人的模式，那是我的一切苦难的根源。

"我在一夜之间突然变了！我开始做真正的自己。我努力研究自己的个性，寻找真正的自我。我发掘我的优点，尽力研究颜色和式样，按照我觉得适合自己的方式穿衣打扮。我出门去交朋友。我开始参加社团——最初是小型的——他们让我参加节目时我吓呆了。但是每演讲一次，我的勇气就增加一点。这个过程相当长，不过如今我非常幸福，感到了以前做梦也想象不出的幸福。在养育我的孩子的过程中，我总是告诉他们我从自己的苦涩经历中学到的教训：不管发生什么，坚持做真正的自己！"

按照詹姆斯·戈登·吉尔基（James Gordon Gilkey）博士的说法，这个忠实于自我的问题"与历史一样古老，与人生一样普遍"。而不愿意做自己的问题则是诸多神经、心理疾病和情结背后隐藏的根源。关于儿童教育的课题，安吉洛·帕特里（Angelo Patri）写过13本书，还通过报业联合组织在报纸上发表过无数文章，他说：

"渴望变成身心不同于自己的某人或某物的人是最悲惨的。"

这种变成另一个人的渴望在好莱坞特别盛行。好莱坞最有名的导演之一山姆·伍德（Sam Wood）说，它正是他与年轻演员打交道时遇到的最头痛的问题：使他们发挥自己的本色。他们都想变成二流的拉娜·特纳（Lana Turner），或者三流的克拉克·盖博（Clark Gable）。山姆·伍德总是告诉他们："公众已经尝过了那种口味，现在他们需要新鲜的东西。"

在他开始执导《万世师表》和《丧钟为谁而鸣》以前，山姆·伍德做过多年房地产生意，养成了推销员性格。他断言，商业世界中的原则同样可以适用于拍摄电影。你不会在任何地方都猴子学样。你不能当应声虫。山姆·伍德说："经验告诉我，一旦遇到企图伪装成别人的演员，最安全的做法就是尽可能快地放弃他。"

保罗·博因顿（Paul Boynton）是索科尼—真空（Socony-Vacuum）石油公司（译者注：美孚石油公司的前身）的人事主管，不久前我问他，人们在求职时所犯的最大错误是什么？他应该知道，因为他面试过六万多名求职者，还写过一本题为《得到工作的六种方法》的书。他回答道："人们在求职时所犯的最大错误是掩藏真实的自己。他们经常试图提供你想要的答案，而不是坦诚直率地回答。"可是那样做没有用，因为没人想雇佣赝品。从来没人想要伪造的硬币。

一位有轨电车售票员的女儿历经艰辛终于学到了这个教训。她希望成为歌手。不幸的是她长相不佳。她的嘴太大，兔牙突出在嘴唇外面。她第一次在新泽西的一家夜总会公开唱歌时，试图遮住她的牙齿。她想表现得"充满魅力"。结果呢？她失败了，让自己成了笑料。

不过那家夜总会的一位客人听了她的歌声，觉得她有天赋。他直言不讳地对她说："我看了你的表演，我知道你想掩盖什么。你为自己的牙齿觉得羞愧。"这个少女很尴尬，可是客人继续说："那又怎样呢？长着兔牙又不是犯罪。不要掩饰！张开嘴，不要害羞，听众才会喜欢你。况且你试图掩盖的牙齿可能帮你发大财！"

卡斯·戴利（Cass Daley）接受他的忠告，忘记了她的牙齿。从那以后，她只考虑听众。她张开嘴，热情洋溢地歌唱，变成了电影和广播中的明星。如今其他喜剧演员争着模仿她！

著名的威廉·詹姆斯（William James）断言，普通人仅仅发挥了潜在精神力量的十分之一，很多人从未发现真正的自我。他写道："倘若与我们应有的水平相比较，我们只是处于半睡半醒状态。我们仅仅利用了身体和头脑的一小部分潜能。宽泛地说，我们的生活与人类的极限相距很远。我们拥有各种各样的能力，却习惯地不去利用，浪费了资源。"

你和我都具备这种能力，因此不要再为忧虑浪费哪怕一秒钟时间，我们与其他人不一样。你是这个世界上的新人。从时间之初至今，世界上从未有过与你完全相同的人；在未来的任何时代，也不会再有与你完全相同的人。新的遗传科学告诉我们，你在很大程度上是你父亲的 24 条染色体和你母亲的 24 条染色体共同塑造的产物。这 48 条染色体组成了决定你继承的一切因子。阿姆兰·沙因菲尔德（Amran Sheinfeld）说，每条染色体包括"几十至数百个基因，在某些情况下，一个基因就可能改变你的整个人生"。构成我们的方式确实"既可怕又美妙"。

在你的父亲母亲相遇并成为配偶之后，他们生下你这个特定孩子的机会也仅有三百万亿分之一！换句话说，即使你有三百万亿个兄弟姐妹，他们也全部跟你不同。这些都是猜测吗？不，是有科学依据的事实。如果你想了解更详细的情况，可以去图书馆借阅阿姆兰·沙因菲尔德的书《你与遗传》。

我能确信无疑地谈论这个话题，因为我自己有深切感受。我知道我在说什么。我付出高昂的代价，从苦涩的经验中学到了这个道理。说明一下：我离开密苏里州的玉米地初到纽约的时候，进入美国戏剧艺术专科学校学习。我渴望成为演员。我觉得我的主意太棒了，简单而且万无一失，肯定是通向成功的捷径，我简直不明白，为什么无数野心勃勃的人们从未发现过这个办法。我的办法是学习当时的著名演员，比如约翰·德鲁（John Drew）、沃尔特·汉普登（Walter Hampden）和奥蒂斯·斯金纳（Otis Skinner），研究他们的表演。那样我就能模仿每个人的优点，成为他们的优秀组合体并大获成功。我多么糊涂！多么荒谬！我浪费了几年时间去模仿别人，后来我的密苏里州厚脑壳才终于领悟，我必须做自己，我不可能变成别人。

这段痛苦的经历教给我的教训应该永生难忘。然而我忘记了。我太愚蠢，以致竟然重蹈覆辙。几年后，我准备撰写一本书，希望它成为有史以来写给工商界人士的关于演讲术的最佳作品。可是我又像以前学表演时那样，犯了同样愚蠢的错误：我打算借鉴其他作家的想法，把它们放进我的书里，使它成为囊括一切的大全。于是我买了几十本关于演讲的书，花了一年时间阅读吸收，把其中的思想写进我的草稿。然而最后我再次发现自己干了蠢事。我写出的只是其他人思想的大杂烩，既造作又沉闷，没哪个工商界人士愿意费力看它。结果我把一年的工作成果扔进了废纸篓，全部从头开始。

这次我对自己说："你已经是戴尔·卡耐基（Dale Carnegie），不管你有多少缺点和局限。你不可能变成其他人。"于是我放弃了当别人的组合体的念头，卷起衣袖，开始做本来应该首先进行的工作：我总结自己作为演讲者和演讲术教师的经验、观察资料和信念，据此写出了一本教科书。

我学到了沃尔特·雷利（Walter Raleigh）爵士学到过的教训，并希望能永远牢记（这里所说的不是把自己的外套扔进泥地给女王垫脚的那位沃尔特爵士。此处提及的沃尔特·雷利爵士是 1904 年时牛津大学的英语文学教授）。爵士说过："我不可能写出堪与莎士比亚相提并论的著作，但是我能写出我自己的作品。"

做你自己。听从欧文·伯林（Irving Berlin）给乔治·格什温（George Gershwin）的明智劝告。伯林与格什温最初相遇时，伯林已经成名，格什温还只是一个苦苦奋斗的年轻作曲家，在锡盘巷（译者注：Tin Pan Alley，以纽约市 28 街为中心，是音乐出版商和作曲家的聚集地）工作，每星期拿 35 美元的工资。伯林对格什温的能力印象深刻，给后者提供了一份当他的音乐记录员的工作，薪水几乎是原来的三倍。可是伯林又这样劝告格什温："不要接受这份工作，如果接受，你可能会变成二流的伯林。但是如果你坚持做自己，总有一天你将变成一流的格什温。"

格什温听从了柏林的告诫，渐渐转变成了那个时代最重要的美国作曲家之一。

查理·卓别林（Charlie Chaplin）、威尔·罗杰斯（Will

Rogers）、玛丽·玛格丽特·麦克布赖德（Mary Margaret McBride）、吉恩·奥特里（Gene Autry）以及其他无数人都不得不学习我努力想在这一章向读者灌输的这个道理。他们跟我一样，不得不经过一番辛苦才领悟。

查理·卓别林最初开始拍电影时，导演坚持要求他模仿一个当时流行的德国滑稽演员。可是查理·卓别林演不好，直至他做回自己。鲍勃·霍普（Bob Hope）也有类似的经历，他浪费了几年学习歌舞却不见成效，直至他开始做自己，表演说俏皮话。多年来，威尔·罗杰斯靠一根绳索表演歌舞杂耍，始终一言不发；直至他察觉了自己独一无二的幽默天赋，开始一边转动绳索一边讲话，终于大受欢迎。

玛丽·玛格丽特·麦克布里奇最初做广播节目时，试图模仿一个爱尔兰滑稽演员，结果失败了。然后她重新做回自己——来自密苏里州的一个平凡乡村姑娘，变成了纽约最走红的电台明星之一。

吉恩·奥特里试图摆脱他的德克萨斯口音，宣称自己来自纽约，打扮成城市青年，结果只得到了人们的嘲笑。然而当他开始弹奏班卓琴，唱起牛仔的民谣时，却踏上了成功的职业之路，变成了影片和广播中最流行的牛仔。

你是这个世界上的新人。你要觉得高兴。你应该最大限度地利用自己的天性。根据最近的分析，一切艺术都是自传。你只能歌唱自己。你只能描绘自己。你只能是你的经历、环境和遗传塑造的那个模样。

无论好坏，你必须自己耕耘你的小小花园。无论好坏，你必须在人生的交响乐中演奏自己的小小乐章。

爱默生（Emerson）在他的散文《论自立》中写道："在受教导的过程中，每个人都会在某个时刻形成这样一种信念：妒忌别人是愚昧的，模仿别人无异于自杀；无论好坏，人都必须坚持做真正的自己；广袤的宇宙中充满美好的事物，唯有辛勤耕耘属于自己的那一小块土地，才能得到收获，否则连一粒谷子都得不到。自然赋予你的全新能力蕴藏在你身上，唯有你了解自己的能力，唯有经过努力尝试，你才会知道自己有什么本领。"

　　已故诗人道格拉斯·马洛奇（Douglas Malloch）也表述过与爱默生的散文相同的思想：

　　　　　如果不能成为矗立山顶的青松，

　　　　　你就做山谷中的一棵小树，

　　　　　不过必定是小溪边最好看的一棵；

　　　　　如果不能成为大树，做灌木又有何妨。

　　　　　如果不能成为常青的大树，

　　　　　你就做一片绿草，

　　　　　不过必定是湖边最生机勃勃的绿草！

　　　　　我们不可能都成为船长，

　　　　　总要有抛锚扬帆的水手。

　　　　　只要我们全部各得其所，

　　　　　事无巨细，各尽其责即可。

　　　　　不能走阳关道，何妨走独木桥，

不能成为普照大地的太阳，

何妨成为点缀夜空的星光。

岂能仅以大小，评判人生的成败功过？

只求全心全意，活出最真实的自我。

为了培养能带给我们平静和幸福的精神态度，第五条规则是：

不可模仿别人。让我们寻找自我、做真正的自己。

第十七章　只有一只柠檬时，就做柠檬汽水吧

写这本书期间，有一天我偶然造访芝加哥大学，见到校长罗伯特·梅纳德·哈钦斯（Robert Maynard Hutchins），就向他请教避免忧虑的方法。他回答道："我总是尽力遵循西尔斯和罗巴克公司（Sears & Roebuck）的已故总裁尤利乌斯·罗森沃尔德（Julius Rosenwald）给我的一个忠告：'只有一只柠檬时，就做柠檬汽水吧。'"

那就是伟大的教育家的做法。不过愚者的做法完全相反。如果一个傻瓜从生活那里得到一只柠檬，他会放弃并且说："我被打败了。这就是命运。我没有机会。"然后他会抱怨整个世界不公平，无节制地沉浸于自我怜悯中。可是当智者拿到一只柠檬时，他会说："我能从厄运中学到什么教训？怎样才能改善我的处境？怎样把这只柠檬做成柠檬汽水？"

伟大的心理学家阿尔弗雷德·阿德勒（Alfred Adler）毕生致力于研究人类和他们潜藏的力量，他断言，"变负为正的能力"是人

类的奇妙特征之一。

　　我知道有一位女士做到了这一点，她的故事既有趣又鼓舞人心。她的名字是特尔玛·汤普森（Thelma Thompson），地址是纽约莫宁赛德（Morningside Drive）100号。她这样讲述她的经历："战争期间，我的丈夫驻扎在新墨西哥州的莫哈韦（Mojave）沙漠附近的一个军队训练营。为了陪伴丈夫，我也搬到那里去住。可是我恨那个地方。我厌恶那个地方。我的生活从未如此凄惨。丈夫被派到沙漠去执行任务，我独自留在一座简陋的小屋里。气温高得难以忍受，仙人掌阴影下的温度也达到华氏125度。没有人能跟我交谈，周围只有墨西哥人和印第安人，而他们不懂英语。风不停地吹，我吃的食物、甚至呼吸的空气里全都混着沙子、沙子、沙子！

　　"我完全垮了，难过沮丧不已。我写信给父母，告诉他们我打算放弃，回到家里去。我说我一分钟都忍受不下去了。进监狱也比待在这种地方强！父亲给我回信，只写了两行字，这两行字彻底改变了我的生活，永远在我的记忆中回响：

　　　　两个人从监狱的栅栏向外看，
　　　　一个人看见的是泥巴，另一个人看见的是星星。

　　"我反复读这两行字。我感到羞愧。我下定决心，从目前的处境中找出美好的东西。我要寻找星星。

　　"我开始跟当地人交朋友，他们的反应令我惊奇。我表示对他们的编织物和陶器感兴趣时，他们就把他们特别喜欢的小物品送给我，虽然以前他们拒绝把那些东西卖给旅游者。我研究了仙人掌、丝兰和短叶丝兰的迷人结构。我观察草原土拨鼠，欣赏沙漠上的落日，搜寻远古时代遗留的贝壳化石，数百万年前，这里的沙漠曾经是海洋。

"我为什么会发生这种惊人的变化？莫哈韦沙漠并未改变。印第安人也没有。改变的是我自己。我的心态发生了变化。因此我的凄惨经历转变成了我一生中最刺激的冒险。我发现的这个新世界令我感到兴奋和激动，以至写了一本书描述它，那是一本题为《明亮的防御壁垒》的小说。……我从自己制造的牢狱向外看，发现了星星。"

特尔玛·汤普森的发现正是古希腊人在基督降生前五百年发现过的古老真理："最好的东西是最难的。"

在 20 世纪，哈里·爱默生·福斯迪克（Harry Emerson Fosdick）又复述了这一真理："幸福往往不是得到满足的愉悦，而是来自胜利的喜悦。"是的，幸福来自成就感和成功的胜利，把柠檬做成柠檬汽水的心态。

我访问过一个佛罗里达州的幸福农民，他甚至能把有毒的柠檬做成柠檬汽水。他最初得到自己的农场时觉得很失望。因为土地贫瘠，既不能种植水果，又不能养猪。只有胭脂栎和响尾蛇能在那里茁壮成长。然后他想出了一个主意。他设法把劣势转变成资本，尽量利用那些响尾蛇。出乎所有人的意料，他开始把响尾蛇肉做成罐头卖。几年前我造访他时，发现参观响尾蛇农场的人蜂拥而至，大约每年有两万名游客。我看到，他从响尾蛇的毒牙提取毒素，运送到实验室研制抗毒血清；响尾蛇的皮以高昂的价格出售，做成女士的鞋子和手提包；响尾蛇肉做成的罐头被运往世界各地的客户那里。我买了一张那个村庄的明信片，在当地的邮局寄出，那个地方已经改名为"响尾蛇"，用于纪念把有毒的柠檬做成柠檬汽水的人。

由于曾经多次在美国各地旅行，东奔西走、南来北往，我有幸结识了数十位显示出"他们变负为正的能力"的男男女女。

前不久去世的威廉·博莱索（William Bolitho）是《反对上帝的十二个理由》的作者，他是这样陈述的："人生中最重要的事情不是充分利用你的收益。那种事任何傻瓜都会做。真正重要的是如何从你的损失中获益。那需要智慧；有见识的人与傻瓜之间的差别就在于此。"

博莱索是在一场铁路事故中失去一条腿之后说这番话的。不过我还认识另一个人，他虽然失去双腿，却依然能够"变负为正"。他的名字是本·福特逊（Ben Fortson）。我在佐治亚州（Georgia）亚特兰大（Atlanta）城的一家旅馆里与他相识。我走进电梯时注意到了这个人，他没有双腿，坐在电梯角落的轮椅上，神情却很快乐。电梯停在他要去的那一层时，他友善地问我能否站在角落里，方便他操纵轮椅。"很抱歉麻烦你。"他对我说，同时脸上露出了一个温暖人心的微笑，使他显得容光焕发。

我离开电梯走向房间时，满脑子都是这个快乐的残疾人。于是我找到他，询问他的故事。

他笑着告诉我："那是 1929 年发生的事。我到外面去砍山胡桃树，打算用树干做桩支撑花园里的豆藤。我把胡桃木装到福特车上，准备回家。突然一根树干滑出车外，卡住了转向装置，与此同时，轿车正在急转弯。轿车冲出路堤，我狠狠撞到了一棵树上。由于脊椎受伤，我的双腿瘫痪了。当时我 24 岁，从那以后，我再也不能走路了。"

一个 24 岁的年轻人，被宣判瘫痪，要在轮椅上度过余生！我问他，他是如何设法勇敢地接受这一切的？他回答道："我没有。"他说当时他大发脾气，激烈地反抗，不接受他的命运。可是随着时间缓慢流逝，他发现反抗无法带来任何好处，只会徒增苦涩。他说："最后我意识到，既然其他人亲切友好、彬彬有礼地对待我，我能做的最低程度的事情就是亲切友好、彬彬有礼地对待他们。"

我又问，经过这些年之后，他是否仍旧觉得那场事故是可怕的灾祸？他迅速回答："不。如今我几乎觉得庆幸。"他告诉我，经历过震惊和怨恨的阶段之后，他的世界变得不同了。他开始读书，养成了对文学的爱好。他说，在过去 14 年间，他读了至少 1400 本书；那些书拓展了他的眼界，使他的生活比他以前设想的更丰富。他开始听好听的音乐；以前他觉得交响乐无聊，现在伟大的交响乐令他激动。最大的变化是他有时间思考了。他说："平生第一次，我可以观察这个世界，具备了辨别事物价值的能力。我开始领悟，过去我追求的大多数东西其实没什么价值。"

由于阅读，他开始对政治感兴趣，研究公共问题，坐在轮椅上发表演讲。他开始结识其他人，人们也开始了解他。如今轮椅上的本·福特逊成了佐治亚州的政府部长！

过去 35 年间，我在纽约开办成人教育班，我发现，许多成年人的最大遗憾之一是从未进过大学。他们似乎认为，没受过大学教育是一种缺陷。但是我相信未必如此，因为我认识的很多成功人士只上过中学。因此我经常向学生们讲述一个甚至连小学都没有毕业的人的故事。他在一个破败的贫穷家庭成长。他的父亲去世时，亲友们不得不凑钱买棺材，才埋葬了他的父亲。父亲去世后，他的母亲在一家雨伞工厂每天工作十小时，还把计件工作带回家，每天夜里干到 11 点。

那个男孩在这种环境里成长起来，开始在教会的一个社团参与业余戏剧表演。表演使他感到强烈的兴奋，因此他决定从事公开演讲。于是他走上了政治之路。年满 30 岁时，他当选为纽约州议员。非常不幸的是，他还没准备好承担这一职责。事实上，他坦诚地告诉说，当时他甚至不知道议员是做什么的。他研究那些需要他投票的复杂冗长的议案，可是他越努力，那些议案看起来就越像用乔克托族（Choctaw）印第安人的语言写的。他从未涉足过森林，却当选为森林委员会的成员，这令他迷惑而烦恼。他还没有银行账户，却当选为州银行委员会的成员，这也令他迷惑而烦恼。他告诉我，他很气馁，要不是羞于向母亲承认失败，他就会辞职退出议会。在绝望中，他决定每天学习 16 个小时，努力把无知的柠檬做成知识的柠檬汽水。结果他成功地转变了自己，从一个地方政治家变成全国知名的杰出人物，以至《纽约时报》称他为"纽约最受喜爱的市民"。

我说的是阿尔·史密斯（Al Smith）的故事。

十年以后，阿尔·史密斯开始推行他的政治自我教育规划，他是在世的最重要的纽约州政府专家。他四次当选纽约市长，创下了从未有人超越的记录。1928 年时，他是民主党的总统候选人。他得到了六所名牌大学授予的荣誉学位，虽然他连小学都没有毕业。

阿尔·史密斯告诉我，若非他每天学习 16 小时，努力"变负为正"，后来这些事情都不会发生。

尼采（Nietzsche）的超人准则是"不但能在必要时承受一切苦难，而且能乐在其中"。

对成功人士的职业生涯研究得越多，我就越坚定地确信，很多人在人生起点上带有某种缺陷或不利条件，那反而鞭策他们付出巨大的努力，因此他们获得了巨大的回报，这种例子多得惊人。正如威廉·詹姆斯（William James）所言："我们的弱点会给予我们意想不到的助益。"

是的，双目失明很可能使弥尔顿（Milton）创作出了更出色的诗篇，耳聋很可能使贝多芬（Beethoven）创作出了更出色的音乐。

海伦·凯勒（Helen Keller）拥有辉煌的生涯，并激励了无数人，正是因为她的失明和聋哑。

若非不幸的婚姻使柴可夫斯基（Tchaikovsky）饱受挫折，逼得他差点自杀，若非他的生活如此凄惨，他很可能永远无法创作出不朽的"悲怆"交响曲。

若非陀思妥耶夫斯基（Dostoevsky）和托尔斯泰（Tolstoy）的生活都如此痛苦，他们很可能永远无法创作出不朽的小说。

彻底改变了关于地球生命的科学观念的人写道："若非我体弱多病，我应该无法完成我做过的那么多工作。"这就是查尔斯·达尔文（Charles Darwin）的自白，他承认病弱给了他意想不到的帮助。

达尔文在英格兰出生的那一天，还有一个婴儿在肯塔基州（Kentucky）的森林里的一幢小木屋中诞生。他也得到了自己的弱点的助益。他的名字是亚伯拉罕·林肯（Abraham Lincoln）。假如他在一个贵族家庭出生成长，得到哈佛大学的法律学位，过上了幸福的婚姻生活，他那些令人难以忘怀的话语很可能永远不会在他内心深处产生，并在葛底斯堡成为不朽，他在第二次就职典礼上诵读的诗句也很可能永远不会产生，那是有史以来出自一个统治者之口的最美好最高尚的名言："不要对任何人怀有恶意；宽厚对待所有人……"

哈里·爱默生·福斯迪克在他的作品《坚持到底的力量》中说："斯堪的纳维亚（Scandinavian）有一句谚语：'北风塑造了维京人。'我们中的一些人最好把它当成人生的战斗口号。安全和愉悦的生活，没有困难，舒适安逸，我们什么时候见过这些东西本身使人变得更好或更幸福？正相反，怜悯自己的人即使躺在柔软的床垫上也会继续怜悯自己，在历史上，不管环境好坏，无论资质优秀还是平庸，总是当人们肩负起自己的责任时，幸福才会降临到他们身上。所以说北风塑造了维京人。"

假设我们沮丧之极，觉得完全不可能把我们的柠檬做成柠檬汽水，那么这儿有两个理由，证明我们应该尝试，不管怎样，我们没什么可损失的，却可能赢得一切。

理由一：我们也许会成功。

理由二：即使不能成功，仅仅"变负为正"的尝试就会促使我们向前看，而不是后退；促使我们用正面、积极的想法取代负面、消极的想法；这样能释放我们的创造力，鞭策我们整天忙碌，使我们既没有时间又没有意向为已经永远过去的事情悲叹。

有一次，世界闻名的小提琴家奥利·布尔（Ole Bull）在巴黎开音乐会，小提琴上的 A 弦突然断了，可是他没有停止，用其余三根弦演奏完了那首乐曲。哈里·爱默生·福斯迪克说："那就是人生，如果 A 弦断了，就用剩下的三根弦继续演奏完。"

那不仅是人生而已。它是人生的胜利！

如果我有权力那样做，我会把威廉·博莱索的这段话雕刻在青铜上永久保存，悬挂到全世界的每间校舍里：

> 人生中最重要的事情不是充分利用你的收益，那种事任何傻瓜都会做。真正重要的是如何从你的损失中获益，那需要智慧。有见识的人与傻瓜之间的差别就在于此。

为了培养能带给我们平静和幸福的精神态度，让我们遵循第六条规则行动：

如果命运递给我们一只柠檬，就试试用它做柠檬汽水吧。

第十八章　如何在十四天内治愈忧郁症

　　我开始写这本书时，曾经提供 200 美元的奖金，征求最有帮助、最鼓舞人心的关于"我如何战胜忧虑"的真实故事。

　　我为这次比赛请了三位评判员：艾迪·里肯巴克（Eddie Rickenbacker），东方航空公司的总裁；斯图尔特·W．麦克莱兰（Stewart W. McClelland）博士，林肯纪念大学的校长；卡滕伯恩（H. V. Kaltenborn），广播电台新闻分析家。可是我们收到了两个同样出色的故事，评判员们发现不可能做出选择。结果我们把奖金分成了两份。以下是其中一篇获奖故事，作者是住在密苏里州春田（Springfield）市商业街 1067 号的伯顿（C. R. Burton）先生（他在密苏里州离心电机销售公司工作）。

　　伯顿先生写道："我 9 岁时失去了母亲，12 岁时又失去了父亲。我的父亲死了，不过我的母亲只是在 19 年前的某一天离开家，从此一去不回；那天以后我再也没有见过她。我也没有再见过被她带走的两个妹妹。她甚至不给我写信，直到她离开七年以后。母亲离开三年之后，父亲在一场交通事故中死亡。父亲和他的同伴一起在密苏里州的一个小镇上买了一家咖啡馆；当父亲为生意出差离开时，他的合伙人把咖啡馆卖掉换成现金，然后逃走了。一个朋友发电报叫他赶紧回家；在匆忙回来的路上，父亲的轿车在堪萨斯的萨利纳斯（Salinas）出了事故。父亲的两个姐妹又老又穷，而且身体有病，只把三个孩子接到她们家里。我和我的小弟弟没人要，被抛给了小镇。我们害怕被叫作孤儿，也害怕被当成孤儿对待。我们的恐惧很快变成了现实。

"我在镇上的一个贫穷家庭住了很短一段时间。可是世道艰辛，那个家庭的家长失业了，所以他们没有能力继续抚养我。随后洛夫廷（Loftin）夫妇把我带到距离小镇 11 英里的农场，跟他们一起生活。洛夫廷先生 70 岁了，而且由于带状疱疹卧病在床。他告诉我，只要我'不说谎、不偷东西、老实听话'，就可以留在农场。那三个命令成了我的圣经。我严格遵守它们。我开始上学，可是第一个星期我就像婴儿似的号啕大哭。其他小孩戏弄我，戳我的大鼻子，嘲笑我是哑巴，叫我'淘气鬼孤儿'。我受到了严重伤害，想跟他们打架；但是农场主洛夫廷先生告诉我：'永远记住，走开的人比停下战斗的人器量更大。'我忍住不打架，直到有一天，一个小孩从校舍的院子里捡起鸡粪，扔到了我的脸上。我狠狠揍了他一顿，交到了几个朋友。他们说，那个小孩是自作自受。

"洛夫廷先生给我买了一顶新帽子，我觉得很自豪。有一天，一个年长的女孩猛地把那顶帽子从我头上扯下来，扔进水里，毁掉了它。她说，这样可以让'水浸湿你的厚脑壳，免得你那爆米花一样的脑子噼噼啪啪爆掉'。

"我从未在小学里哭，可是我经常在家里大哭。有一天，为了帮我消除所有的麻烦和烦恼，使我的敌人转变成朋友，洛夫廷夫人提出了一些建议。她说：'拉尔夫（Ralph），如果你对他们感兴趣，试试看能为他们做些什么，他们就不会再戏弄你，叫你淘气鬼孤儿了。'我接受了她的忠告，并努力尝试。不久之后，我成了全班的头儿。没人妒忌我，因为我尽量帮助他们。

"我帮几个男孩做题目、写随笔。我还帮几个男孩完成辩论文章。有一个小孩比较害羞，不想让别人知道我在帮助他。所以他总是告诉母亲他去抓负鼠了。然后他到洛夫廷先生的农场找我，把狗拴在牲口棚，然后让我帮他做作业。我替一个男孩写书评，还用几个晚上帮一个女孩补习数学。

"当时死亡袭击了农场附近的地区。两个上了年纪的农民去世了，一个女人失去了丈夫。我成了四个家庭中的唯一男性。在两年中，我一直帮助这些寡妇。在往返学校的途中，我造访她们的农场，替她们砍木头、挤牛奶、喂牲口。现在我得到的是祝福而不是诅咒。每个人都友好地对待我。我从海军回家时，他们表现出了真情实感。我回家的第一天，就有两百多个农民来看望我。其中一些人赶了80英里的路，他们真诚地关心我。因为我忙碌而高兴地帮助别人，我几乎没有烦恼；十三年过去了，再也没有人叫我'淘气鬼孤儿'。"

伯顿万岁！他知道如何赢得朋友！他还知道如何战胜忧虑、享受生活。

最近去世的弗兰克·卢珀（Frank Loope）博士同样如此。他住在华盛顿的西雅图（Seattle），由于关节炎而残疾了23年。可是

《西雅图之星》的斯图亚特·怀特豪斯（Stuart Whithouse）写信给我，说："我采访过卢珀博士许多次；我从未见过像他那样无私、善于享受生活的人。"

一个卧床不起的病人怎样享受生活？你可以猜猜看。他是否批评抱怨？不。他是否沉湎于自怜，要求成为每个人关注的中心，要求别人提供饮食和服务？不，还是不对。他用威尔士亲王的格言作为口号："我为他人服务。"他收集其他残疾人的姓名和住址，写信鼓励他们，使自己和他们都感到快乐。事实上，他组织了一个残疾人通信俱乐部，方便众人互相通信。最后，他的俱乐部形成了全国性的组织，名叫宅协会。

他常年卧病在床，每年平均写 1400 封信，给协会的无数残疾人送去收音机和书籍，也送去快乐。

卢珀博士与其他人的主要区别是什么？区别在于卢珀博士有目标和使命，因而内心充满激情。他知道自己在从事高尚而有意义的事业，在为他人奉献，因而感到快乐。他不是自我中心的人，如萧伯纳（Bernard Shaw）所说："自我中心的傻瓜总是满腹牢骚，抱怨这个世界不围着自己转，不竭尽全力让他幸福。"

关于精神忧郁症患者，阿尔弗雷德·阿德勒（Alfred Adler）曾经说过："只要按照这种方法治疗，疾病就能在 14 天之内痊愈。你每天想着怎样取悦别人就可以了。"这是我读过的出自伟大精神病专家笔下的最惊人的话。

听起来似乎难以置信，所以我在此解释一下，这句话的出处是阿德勒博士的杰出著作《生活应该对你意味着什么》。

阿德勒博士在那本书中写道："精神忧郁症类似于长期对别人

发怒、责备别人，虽然意图是博得关心、同情和支持等等，患者看上去好像只是由于自责而忧郁。忧郁症患者的最初记忆通常是这样的：'我记得我想躺到长沙发上，可是我的哥哥躺在那里。我哭得很厉害，他只好走开。'

"精神忧郁症患者常常倾向于以自杀的方式报复自己，医生首先要注意的是防止给他们自杀的借口。我自己的第一条治疗规则是尽量缓解病人的紧张情绪，建议他们'绝对不要做任何你不喜欢的事情'。这看似非常适中，其实我相信它触及问题的根源。如果一个忧郁症患者能做任何想做的事，他还能指责谁？报复自己还有什么意义？我告诉病人：'如果你想去剧院，或者出门度假，尽管去吧。如果在半路上发现你不喜欢，就停下来。'这是任何人都能找到的最佳处境。这样能满足他们对优越感的追求。他仿佛上帝一样，能够随心所欲。另一方面，这样不容易符合他本来的生活作风。他希望支配和指责别人，一旦别人表示同意，就无法支配他们了。这条规则有助于缓解病情，我的病人中间从未有人自杀。

"患者通常会说：'可是我没有喜欢做的事情。'这句话我听过很多次，所以已经准备好了回答：'那么就避免做任何你不喜欢的事。'不过有时病人会回答：'我想整天都躺在床上。'我知道，如果我允许他那样做，他就不会再喜欢躺着了。我知道，如果我阻止他，他会发动战争。所以我总是同意。

"这是第一条规则。另一条规则更直接地攻击他们的生活作风。我告诉他们：'只要按照这种方法治疗，疾病就能在 14 天之内痊愈。你每天想着怎样取悦别人就可以了。'看看他们有什么反应。他们翻来覆去地思索。有人说：'我怎样才能使别人烦恼？'这个回答非常有趣。有的人说：'这非常简单。我一辈子都在那样做。'其实他们从未做过。我请他们再想一想。可是他们没有。我告诉他们：'你们晚上睡不着觉的时候，可以利用那段时间，思考怎样才能取悦别人，这对你们的健康大有助益。'第二天我见到他们的时候又问：'你们按照我的建议考虑过了吗？'他们回答：'昨天夜里我一上床就睡着了。'当然，医生必须采取谦虚、友善的态度，不要流露出优越感的迹象。

"还有人会回答：'我不可能做到。我太烦恼了。'我就告诉他们：'不必停止烦恼，不过与此同时，你可以偶尔考虑别人。'我希望他们把兴趣始终放在同伴身上。还有许多人说：'为什么我要取悦别人？别人又不来取悦我。'我回答：'你必须为自己的健康考虑。别人早晚会吃苦头的。'在极其少见的情况下，会有一个病人说：'我已经考虑过你的建议了。'我的精力全部放在促使患者产生社交的兴趣方面。我明白，他们真正的病因是缺乏协作精神，我要做的是使他们也意识到这一点。一旦患者与其他同伴在平等的基础上打交道并互相协作，他们的病就能痊愈……宗教交给我们的最重要的任务始终是'爱你的邻人'……对他人不感兴趣的人在生活中会遇到最大的困难，而且会给别人造成最大的伤害。人类的最大失败全部来源于这样的个人。

"……我们对于一个人类的全部要求，以及我们能给予他的最高赞誉是'他是一个好同事、好朋友，也是一个好情人和婚姻中的好伴侣。'"

阿德勒博士极力主张我们应该每天做一件好事。什么是好事？先知穆罕默德（Mohammed）说："好事就是让别人脸上露出一个快乐的笑容。"（译者注：联系上下文，穆罕默德的话的原意是无论贫富任何人都可以行善，让别人微笑也算一种慈善行为，不是说好事的定义就等于微笑）

为什么每天做一件好事会对我们产生如此惊人的影响？因为取悦别人的时候，我们就会停止考虑自己，而考虑自己正是导致忧虑、恐惧和精神忧郁症的根源。

威廉·T. 穆恩（William T. Moon）夫人在纽约市第五大街521号管理月亮秘书学校，她不用耗费两个星期思考如何取悦别人，就能驱除她的忧郁。她花的时间比阿尔弗雷德·阿德勒少得多，不是少1天，而是少13天。通过思考如何取悦两个孤儿，她在一天之内就驱除了忧郁。

事情是这样的。穆恩夫人说："五年前的十二月，我沉浸在悲伤和自怜的情绪中。过了几年的幸福婚姻生活之后，我失去了丈夫。由于圣诞假期临近，我的悲哀更严重了。我平生从未独自过圣诞节；我害怕这个圣诞节的来临。朋友们邀请我跟他们一起过圣诞。可是我提不起兴致来。我知道我会破坏任何聚会的气氛。因此我拒绝了他们的友好邀请。圣诞前夜越近，我就沉浸在自怜中越不知所措。真的，我应该感谢许多事物，我们全都有许多应该感谢的。圣诞节前一天的下午三点，我离开办公室，在第五大街漫无目的地徘徊，希望能够驱散我的自怜和忧郁。街道上挤满了欢乐的人群，这种景象使我回忆起已经逝去的幸福时光。

"我无法忍受孤零零地回家，面对空荡荡的公寓。我很迷惑，不知道该怎么办。我忍不住流泪了。漫无目的地走了大约一小时之后，我发现自己来到一个公共汽车终点站。我回忆起我和丈夫以前常常搭乘一辆陌生的公交车，算是小小的冒险活动，所以我坐上了在车站看见的第一辆车。公共汽车穿过哈德逊（Hudson）河，又开了一段路，我听见售票员说：'终点站到了，女士。'于是我下了车。我不知道那里的地名，只觉得那是个安静、平和的小镇。在等待回程的班车时，我开始沿着住宅区的街道向前走。我路过一个教堂，听见里面正在演奏《平安夜》。我走了进去，发现除了管风琴手之外，教堂里空无一人。我静悄悄地在条凳式座位上坐下。圣诞树上挂着各种各样的装饰品，散发着喜庆的光芒，看上去犹如无数星辰在月光下起舞。由于音乐的悠长韵律，加上早餐之后我就忘记吃东西，我开始昏昏欲睡。我太疲倦，而且压力沉重，以致迅速进入了梦乡。

"我醒来的时候，不知道自己身在何处，不禁害怕起来。我发现面前有两个小孩子，他们似乎是来看圣诞树的。其中一个小女孩正指着我说：'我想知道圣诞老人会不会带她。'两个孩子看见我醒来，都吓了一跳。我告诉他们，我不会伤害他们。他们的衣服看上去相当寒酸。我问，你们的爸爸妈妈在哪里？他们回答：'我们没有爸爸妈妈。'这两个小孤儿的处境比我糟糕得多。他们使我为我的悲伤和自怜感到羞愧。我带他们看圣诞树，又带他们去药房，我们吃了一些点心，我买了一些糖果和小礼物送给他们。我的寂寞仿佛魔术一般消失了。几个月以来，这两个孤儿第一次带给了我真正的幸福，让我忘记了私欲。

"跟他们聊天时，我意识到自己有多么幸运。我感谢上帝，我童年时的每个圣诞节都与父母亲一起度过，得到了他们的爱和关怀。那两个小孤儿为我所做得比我给予他们的多得多。这段经历再次证明，为了我们自己的幸福，有必要让其他人幸福。我发现幸福是有感染力的。通过给予，我们得到。通过帮助别人、付出爱，我战胜了忧虑、悲伤和自怜，觉得自己变成了新人。不仅在当时，在随后的数年里我也是新人。"

关于忘记自我而变得健康快乐的人们的故事，我可以写上一本书。这里让我们援引玛格丽特·泰勒·耶茨（Margaret Tayler Yates）的事例，她是在美国海军中人气最高的女士。

耶茨夫人是一位小说作家，但是与在日军舰队袭击珍珠港的那个灾难性的早晨发生的真实故事相比，她笔下的任何神秘故事都没有那么吸引人。由于心脏病，耶茨夫人有一年多卧床不起。她每天有 22 个小时躺在床上。其间她最长的旅程是从房间走到花园去晒太阳。连那几步路她也不得不依靠女仆的搀扶才能走动。她本人告诉我，那时她以为自己的余生都要躺在床上度过了。她说："要不是日本人袭击珍珠港，将我从自我满足中震醒，恐怕我再也无法享受真正的生活。"

耶茨夫人这样讲述她的故事："轰炸开始时情况混乱之极，人们都陷入了恐慌。一个炸弹在我家附近爆炸，冲击波把我从床上震了下来。军队的卡车纷纷冲向希卡姆（Hickam）机场、斯科菲尔德（Scofield）兵营和卡内奥赫（Kaneohe Bay）湾航空站，把陆军和海军士兵的家属接到学校避难。红十字会打电话给有空房间的人。红十字会的工作者知道我床边有一个电话，就请我帮忙联系，交换消息。于是我开始寻找军人的妻儿们的住处，红十字会通知那些军人打电话给我询问家属的下落。

"我很快得知我的丈夫罗伯特·雷利·耶茨（Robert Raleigh

Yates）海军中校平安无事。然后我努力鼓励那些不知道丈夫是否生还的妻子们；还尽力安慰众多失去了丈夫的寡妇们。海军和海军陆战队中共有 2117 名军官和士兵阵亡，还有 960 人失踪。

"起初我躺在床上接电话。后来我从床上坐了起来。最后，由于忙碌和激动，我忘记了自己身体虚弱，下床坐到了桌子旁边。在帮助比我更不幸的人们的过程中，我完全忘记了自己；从那以后，除了每晚八小时的正常睡眠时间之外，我再也不用躺到床上去了。现在我意识到，要不是日本人袭击珍珠港，我可能会作为半病废者度过余生。我在床上觉得舒适。我只是一味地等待，现在我察觉，当时我在潜意识中失去了恢复正常生活的意愿。

"袭击珍珠港是美国历史上最大的悲剧之一，不过就我个人而言，它是我经历的最好的事件之一。那场可怕的灾难使我产生了我从未梦想过拥有的力量。它使我的注意力从自己转移到别人身上。它赋予我的生活必不可少的重大意义。我不再有时间考虑或担心自己。"

只要效仿玛格丽特·泰勒·耶茨的做法，积极地帮助他人，到精神病医生那里寻求治疗的患者中间就有三分之一的人能够自然痊愈。这是我的见解吗？不，这大致上也是卡尔·荣格（Carl Jung）的观点。那位著名心理学家说过："我的患者中间大约有三分之一的人并没有在临床上可以确切解释的神经机能疾病，折磨他们的只是生活的无意义和空虚。"换一种方式来说，他们试图在人生路上搭个便车，可是队列抛下他们扬长而去了。因此他们带着琐碎、无意义、无价值的人生，急忙跑到精神病医生那里。他们错过了班船，站在码头上，责怪除了自己以外的所有人，要求整个世界满足他们自我中心的欲望。

读到这里，你也许会对自己说："哦，这些故事没有打动我。假如我在圣诞前夜遇见两个孤儿，我也会对他们产生兴趣；假如当时我在珍珠港遇到轰炸，我也会乐意做玛格丽特·泰勒·耶茨所做的事情。然而现实是另一码事：我的生活平庸乏味，我的工作枯燥无聊，每天工作八小时，我的生活中没有任何戏剧性的事件，我怎样才能对其他人产生兴趣？我为什么应该那样做？那样对我有什么好处？"

合理的问题。我将尽量回答。无论你的存在本身或生活可能多么乏味，想必你每天都会遇见某些人。你怎样对待他们？你仅仅盯着他们看，抑或试图发现他们行为的动机？举例来说，一个邮递员每年行走数百英里，把邮件送到你家门口；可是你是否曾经费心了解他住在哪里，抑或看过他的妻子儿女的大头照？你是否问过他走得累不累，抑或他有没有觉得无聊过？

还有杂货店的少年，卖报纸的摊贩，街角那边替你擦皮鞋的小伙子，他们又如何？这些人同样都是人类，他们也有各种困难、烦恼、梦想和个人野心。他们也希望有机会与别人分享心情。可是你给过他们机会吗？你是否对他们或他们的生活表现过热切、真诚的兴趣？我的意思是指这些事。你不必变成佛罗伦萨·南丁格尔（Florence Nightingale），也不必成为社会改革者，去改善自己的个人世界；你可以从明天早晨开始，从你每天遇见的人做起！

至于对你有什么好处？好处是更多的幸福！更大的满足，更多的自豪！亚里士多德（Aristotle）称这类态度为"有见识的利己"。拜火教的创始人琐罗亚斯德（Zoroaster）说过："对别人做好事不是一种义务。它是一种快乐，因为它有利于你的健康和幸福。"

本杰明·富兰克林（Benjamin Franklin）用非常简单的一句话概括了这种思想："善待别人，是对自己最好的做法。"

纽约心理健康服务中心的主管亨利·C.林克（Henry C. Link）写道："在我看来，现代心理学中最重要的一个发现是用科学的证据证明，为了实现自我并得到幸福，自我牺牲或自律是必要的。"

替别人考虑不仅会使你远离自己的忧虑，而且会帮助你结交许多朋友，找到许多乐趣？具体怎么做？有一次我向耶鲁大学的威廉·里昂·费尔普斯（William Lyon Phelps）教授请教过这个问题，他是这样回答的：

"我每次走进旅馆、理发店或者商店的时候，总是向我遇见的每个人愉快地打招呼。我尽力说些让人开心的话，像对待人一样对待他们，而不是把他们当成社会机器上的一个螺钉。有时我会恭维商店里的女营业员，告诉那个姑娘她的眼睛或者头发很美丽。我会问理发师，整天站着工作，腿是不是很累。我会询问他成为理发师的经历，花了多长时间，给多少人剃过头等等。我会帮他估算。我发现，你对别人表现出兴趣，他们就会面露喜色。我常常与在车站搬运行李的红帽子工人握手。那样能鼓舞他，使他一整天都充满活力。在一个极其炎热的夏日，我走进纽黑文（New Haven）铁路的一列餐车吃午饭。拥挤的车厢里几乎跟火炉一样热，而且上菜速度相当慢。

"乘务员终于把菜单递给我的时候，我说：'今天这么热，在后边厨房里烧饭的小伙子们肯定遭罪了。'乘务员开始咒骂，而且语调刻薄。起初我以为他在生气。他大声叫道：'全能的上帝啊，来这儿的人都只会抱怨食物不好吃，投诉服务太慢，嚷嚷天气太热、饭菜太贵。他们的批评我已经听了十九年，从来没人对在后边那个烫死人的厨房里烧饭的厨师表示过一点同情，您是第一个。但愿上帝带给我们更多您这样的乘客。'

"那个乘务员感到震惊，因为我把那个黑人厨师视为人类，而不仅仅是铁路系统中的一颗无足轻重的螺钉。"费尔普斯教授继续说道，"人们的需求只是一点关心，给予人类的关心。如果在街上遇见一个人牵着一只漂亮的狗，我总是夸奖那只狗几句。然后我继续向前走，回头瞥一眼时，常常发现那个人正在爱抚和表扬他的狗。我的赞赏使他的赞赏更积极了。

"有一次，我在英格兰遇见一个牧羊人，他的大牧羊犬非常聪明，我表达了真诚的赞赏。我请他告诉我训练狗的方法。我离开的时候，回头瞥见那只狗站立起来，前爪搭在主人的肩膀上，牧羊人正在轻拍它的脑袋。只是略微对牧羊人和牧羊犬表现出兴趣，我就使牧羊人感到快乐。他们快乐，我自己也快乐。"

一个人到处与搬运工握手，对在闷热厨房里工作的厨师表示同情，赞美在路上遇见的陌生人的狗，你能想象这样的人会闷闷不乐、烦恼忧虑，以致需要精神病医生的治疗吗？是不是无法想象？当然不能。有一句中国谚语如此表述这个道理："赠人玫瑰，手有余香。"

不必告诉耶鲁大学的威廉·里昂·费尔普斯，他懂得这个道理。这就是他的生活方式。

如果你是男性，可以跳过这个段落。你不会感兴趣的。下面这个故事讲的是一个忧虑的、不幸福的女孩如何赢得了几位男士的求婚。故事的主角如今已经当祖母了。几年前，我在她的家乡举行演讲，在那位女士和她丈夫的家里借住了一夜。第二天早晨，她开车送我去 50 英里外的火车站，乘坐通向纽约的铁路干线上的火车。我们谈起如何交朋友，她说："卡耐基先生，我想告诉你我的故事，这件事我从未对任何人吐露过，连我的丈夫都不知道。"（顺便一提，这个故事可能还不如你想象的一半那么有趣。）她告诉我，她在费城长大，家庭贫困，要靠领社会救济金生活，"贫穷是我童年和少女时代的悲剧。我们从来不能像周围的其他女孩那样享受社交生活"。

"我从来没有高级衣服。它们常常是过时的，而且由于我长大了却没钱买新衣服，尺寸总是不合身。我感到羞耻、惭愧，经常流着泪入睡。最后，我不顾一切地想出了一个主意，在宴会或聚会上总是询问男伴的经历，让他谈谈自己的思想和关于未来的计划。我问这些问题，并非因为对他们的回答特别感兴趣。我的目的仅仅是分散同伴的注意力，以免他们发现我的服装很寒酸。可是奇怪的事情发生了：在倾听这些年轻人的谈话的过程中，我对他们有了更多了解，开始对他们的话产生了真实的兴趣。我兴致勃勃，有时甚至忘记了衣服的事。不过最令我震惊的是，因为我善于聆听，并鼓励他们谈论自己，他们觉得跟我在一起很快乐，我逐渐变成了我们社交圈中最受欢迎的女孩，有三个男人向我求婚。"

（就是这样，女孩们，事情就要这么干。）

看到这一章，有些读者会说："什么对别人的事感兴趣，全部是该死的废话！十足的宗教传销！胡扯了半天对我一点用都没有！我才懒得管别人，我只想赚到钱，得到我能得到的所有东西，而且是立刻拿到，其他傻瓜统统见鬼去吧！"

好吧，如果那是你的意见，你有权保留它；但是假如你是正确的，有史以来的全部伟大哲学家和教师们就都错了，包括耶稣、孔子、佛祖释迦牟尼、柏拉图（Plato）、亚里士多德、苏格拉底（Socrates）和圣弗朗西斯（Francis）。既然你可能对宗教领袖们的教导嗤之以鼻，让我们来看看几位无神论者的忠告。首先以剑桥大学的豪斯曼（A. E. Housman）教授为例，他是那个时代最卓越的学者之一。1936 年，他在剑桥大学发表了题为"诗歌的名称与性质"的演讲。他断言，"在一切时代之中，最伟大的真理和最深刻的道德发现是耶稣的那句话：'得着生命的，将要丧失生命；为我丧失生命的，将要得着生命。'"（译者注：出自《新约圣经·马太福音》10：39）

那句话我们听传教士讲过无数次。但是豪斯曼是无神论者和悲观主义者，曾经仔细考虑过自杀；然而他依旧认为，只为自己考虑的人无法从生活中得到许多东西。那样的人是不幸的。而忘记自己替他人服务的人能在生活中找到快乐。

如果豪斯曼的话没有打动你，让我们再看看美国 20 世纪最卓越的无神论者西奥多·德莱塞（Theodore Dreiser）。德莱塞嘲笑一切宗教，认为它们都是神话，人生只是"一个白痴讲的故事，充满噪音和狂乱，没有任何意义"。然而他却主张遵守耶稣教导的一个重要原则：为他人服务。德莱塞说过："如果你想从人生中取得丝毫快乐，在行动和计划时最好不要只考虑自己，应该为他人着想，因为快乐取决于你为别人、别人为你。"

如果按照德莱塞所提倡的，我们打算"为他人着想"，那么就迅速行动。时间不等人。"人生仅有一次。因此如果我能做一点好事，表现出一点善意，就从现在做起。不要拖延，也不要疏忽，因为人生仅有一次。"

为了培养能带给我们平静和幸福的精神态度，第七条规则是：

忘记自我，对别人产生兴趣。每天做一件好事，让别人露出一个高兴的笑容。

一言以蔽之：

培养能带给你平静和幸福的精神态度的七种方式

规则一　让我们只想平和、勇气、健康、希望等等正面的东西，因为"我们的思想塑造我们的人生"。

规则二　永远不要试图报复我们的敌人，因为报复心态对我们造成的伤害比对敌人造成的伤害更严重。让我们仿效艾森豪威尔将军的做法：永远不要浪费哪怕一分钟去想我们不喜欢的人。

规则三

1. 不要为忘恩负义烦恼，要有心理准备。让我们记住，耶稣曾经在一个下午治愈了十个麻风病人，结果只有一个人向他道谢。我们为什么要指望自己得到的感激能比耶稣更多呢？

2. 让我们记住，如果我们想得到幸福，唯一的方法是不再期待感激，只为了内心的快乐而施与。

3. 让我们记住，感激的特征是需要"培育"；因此如果我们希望自己的孩子懂得感激，就必须教育他们感激别人。

规则四　列举你的幸运，不要想你的烦恼！

规则五　不可模仿别人。让我们寻找自我、做真正的自己。因为"妒忌别人是愚昧的，模仿别人无异于自杀"。

规则六　如果命运递给我们一只柠檬，就试试用它做柠檬汽水吧。

规则七　让我们忘记自己的不幸，努力为别人制造一点快乐。"善待别人，是对自己最好的做法。"

第五篇

战胜忧虑的黄金法则

第十九章　我的父母亲是如何战胜忧虑的

如前所述，我在密苏里州的一个农场上出生成长。与当时的大多数农民一样，我的父母亲过着相当艰苦的生活。我的母亲是一所乡村小学的教师，我的父亲在农场工作，每个月的收入仅有 12 美元。母亲亲手给我做衣服，而且用自制的肥皂洗我们的衣服。

我们家极少有现金，唯一的例外是每年卖猪的时候。我们把黄油和鸡蛋卖给杂货店，换回面粉、糖和咖啡。我 12 岁那年，自己一年的零用钱还不到五毛。我仍然记得，我们参加国庆节庆祝会的那天，父亲给了我一毛钱，我非常高兴，感觉简直像得到了东西印度群岛的财宝。

我每天步行一英里，去仅有一间教室的乡村小学。包括气温降至零下 28 度、温度计都颤抖不已的冬天，我也踩着厚厚的积雪去上课。在 14 岁之前，我甚至没有橡胶鞋或套鞋。在漫长严寒的冬季，我的脚总是又湿又冷。童年时，我做梦都想不到有什么人的双脚在冬天能保持干燥温暖。

我的父母亲每天辛苦工作 16 个小时，然而我们家仍旧背负着沉重的债务，并不断受到厄运的袭击。我最早的一段记忆就是 102 河洪水泛滥，淹没我们家的玉米地和干草堆，摧毁了一切。我们的庄稼在七年里有六年都被洪灾毁掉了。年复一年，我们养的猪由于霍乱病死，我们不得不焚烧它们。至今我闭上眼睛还能回忆起猪肉烧焦的刺鼻臭气。

　　有一年洪水没来，我们种的玉米大丰收，有饲料可以养牛了，我们把牛喂得很肥。然而那年的收入与洪水泛滥的年份一样，因为芝加哥市场的牛肉价格大跌，在辛苦一年养牛之后，我们买牛赚到的钱仅有 30 美元。一整年的劳动只换来 30 美元！

　　不管做什么，我们总是亏本。我还记得有一次，父亲买了几匹骡子。喂养它们三年以后，我们雇人把它们运往田纳西州（Tennessee）的孟菲斯（Memphis）城卖掉，结果换来的钱还不够抵偿三年前买它们的成本。

　　经过十年艰苦繁重的劳作，我们依旧一文不名，而且负债累累。为了贷款，我们抵押了农场。无论如何努力，我们连贷款的利息都无力偿还。贷款的银行恶言相向，侮辱我的父亲，威胁要收回他的农场。当时父亲 47 岁，辛苦工作了三十多年以后，他依旧一无所有，只有沉重的债务和耻辱。他实在难以忍受。由于过度忧虑，他的身体垮了。他失去了食欲；虽然每天在田里进行繁重的体力劳动，他却不得不靠服用药物才有胃口吃饭。他的体重大大减轻。医生告诉我的母亲，他会在半年内死去。忧虑使父亲不再有生存的意志。我经常听母亲说，父亲去牲口棚喂马或挤牛奶时，如果未能及时回来，她就会出去察看，因为害怕在那里发现父亲上吊身亡的尸体。马利维尔的银行威胁要取消我们赎回农场的权利，有一天，父亲从银行回家，赶着运货马车路过 102 河上的一座桥，他停下来，久久望着桥下的流水，为要不要跳下去结束这一切而犹豫不决。

多年之后，父亲告诉我，他没有投河的唯一原因是我母亲的虔诚、乐观、坚定不移的信仰，她坚信只要我们爱上帝，遵守上帝的戒律，一切都会好起来的。母亲是正确的。我们终于时来运转。父亲在 42 年的余生中过得很幸福，直至 1941 年去世，享年 89 岁。

在多年奋斗的痛苦日子里，我的母亲从未忧虑过。她向上帝祷告，倾诉所有烦恼。每天夜里睡觉之前，母亲总是给我们念一段《圣经》；母亲或父亲通常会选择耶稣的安慰人心的话语："在我父的家里有许多住处……我去原是为你们预备地方去……我若去为你们预备了地方，就必再来接你们到我那里去，我在那里，叫你们也在那里。"（译者注：出自《新约圣经·约翰福音》14：2、14：3）

在密苏里州的荒凉农舍里，我们在椅子前跪下，祈求上帝的爱和庇护。

哈佛大学的哲学教授威廉·詹姆斯（William James）说："当然，治疗忧虑的最佳良方是宗教信仰。"

我们不必进哈佛大学也能明白这一点。我的母亲就在密苏里州的农场上发现了这个道理。无论洪水、债务还是其他灾难，都无法摧垮她开朗乐观的精神和必胜的信念。我总是听见她一边劳动一边唱歌：

平安，平安，美好安详，

主赐予我们平安，

主的爱犹如深不可测的海洋，

荡涤心灵，我沉浸其中。

　　母亲希望我从事宗教方面的职业。我也认真考虑过当外国传教士。但是进了大学以后，随着时间流逝，我的想法逐渐改变了。我学习生物学、自然科学、哲学和比较宗教学。我读了关于《圣经》写作过程的书，开始质疑其中的许多信条。我开始怀疑那些乡村传教士们传播的许多狭隘教义。我感到困惑，像沃尔特·惠特曼（Walt Whitman）在《草叶集》中所写的那样，"感觉到一些突如其来的疑问扰乱着我的内心、简单却难以解答"。我不知道应该信仰什么。我看不到人生的意义。我停止了祈祷，变成了不可知论者。

　　我相信一切生命都是没有计划、没有目标的。我相信人类的出现没有什么神圣的意义，就像两亿年前在地球上漫步的恐龙一样。终有一天，人类这个种族也会像恐龙一样灭亡。我知道，根据科学观测，太阳在缓慢地变冷，当太阳的温度下降十分之一，任何形式的生命都不能在地球上生存。我对"仁慈的上帝按照自己的模样创造了人类"这种想法嗤之以鼻。数以亿计的恒星在黑暗、冰冷、没有生命的宇宙中飞速运行，我相信创造它们的是盲目的自然力量，而不是上帝。或许它们根本不是被创造的。或许它们本来就一直存在，正如时间和空间永远存在一样。

　　现在我是否声称知道所有这些问题的答案？不，从没有人能够解释神秘的宇宙和生命的奇迹。我们周围到处都是谜团。人类身体的运行机制就是深奥的谜，还有我们家中的电，还有墙角缝隙间生长的花朵，还有我们窗外的绿草。通用集团科研实验室的首席天才查尔斯·凯特灵（Charles Kettering）曾经自费给安提俄克（Antioch）大学提供每年三万美元的资金，试图发现叶子是绿色的原因。他宣称，假如我们能掌握植物将阳光、水和二氧化碳转化成糖的光合作用原理，就能改写文明的历史。

连小轿车的引擎的运转也是一个深奥难解的谜。通用集团科研实验室曾经用了数年时间，耗资几百万美元，试图弄明白汽缸中的一个火花如何能引发爆炸进而驱动汽车，结果还是徒劳。

我们不理解自己的身体、电流或者引擎的神秘原理，但是这一事实不妨碍我们利用或享受它们。我不理解神秘的祈祷和宗教信仰，这一事实也不会再妨碍我享受宗教信仰带来的更丰富、更幸福的生活。最后我终于领悟了桑塔耶纳（Santayana）的这句话中包含的智慧："人生在世，不是为了理解生命，而是体验生命。"

我回归了——应该说，我已经回归了宗教，不过这种说法不够确切。其实我更进一步，形成了全新的宗教观念。对于分隔各种教派的教条的区别，我再也没有丝毫兴趣。我对宗教带给我的益处怀有极大的兴趣，正如对电、食物和水的作用感兴趣一样。它们都使我的生活更富裕、更充实、更幸福。不过宗教的作用远远不止这些。它有重要的精神价值。正如威廉·詹姆斯所说，它给予我"对生活的新热情……一种更广大、更丰富、更满足的生活"。宗教赋予我信念、希望和勇气。它帮助我驱除紧张、焦虑、恐惧和烦恼。它为我指点人生的目标和方向。它使我的幸福度大大提高，使我身体健康。它帮助我"在沙尘飞舞的生命沙漠中央"创造出"一片平静的绿洲"。

350 年前，弗朗西斯·培根（Francis Bacon）说："肤浅的哲学使人倾向于无神论；而深刻的哲学引领人回归宗教。"他是正确的。

我还记得过去的那个时代，人们谈论科学与宗教之间的冲突，认为它们水火不容。但是如今不同了。最年轻的科学——精神病学提倡的是耶稣的教导。为什么？因为精神病专家们发现，祈祷和坚定的宗教信仰能驱除烦恼、焦虑和紧张情绪，从而治疗一半以上的疾病。因为他们的领袖之一布里尔（A. A. Brill）博士说过："有真正信仰的人不会患神经机能疾病。"

如果宗教不是真的，生命就变得毫无意义。生活就成了一场悲惨的闹剧。

在亨利·福特（Henry Ford）去世前几年，我访问过他。在会面之前，我猜想他是全世界最大的企业之一的建立者和管理者，多年在压力下生活，应该会表现出紧张。可是那位 78 岁的老人看起来平静安详，令我十分惊讶。我问他是否曾经忧虑过，他回答道："不。我相信上帝安排好了一切，不需要我的任何建议。既然有上帝的安排，最后一切都会变好的，我有什么可忧虑的呢？"

如今连精神病专家也在变成现代的福音传道者。他们极力劝导我们过笃信宗教的生活，理由不是为了逃避彼世的地狱之火，而是为了避免此世的地狱之火，亦即胃溃疡、心绞痛、神经系统衰竭、失眠症等疾病的折磨。关于心理学家和精神病专家们的教导，可以参考阅读亨利·C. 林克（Henry C. Link）博士的《回归宗教》。你在当地的公共图书馆或许可以借到这本书。

是的，基督教激励我们，赋予我们健康的活力。耶稣说过："我知道你在那里将能够拥有生命及更丰富的东西。"耶稣公开指责和抨击死板的教条和仪式，它们在那个时代被误认为宗教。他是反抗权威的人。他宣传一种新型宗教，一种威胁要扰乱旧世界的宗教，因此被钉死在十字架上。耶稣主张，宗教是为人而存在，不是人为宗教而存在；安息日是为了让人们休息，而不是人们为了安息日生活。他更多地谈论恐惧，而不是原罪。他主张错误的恐惧是一种罪孽，不利于人的健康，妨碍人们过上丰富、充实、勇敢和幸福的生活。爱默生（Emerson）自称是"快乐科学的教授"。耶稣同样是"快乐科学"的导师，他叫信徒们"尽情舞蹈，尽情欢乐"。

耶稣断言，宗教只有两条重要的戒律：全心全意地爱上帝，以及如爱自己一般爱邻人。无论是否有自觉，做到这两点的人就是有信仰的。举例来说，我的岳父亨利·普莱斯（Henry Price）住在俄克拉荷马州的塔尔萨（Tulsa）。他一直努力遵守这两条黄金戒律，不做任何卑鄙、自私或不诚实的事情。可是他没有加入任何教会，自认为是不可知论者。胡说！判断一个人是不是基督徒的条件是什么？让我引用约翰·贝利（John Baillie）的话来回答。贝利可能是爱丁堡大学最卓越的神学教授，他是这样说的："衡量一个基督徒的标准，既不是他是否在理智上认可某些思想，也不是他是否遵从某些教规，而是看他是否拥有某种精神，热情参与某种生活。"

如果那就是衡量基督徒的标准，亨利·普莱斯无疑是一位高尚的基督徒。

现代应用心理学之父威廉·詹姆斯写信给他的朋友托马斯·戴维逊（Thomas Davidson）教授的时候说，随着年岁渐长，他发现自己"越来越离不开上帝"。

我在前面提及过，有一次几位评审员负责挑选学员们交来的关于忧虑的文章，可是我们收到了两个同样出色的故事，评审员们发现难以做出选择，结果奖金分成了两份。以下是第二篇获奖的故事，这是一位女士讲述的难以忘怀的经历，她历经艰辛发现自己"越来越离不开上帝"。

我称这位女士玛丽·库什曼（Mary Cushman），虽然这不是她的真名。因为她的儿女和孙子们发现她的故事公开出版或许会觉得尴尬，所以我同意隐瞒她的身份。不过这位女士是真实存在的，非常真实。几个月前，她讲述自己的故事时就坐在我的办公桌前的扶手椅上。她是这样说的：

"在经济大萧条时期，我丈夫的平均薪水只有每星期 18 美元。有时我们连那点钱都挣不到，因为我的丈夫经常生病不能工作。他不时遭遇各种各样的小事故，还感染上腮腺炎、猩红热以及反复发作的流行性感冒。我们失去了亲手建造起来的小屋子。我们在杂货店欠了 50 美元的债，还要养活五个孩子。我替邻居洗涤、熨烫衣服挣一点钱，从救世军的商店买二手旧衣服，改过尺寸再给孩子们穿。忧虑使我生病了。有一天，那家杂货店的店主——也就是我们的债主——指责我的十一岁的儿子偷铅笔。

"我的儿子哭着告诉我这件事。我知道他是个诚实敏感的孩子，也知道他觉得屈辱和丢脸。那是压垮我的最后一根稻草。我想起了我们忍受的全部苦难；我看不见未来的希望。忧虑肯定把我暂时逼疯了，我关掉了洗衣机，带着我五岁的女儿走进卧室，关起窗户，用报纸和破布把缝隙堵上。小女儿问我：'妈咪，你在做什么？'我回答：'这儿有风吹进来。'然后我打开卧室里的煤气炉，却没有点火。我躺到床上，女儿躺在我身边，她说：'妈咪，这很奇怪，

我们刚刚起床！’我说：‘没关系，我们稍微打个盹。’

"然后我闭上眼睛，听着煤气从炉子里逸出的声音。我永远忘不了那煤气的气味……

"这时我突然听见了音乐。我想起我忘记关掉放在厨房里的收音机了。此刻这种小事无所谓了。不过音乐继续传来，我听见某个歌手正在唱一段古老的赞美诗：

> 耶稣是我亲爱朋友，担当我罪与忧愁；
> 何等权利能将万事，带到主恩座前求！
> 多少平安屡屡失去，多少痛苦白白受；
> 皆因我们未将万事，带到主恩座前求。
> 是否烦恼压着心头，是否遇事连隐忧，
> 我们切莫灰心失望，快到主恩座前求。
> 何处得此忠心朋友，担当一切苦与忧，
> 我们弱点主都知道，放心到主座前求。

"听着那首赞美诗，我忽然意识到自己犯了一个悲剧性的错误。我试图一个人孤军奋战。我没有通过祈祷将一切交给上帝……我跳了起来，关掉煤气炉，立刻打开门窗，给屋子通风。

"在那天剩下的时间里，我在一直流泪和祷告。不过我没有祈求帮助，而是全心全意地倾诉感激，感谢上帝赐予我们的祝福：我们有五个孩子，他们全都健康可爱，身心两方面都很强壮。我向上帝承诺，我再也不会做不知感恩的事情了。我遵守了那个诺言。

"我们失去了自己的房子，不得不搬进一间租金每月五美元的小乡村校舍去住，即便如此，我还是感谢上帝。因为我们至少住在能遮风挡雨的屋顶下，保持温暖干燥。我诚实地感谢上帝，因为我们的处境没有更糟，我相信他听见了我的感谢。我们的境况终于好转了，虽然不是在一夜之间；随着经济大萧条的结束，我们攒了一点钱。我在一家大型乡村俱乐部找到了一份检查帽子的工作，还一边推销袜子。为了赚大学的学费，我的一个儿子在农场找了一份工作，每天早晨和晚上给十三头奶牛挤奶。如今我的孩子们都长大成人并结了婚；我又有了三个孙子。每当回顾那个可怕的日子，我总是反复感谢上帝及时'唤醒'了我，让我关掉了煤气炉。假如我真的那么做了，我会失去多少快乐！我将永远丧失多少美好的时光！如今每当我听说有人想结束自己的生命，我都会不禁大喊：'不要！不要那样做！'折磨我们的最黑暗的时刻只能延续一会儿，未来在等待我们……"

据统计，在美国平均每隔35分钟就有一个人自杀；平均每隔两小时就有一个人精神失常。大多数自杀和精神失常的悲剧很可能是可以避免的，只要这些人通过宗教和祈祷获得安慰和内心的平静。

目前在世的最卓越的精神病专家之一卡尔·荣格（Carl Jung）博士在他的著作《现代灵魂的自我拯救》中说：

"在过去三十年间，人们从全球各个文明国家来找我诊治。我治疗过数百名患者。在所有35岁以上——也就是说，他们的人生已经过半——的患者中，解决他们的问题的最终手段无一例外的都是给人生寻找宗教的寄托。可以说，每个患者的病因都是失去了现存的宗教给予任何年龄的信徒的东西，如果不能重拾宗教信仰，他们就不可能真正痊愈。"

这段话的意义十分重要，所以我用粗体字再重复一遍，卡尔·荣格博士说：

> 在过去三十年间，人们从全球各个文明国家来找我诊治。我治疗过数百名患者。在所有 35 岁以上——也就是说，他们的人生已经过半——的患者中，解决他们的问题的最终手段无一例外的都是给人生寻找宗教的寄托。可以说，每个患者的病因都是失去了现存的宗教给予任何年龄的信徒的东西，如果不能重拾宗教信仰，他们就不可能真正痊愈。

威廉·詹姆斯也说过类似的话，他断言："信仰是人类赖以生存的力量之一，信仰的完全缺失意味着精神崩溃。"

前不久去世的圣雄甘地（Mahatma Gandhi）是佛祖释迦牟尼以来的最伟大的印度领袖，如果没有祈祷的力量支撑和激励着他，他也会精神崩溃。我怎么知道？因为甘地本人说过："要不是祈祷，我在很久之前就会发疯。"

无数人都有类似的经验。如前所述，我自己的父亲差点投河自杀，是我母亲的祈祷和信仰挽救了他。我国的精神病院里有无数病人正在尖叫呻吟，假如他们不是企图孤军奋战，而是求助于宗教的力量，那些饱受折磨的灵魂本来很可能得到拯救。

当我们受到困扰，感到自身力量的极限时，很多人会在绝望中转向上帝，所谓"散兵坑里没有无神论者"。但是为什么要等到陷入绝境才向上帝求救呢？为什么不每天补充新的活力？何必要等到星期日？多年以来我有一个习惯，在工作日的下午随意踱进一座空教堂。每当我感到自己太仓促太忙碌，抽不出时间思考心灵方面的事情时，我就对自己说："等一等，戴尔·卡耐基，等一等。你整天赶来赶去紧张些什么呢？你需要停下来，稍微反思一下。"在这种时候，我通常会走进我路过的第一个开门的教堂。虽然我是新教徒，我通常会在工作日的下午造访第五大街的圣帕特里克（St. Patrick）大教堂；我提醒自己，我的余生不会超过三十年，而所有教派传授的伟大精神真理将永远存在。我闭上眼睛祈祷，发现这样做能安抚我的神经，使我的身体得到休息，使我的思维更清晰、判断更准确，并有助于重新评价我的价值观。现在让我把这个习惯推荐给你。

在我写作这本书的六年间，我收集了关于人们通过祈祷战胜恐惧和忧虑的几百个确实的案例和例证。我的文件柜的文件夹里装满了相关的经历的记录。这里我们选一个典型的例子，它是一个失去信心的沮丧的书籍推销员的故事。故事的主角是约翰·R. 安东尼（John R. Anthony）先生，现在他是德克萨斯州休斯敦（Houston）市的一名律师，他的事务所位于汉布尔（Humble）大楼。他告诉我的故事是这样的：

"22 年前，我关掉了我的个人法律事务所，开始担任一家美国法律书籍公司的州代理商。我的专长是向律师们推销一套几乎必不可少的书籍。

"我有才干，而且受过彻底的训练。我知道所有直销的谈话方式，知道如何对所有可能的异议给出有说服力的应答。在造访潜在的客户之前，我首先熟悉对方作为律师的类别、他的业务的性质、他的政治见解以及业余爱好。在面谈期间，我以熟练的技巧运用那些信息。然而有什么地方不对。我总是得不到订单！

"我沮丧不已。时间一天天过去，我付出了加倍、再加倍的努力，然而我的销售额仍旧不够多，无法抵偿我的开销。我的内心产生了一种恐惧感。我开始害怕造访别人。在进入潜在客户的办公室之前，那种恐惧感就会发作，我只得在门外的走廊上徘徊，或者走出大楼在街区兜圈子。浪费了大量宝贵时间之后，我终于鼓足虚假的勇气，完全凭意志力敲响办公室的门，然后用颤抖的手无力地转动门把手，内心盼望着客户正巧不在！

"公司的销售经理威胁说，倘若我还拿不到更多订单，就要停止贷款给我。我家里的妻子向我要钱支付杂货账单，养活她和三个孩子。我沉浸在忧虑中，不知道该怎么办。我的绝望与日俱增。如前所述，我已经关掉了家乡的个人法律事务所，放弃了客户。现在我面临破产，甚至没钱支付旅店的账单。我也没钱买车票回家，即使我有车票，我也没有勇气作为失败者回家。最后，在又一个悲惨的日子结束时，我拖着沉重的脚步回到旅店的房间，心里想着这是最后一次了。就个人而言，我被彻底击垮了。

"我心情忧伤，萎靡不振，不知所措。我几乎不再关心自己是活着还是死了。我为自己诞生到这个世界而感到懊悔。那天我的晚餐只有一杯热牛奶；其实连一杯牛奶我也买不起。那天夜里我明白了，为什么绝望的人们会从旅店的窗口跳下去。假如有那种胆量，我本来也会那么干。我开始对人生的意义感到疑惑。我不知道人生有什么意义，我想象不出。

"既然没有可以求助的对象，我转向了上帝。我开始祈祷。我乞求全能的主赐予我光明和理解力，指引我穿越内心的黑暗、浓密的绝望的荒野。我乞求上帝帮助我拿到订单，帮助我赚钱养活妻子和孩子。祷告完以后，我睁开眼睛，看见旅店房间里的食具柜上搁着一本《基甸圣经》（Gideon Bible）。我翻开书，开始阅读耶稣许下的那些美好而不朽的诺言，它们在各个时代都激励过一代又一代的孤独、忧虑、沮丧的人们，那是耶稣教导门徒们如何避免忧虑的一段话：

"所以我告诉你们，不要为生命忧虑，吃什么、喝什么。不要为身体忧虑，穿什么。生命不胜于饮食吗，身体不胜于衣裳吗？你们看那天上的飞鸟，也不种，也不收，也不积蓄在仓里，你们的天父尚且养活他。你们不比飞鸟贵重得多吗？……你们要先求他的国，和他的义；这些东西都要加给你们了。（译者注：出自《新约圣经·马太福音》6：25、6：33）

"我祈祷和阅读《圣经》的时候，奇迹发生了：我的神经紧张消失了。我的焦虑、恐惧和忧虑转变成了温暖人心的勇气和希望，产生了必胜的信心。

"虽然我还是没钱支付旅店的账单，我变得高兴起来。我上床睡觉，由于不再烦恼，我睡得很香，这是多年未有的事情。

"第二天早晨，我几乎等不及客户的办公室开门就赶了过去。在那个寒冷、下雨的美好早晨，我怀着勇气和信心大踏步走近第一位潜在客户的门口。我用坚定有力的手转动门把。进门之后，我抬头挺胸地径直走向那个人，精力充沛，仪表得体，带着笑容对他说：'早上好，史密斯先生！我是美国法律书籍公司的约翰·R. 安东尼！'

"'哦，是的'，他也笑着回应，一边从椅子上站起身，一边向我伸出手，说：'很高兴见到你。请坐！'

"那一天我的销售额超过了以前一个星期的销售额。那天晚上我得意地回到旅店，像个凯旋的英雄！我仿佛重获新生。确实如此，因为我的精神态度变成了胜利的心态。那天的晚餐不再是热牛奶。不再是了，先生！我吃了一顿牛排杂烩。从那天起，我的销售业绩急剧上升。

"21 年前的那个绝望的夜晚，我在德克萨斯州阿马里洛（Amarillo）的一家小旅馆获得了新生。第二天我的外部环境与我连续失败的时候相同，但是我的内部发生了巨大变化。我突然领悟了我与上帝的联系。一个单独的人很容易被挫败，但是内心拥有上帝的力量的人是不可战胜的。我知道，因为它改变了我的生活。

"'你们祈求，就给你们。寻找，就寻见。叩门，就给你们开门。'"（译者注：出自《新约圣经·马太福音》7：7）

比尔德（L. G. Beaird）夫人住在伊利诺伊州（Illinois）海兰（Highland）市第八大街 1421 号，她发现面临完全的灾难时，只要跪下来说："噢，主啊，不要成就我的意思，只要成就您的意思"（译者注：出自《新约圣经·路加福音》22：42），心情就能变得平和宁静。

我手边有一封她寄给我的信，她写道："有一天晚上，我家的电话铃响了，我没有勇气拿起听筒，直到它响了 14 次。我知道肯定是医院打来的电话，我十分害怕，因为我的小儿子正濒临死亡。他患了脑膜炎。医生已经给他注射过青霉素，但是他的体温波动太大，医生担心疾病已经影响他的大脑，这可能导致脑部肿瘤，进而夺走他的生命。我恐惧的事情果然发生了。电话是医院打来的，医生叫我们立即赶去。

"你也许能想象我和丈夫感受到的极度痛苦。我们坐在候诊室里，其他人都抱着他们的孩子，只有我们两手空空，不知道自己还能不能拥抱我们的小儿子。最后我们被叫进医生的办公室，他脸上的表情令我们心里充满了恐惧。他的话使我们更加恐惧，他告诉我们，我们的儿子只有四分之一的机会存活。他说如果我们认识另一个医生，不妨请他来。

"在回家路上，我的丈夫崩溃了，他握紧拳头重重砸在方向盘上，对我说：'贝蒂，我不能放弃那个小家伙。'你见过一个男人哭泣吗？那不是愉快的经历。我们停下车，谈论了一阵，决定去教堂祈祷，假如上帝想带走我们的孩子，我们只能放弃，遵从他的意志。我瘫倒在教堂的条凳式座椅上，一边流着泪一边说：'主啊，不要成就我的意思，只要成就您的意思。'

"那句话一旦说出口，我的心情就好些了。我感到了一种很久未曾体验的平静。在回家路上我一直重复那句话：'不要成就我的意思，只要成就您的意思。'

"那天夜里，我一个星期以来第一次睡熟了。几天后，医生告诉我们，我们的儿子脱离了险境。我感谢上帝让我们拥有这个四岁的男孩，他现在健康强壮。"

我知道，有的人认为宗教是妇女、儿童和传教士才会相信的东西。他们认为自己是"男子汉"，为能够独自战斗而自豪。

倘若听说一些最著名的"男子汉"也每天祷告，他们大概会十分惊奇。举例来说，"男子汉"杰克·登普西（Jack Dempsey）告诉我，他每天必定做完祷告才上床睡觉。他吃饭前必定先感谢上帝。每逢训练和比赛的日子，他也必定会祈祷，每个回合的铃声响起之前，他总是向上帝祈祷，"祈求赐予我战胜对手的勇气和自信"。

"男子汉"康尼·麦克（Connie Mack）告诉我，他每天不做祈祷就睡不着觉。

"男子汉"艾迪·里肯巴克（Eddie Rickenbacker）告诉我，他每天祈祷，相信祈祷拯救了他的人生。

"男子汉"爱德华·R. 斯特蒂纽斯（Edward R. Stettinius）是美国通用汽车和钢铁公司的前任高级主管，也是前任国务卿，他告诉我，他每天早晨和夜晚都祈祷上帝赐予他智慧和指导。

"男子汉"皮尔庞特·摩根（J. Pierpont Morgan）是那个时代最伟大的金融家，他经常在星期六下午独自去华尔街上的三一教堂，在那里跪下祈祷。

"男子汉"艾森豪威尔（Eisenhower）将军前往英格兰担任英国和美国联军的最高指挥官时，只带了一本书上飞机，就是《圣经》。

"男子汉"马克·克拉克（Mark Clark）将军告诉我，二战期间他每天都读《圣经》并跪下祈祷。蒋介石和"阿拉曼战场上的常胜将军"蒙哥马利（Montgomery）将军同样如此。特拉法加（Trafalgar）海战的功臣纳尔逊（Nelson）勋爵、华盛顿将军、罗伯特·E. 李（Robert E. Lee）和斯通沃尔·杰克逊（Stonewall Jackson）等等伟大的军事领袖都不例外。

这些"男子汉"都懂得威廉·詹姆斯陈述的这一真理："我们

与上帝是同在的；只要敞开心怀，将自己交给上帝，我们最深层的需求就能得到满足。"

许多"男子汉"都发现了这一点。现在美国有 7200 万教徒，创下了历史纪录。如前所述，连科学家们也在转向宗教。举例来说，亚历克西斯·卡雷尔（Alexis Carrel）博士曾经荣获科学界的最高荣誉诺贝尔生理学—医学奖，也是《未知的人类》一书的作者。他在《读者文摘》的一篇文章中写道：

"祈祷是人类能产生的最强大的能量形式。它与地球的引力一样真实。作为内科医生，我目睹有些病人患上绝症，任何疗法都没有效果，却由于祈祷的无形努力而摆脱了疾病和忧郁……祈祷好比镭，能散发出看不见的光线和自生的能量……通过祈祷，人类设法召唤能量的无限来源，与驱动宇宙的无穷无尽的能量相联系，从而使我们的有限能量得以增加。我们能分享到的仅仅是其中很小一部分，却已经足够了。单凭祈祷就可以弥补我们人类的缺陷，加强和恢复我们的力量……无论何时，只要我们用热诚的祈祷呼唤上帝，我们的灵魂和身体就会获益。任何人在祈祷时都能获益，不可能没有好的效果。"

海军司令理查德·伯德（Richard Byrd）知道"与驱动宇宙的无穷无尽的能量相联系"是什么感觉。那种力量帮助他熬过了一生中最严峻的考验。他在《独自一人》中讲述了这个故事。1934 年，他留在南极罗斯冰障（Ross Barrier），在冰层覆盖的一座小棚屋里独自生活了五个月。当时他是 78°S 以南唯一的活人。暴风雪咆哮着在头顶席卷而过；气温骤降至零下 82 度；他的周围完全是无止境的黑夜。他忽然惊恐地发现，一氧化碳从火炉里泄露了，正在慢慢毒死自己！他能怎么办？最近的援助也在 123 英里之外，而且可能几个月都无法到达。他试图修理火炉和通风系统，但是烟雾仍在泄漏。有好几次他跌倒在地板上失去了知觉。他不能吃东西也不能睡觉；他变得虚弱无力，甚至难以离开铺位。他开始害怕自己活不到明天早晨。他确信自己会死在这个小屋里，尸体被永不消融的冰雪埋葬。

是什么拯救了他的生命？在深深的绝望之中，他翻出日记本，试图记录他的人生哲学。他写道："人类不是孤零零地活在宇宙中。"他想起了头顶的星空，那些整齐排列的星座和按照规律运转的行星；太阳永恒地发出光芒，当时间来到，它总会再次照耀荒无人烟的南极地区。然后他在日记中写道："我不是孤单一人。"

他发现自己甚至在世界尽头的冰窟里也不是孤单一人，正是这种意识拯救了理查德·伯德。"它使我绝处逢生，"他接着说道，"人们在一生中几乎从不会真的耗尽体内的全部能源。我们身上储藏着从未用过的力量。"通过求助于上帝，理查德·伯德学会了发掘和运用那些储藏的能量。

格伦·A. 阿诺德（Glenn A. Arnold）在伊利诺伊州的玉米地里学到的教训与海军司令伯德在冰天雪地的南极学的一样。阿诺德先生是一位保险经纪人，在伊利诺伊州奇利科西（Chillicothe）的培根大厦工作，他这样讲述自己战胜忧虑的故事：

"八年前，我锁上屋子的前门，以为那是我最后一次离家了。然后我爬进轿车，向河边驶去。我是个失败者。一个月前，我的小小世界开始崩塌。我经营的电器生意破产了。我的母亲躺在家中濒临死亡。我的妻子正怀着我们的第二个孩子。我无力支付医生的高额账单。为了做生意，我们已经抵押了一切，包括轿车和家具。我甚至抵押了自己的保险单借款。现在我失去了一切。我再也承受不了，所以开车向河边驶去，决定结束这一堆烦恼。

"我在乡间行驶了几英里，离开道路走下车，坐在地上，像个孩子似的哭了起来。然后我认真开始思考，不是陷入烦恼的死循环，而是努力思考建设性的问题。我的处境有多么糟糕？情况会不会变得更坏？真的毫无希望吗？怎样做才能使情况好转？

"那时我决定把全部问题交给上帝，请教应该如何处理。我开始努力祈祷，仿佛我的整个人生都取决于这次祈祷，事实上也的确如此。然后奇异的事情发生了。一旦将全部问题交托给高于我的主宰，我立即感到心情平静了，那是一个月来从未有过的事。我坐在那里半个小时，哭泣然后祈祷。当天回家之后，我睡得像个婴儿一样。

"第二天早晨，我充满信心地醒来。我不再害怕任何事，因为我决定依赖上帝的指引。我抬头挺胸地走进当地的一家百货公司，自信地说，我来申请电器部门的推销员职位。我知道我能找到工作。我真的找到了。我干得很好，直到整个电器行业由于战争而变得萧条。其后我又听从上帝的指引，开始推销人寿保险。那是五年前的事情。现在我的债务全部还清了；我拥有幸福的家庭，有三个活泼伶俐的孩子；我的房子属于自己；我买了一辆新车，还有 25 000 美元的人寿保险。

"如今回顾，我庆幸自己失去了一切，沮丧到试图自杀，因为灾难教我懂得依赖上帝。现在我拥有以前从未梦想过的平静和自信。"

为什么宗教信仰能带给我们平和、宁静和坚韧？让我再次引用威廉·詹姆斯的话，他说："无论海面上如何波涛汹涌、巨浪翻滚，海洋深处依旧平静无波；对于掌握着更大尺度的、永恒的真实的人而言，个人命运的暂时兴衰变迁相较之下就显得微不足道。因此真正信仰宗教的人是从容镇静、难以动摇的，总是平静地准备应对每天可能面对的义务。"

　　当我们烦恼焦虑时，为什么不试试求助于上帝？因为伊曼纽尔·康德（Immanuel Kant）说过："接受对上帝的信仰是因为我们需要这种信仰。"为什么不立刻"与驱动宇宙的无穷无尽的能量相联系"？

　　即使你的家庭不是笃信宗教的，抑或你没有受过宗教方面的培养，即使你是不折不扣的怀疑论者，祈祷对你的帮助也远远多于你的设想，因为它属于实用范畴。实用是什么意思呢？我的意思是，无论是否信仰上帝，祈祷可以满足所有人类共同的这三个非常基本的心理需求：

　　一、祈祷帮助我们用语言确切地表达我们的烦恼。我们在第四章已经看到，如果一个问题含糊不清，我们就几乎不可能解决它。祈祷在这方面的作用正如把问题写到纸上一样。如果我们寻求帮助，不管是否向上帝求助，都必须把它表述出来。

　　二、祈祷给我们一种有人分担内心重负的感觉，一种不再孤单的感觉。几乎没有人坚强到能够独自承担全部重负和最折磨我们的苦难的程度。有时我们的烦恼具有私密性质，不能与任何人讨论，哪怕是最亲密的亲属或朋友也不行。这种情况下祈祷就能发挥作用。任何精神病专家都会告诉我们，当我们压抑太久，神经紧张，精神极度痛苦的时候，向别人倾诉烦恼对我们的身心健康有益。在不能告诉任何人的情况下，我们可以随时向上帝倾诉。

三、祈祷是一种积极的原理，能促使人行动。它是通向行动的第一步。假如一个人为了某种满足感每天祈祷，我相信他不会一无所获，换句话说，就是为了实现愿望而采取某种措施。一位世界闻名的科学家说过："祈祷是人类能产生的最强大的能量形式。"那么为什么不利用它呢？你可以称呼它上帝、安拉抑或别的什么神灵，只要自然的神秘力量能帮助我们，何必为一个定义争吵？

现在为什么不合上书，到你的卧室里去，然后关好门跪下，卸下你心灵的重负呢？如果你失去了宗教信仰，就乞求全能的主帮你恢复信仰吧。你可以说："噢，上帝啊，我不能再孤军奋战了。我需要您的帮助，您的爱。请原谅我的所有过错。请洗净我心中的所有邪念。请指引我通向平和、安宁和健康的道路，让我的内心充满爱，甚至爱我的敌人。"

如果你不知道如何祈祷，不妨复诵圣弗朗西斯（St. Francis）在七百年前写的这段优美动人的祈祷文：

> 主啊，请让我成为您缔造和平的工具。
> 在有仇恨的地方播种仁爱；
> 在有伤害的地方播种宽恕；
> 在有分裂的地方播种团结；
> 在有猜疑的地方播种信心；
> 在有绝望的地方播种希望；
> 在有黑暗的地方播种光明；

在有悲伤的地方播种欢乐；

哦，天上的主啊，

请应允我这小小的请求：

愿我不求安慰，只求安慰他人；

愿我不求理解，只求理解他人；

愿我不求他人的爱，只求爱他人。

因为在给予他人时，我们接受馈赠；

因为在宽恕他人时，我们获得宽恕；

因为在丧失生命时，我们获得重生，成为不朽。

第六篇

如何防止为批评而忧虑

第二十章　记住死狗是没人踢的

1929 年时发生了一件事，在全国教育界引起了轰动。为了目睹这一事件，美国各地的学术界人士纷纷赶往芝加哥。一个名叫罗伯特·梅纳德·哈钦斯（Robert Maynard Hutchins）的年轻人曾经当过服务生、伐木工人、家庭教师和服装推销员，经过努力终于进入了耶鲁大学。仅仅八年之后，他就被任命为美国第四富裕的芝加哥大学的校长。他的年龄？30 岁。难以置信！年长的教育家们连连摇头。对"奇迹男孩"的批评仿佛海啸似的一浪高过一浪。他的年轻、缺乏经验和教育理念等等都受到诟病。连报纸也加入了抨击行列。

举行就职典礼的那天，一个朋友问罗伯特·梅纳德·哈钦斯的父亲："今天上午我看了报纸上公开指责你的儿子的社论，吓了一大跳。"

老哈钦斯回答道："是的，评论是很严厉，不过别忘了，死掉的狗是没人踢的。"

没错，狗越重要，踢它的人就越感到满足。后来成为英王爱德华八世的威尔士王子（即现在的温莎公爵）就因此受过粗暴对待。当时他 14 岁，在德文郡（Devonshire）的达特默斯（Dartmouth）海军学院读书，那所学校相当于美国的安纳波利斯（Annapolis）海军学院。有一天，一个海军军官发现他在哭，问他出了什么事。起初他拒绝说出真相，不过后来终于承认被其他军校学员踢了屁股。学校的指挥官召集全体学员，解释说王子无意投诉，只不过想知道为什么只有他受到这种粗暴的对待。

经过一番犹豫不决、吞吞吐吐、左顾右盼，少年学员们终于供认，他们的目的是希望他们将来成为指挥官和船长的时候能够向别人炫耀说自己踢过国王的屁股！

当你遭到攻击和批评的时候，请记住，攻击者的目的常常是为了获得一种优越感。那意味着你在某个方面取得了成就，值得别人关注。很多人习惯谴责比他们更有教养或更成功的人，用这种手段获得一种野蛮的满足感。举例来说，我在写这一章的时候收到了一个女人的来信，她揭发救世军的创始人威廉·布思（William Booth）将军，说他私吞了救济穷人的 800 万美元捐款，因为我曾经做过颂扬布思将军的广播节目。她的指控当然是荒谬的。但是这个女人并不想探寻真相。她只想诋毁远远超越她的人，借此获得卑劣的满足感。我把她充满仇恨的信扔进了废纸篓，感谢全能的主，我没有跟这种女人结婚。她的信没有改变我对布思将军的看法，却使我看清了这个女人的真面目。多年以前，叔本华（Schopenhauer）说过："庸俗的凡人从伟人的错误和愚行中得到巨大的快感。"

人们很难想象耶鲁大学的校长也是庸俗的凡人；可是耶鲁大学

的一位前任校长蒂莫西·德怀特（Timothy Dwight）曾经通过抨击一个美国总统候选人获得"巨大的快感"。这位校长警告说，假如此人当选总统，"我们就会目睹自己的妻子女儿变成合法卖淫、卑鄙行为、道德沦丧的牺牲品，蒙受耻辱和玷污，受社会排斥，遭到上帝和人类的厌弃。"

听起来简直像在谴责希特勒，不是吗？而实际上，他谴责的是托马斯·杰斐逊（Thomas Jefferson）。哪个托马斯·杰斐逊？难道是《独立宣言》的起草者、缔造民主政体的圣人、流芳百世的托马斯·杰斐逊？没错，千真万确，说的正是他。

猜猜看，哪个美国人被谴责是"伪君子""骗子""跟谋杀犯半斤八两"？

报纸上刊登过讽刺漫画，描绘他被送上断头台，大刀正要砍掉他的头；他骑马在街上走，周围的人群发出嘘声嘲笑他。他是谁？他就是乔治·华盛顿（George Washington）。

那毕竟是很久以前发生的事情。你也许会想，从那以后人性说不定有所改善。那么让我们来看看近代的事例。海军少将皮尔利（Peary）是位探险家，1909 年 4 月 6 日他乘坐狗拉雪橇抵达北极点，那是几个世纪以来勇敢的人们付出了巨大努力和牺牲却始终未曾达到的目标，这一壮举引起了全世界的震惊和轰动。皮尔利本人险些死于寒冷和饥饿，他的八个脚趾被冻僵而不得不截肢。他几乎被灾祸压倒，担心自己会发疯。然而华盛顿的海军官员看到皮尔利赢得了名声和赞赏，感到妒火中烧。因此他们指控他以科学考察的名义募集资金，然后"说谎装样子，在北极转来转去浪费时间金钱"。他们可能真的这么以为，因为人几乎不可能不相信自己想要相信的事。他们下定决心要羞辱皮尔利，阻碍他的事业，直到麦金莱（McKinley）总统直接下达指令，皮尔利才得以继续从事北极考察。

假如皮尔利在华盛顿海军部的办公室做文书工作，他会遭到攻击吗？不会。因为他是重要人物，才会激起别人的妒忌。

在南北战争时期，格兰特（Grant）将军的遭遇比皮尔利更惨。1862年，格兰特将军在一个下午为北军赢得了第一场决定性胜利，这次大捷使他一夜之间成了国民偶像，从缅因州（Maine）到密西西比河岸，人们纷纷敲响教堂的钟，还放焰火庆祝，这场胜利甚至在遥远的欧洲也引起了巨大反响。然而仅仅六个星期之后，北军的英雄格兰特就遭到逮捕，被剥夺了军队指挥权。他流下了羞辱和绝望的泪水。

格兰特将军为什么在刚刚打了胜仗时遭到逮捕？主要原因是他引起了傲慢的上司的嫉妒和猜忌。

当我们由于不公正的批评而开始忧虑时，这里是第一条规则：

不公正的批评常常表示一种变相的恭维。请记住，死掉的狗是没人踢的。

第二十一章　尽力而为，批评就不能伤害你

我曾经访问过斯梅德利·巴特勒（Smedley Butler）少将——还记得老"锐利眼"、老"地狱魔鬼"巴特勒吗？他是美国海军陆战队的军官中最多姿多彩、最派头十足的将军。

他告诉我，他年轻的时候拼命想要受欢迎，希望给每个人都留下好印象。那时连最轻微的批评都会令他感到刺痛。但是他坦承，三十年的海军陆战队生活使他变得坚韧了。他说："我多次被痛骂侮辱，别人骂我是卑鄙的杂种狗、狡猾的蛇、可恶的臭鼬。我被骂人能手诅咒过。他们用英语中能够想到的一切最下流的单词组合咒骂我。对我造成困扰吗？笑话！现在我听见有人骂我的时候，甚至懒得回头去看究竟是谁。"

或许老"锐利眼"巴特勒对批评太漠不关心；不过有一件事是肯定的：我们大多数人对于鸡毛蒜皮的攻击太过较真了。我记得，多年以前，纽约《太阳报》的一个记者旁听了我的成人教育班的示范课，对我和我的工作冷嘲热讽。我发火了，觉得那是人身攻

击。我打电话给《太阳报》管理委员会的主席吉尔·霍奇斯（Gill Hodges），实际要求他刊登说明事实的文章，换掉嘲讽我的文章。我决心要惩罚攻击我的人。

如今我为自己的做事方式感到惭愧。我认识到，买《太阳报》的人有一半根本不会看那篇文章。看到那篇文章的人中间有一半会觉得它是单纯的搞笑。而幸灾乐祸地看完那篇文章的人有一半会在几个星期内完全忘记这件事。

现在我明白了，人们不会注意你和我，也不会关心对我们的批评。他们只考虑自己，不管是早饭前还是早饭后，直到午夜过后入睡。他们对自己的轻微头痛的关心程度远远超过对你我生死问题的关心。

虽然我们的六个最亲近的朋友中间就有一个人对我们说谎话、嘲笑我们、背叛我们、背后捅刀子、出卖我们，我们决不要放纵自己沉浸于自怜。相反，我们应该提醒自己，那些恰好是在耶稣身上发生过的事情。他的十二个门徒中间有一个人为了30银币的贿赂背叛了他，那笔钱用现代的钱换算，大约相当于19美元。他的十二个门徒中的另一个人在耶稣陷入困境时公开舍弃他，三次宣称不认识耶稣，甚至赌咒发誓。六个朋友中间就有一个！既然连耶稣也不例外，你和我怎么能指望更幸运呢？

多年前我就发现，虽然我无法阻止别人不公正地批评我，可是我能做一件无比重要的事：我能决定是否容许不公正的谴责困扰我。

让我说明一下：我不是提倡忽视所有的批评，远非如此。我的意思只是忽略不公正的批评。有一次我问埃莉诺·罗斯福（Eleanor

Roosevelt），她如何应付不公正的批评？真主知道，有很多人批评她。她既有很多热心的朋友又有很多粗暴的敌人，数量很可能超过在白宫中生活过的任何女性。

她告诉我，少女时代的她十分腼腆，几乎到了病态的程度，总是介意别人的闲话。由于害怕批评，有一天她向姑姑请教意见。她说："姑姑，我想做某件事情。可是我害怕别人批评。"

西奥多·罗斯福（Theodore Roosevelt）的姐姐直视着她的眼睛说："只要你心里知道自己是正确的，就永远不要让别人的话扰乱你。"埃莉诺·罗斯福告诉我，她成为白宫的女主人以后，那个建议成了她的直布罗陀之岩（Rock of Gibraltar）。她说，我们能避免一切批评的唯一方法就是变成德累斯顿（Dresden）瓷人，站在架子上不动。"做你心里觉得是正确的事就行，因为不管怎样，你都会受到批评。不管你做还是不做，别人总会骂你。"这就是她的忠告。

前不久去世的马修·C. 布拉什（Matthew C. Brush）先生是华尔街 40 号的美国国际公司总裁。有一次我问他对批评是否敏感，他回答道："是的，年轻时我对此非常敏感。那时我渴望让机构的全部雇员都认为我是完美的。如果做不到，我就会烦恼。假如某个人似乎在反对我，我就会尽量取悦那个人；然而这种做法总是顾此失彼，讨好一个人，却惹怒了另一个人，摆平了这一头，却在那一边惹出了麻烦。最后我发现，我为了避免自己受批评而努力平息事端，安抚感情受伤的人，结果却适得其反，导致敌人越变越多。于是最后我对自己说：'既然你坐在领导位置上，就难免成为批评的对象。你最好习惯这种情况。'这对我帮助非常大。从那以后，我定了一个规矩，只是尽力而为，然后撑起旧雨伞，让批评的雨水自然流走，而不是沿着我的脖子往下滴。"

迪姆斯·泰勒（Deems Taylor）更进一步：他任凭批评的雨水沿着脖子淌下去，只是一笑置之。他在星期日下午的纽约爱乐交响乐团广播音乐会的中场间歇发表评论，有一个女人写信骂他是"骗子、叛徒、毒蛇、白痴"。

在第二个星期的广播节目中，泰勒先生对无数听众念了那封信。在他的作品《人与音乐》里，他告诉我们，几天以后他又收到了那个女人的一封信，她"表达了不变的意见，她还是骂我是骗子、叛徒、毒蛇、白痴。我怀疑她对音乐评论没有兴趣"。我们不禁赞赏如此对待批评的人。我们钦佩他的平静、不可动摇的镇定和幽默感。

查尔斯·施瓦布（Charles Schwab）在普林斯顿（Princeton）大学发表演讲时在学生们面前坦承，他从在他的钢铁厂工作的一个德裔老人那里学到了最重要的教训之一。战争期间，那个德裔老人卷入了一场钢铁工人们的激烈争论，其他工人把他扔进了河里。施瓦布先生说："他走进我的办公室时，浑身沾满了泥巴和水，我问他对那些把他扔进河里的人说了什么，他回答道：'我只是一笑了之。'"

施瓦布先生宣称，德裔老人的那句话成了他的座右铭："只是一笑了之。"

当你成为不公正的批评的受害者时，那句座右铭特别有用。你可以回应攻击你的人，可是对于"只是一笑了之"的人，你还能说什么呢？

在内战期间，假如林肯（Lincoln）愚蠢到企图——回应针对他的野蛮批评，他早已在压力之下崩溃了。最后他说："不要说回应，只要我试图看完针对我的所有攻击，这家机构不管是干哪一行的都早就关门大吉了。我只能用我知道的最好方法竭尽全力去做；我的意思是这样坚持到底。如果最后结果证明我是正确的，那么别人的批评就无关紧要。如果事实表明我是错的，即使有十个天使宣誓证明我是对的，那也毫无意义。"

　　当我们受到不公正的批评时，请记住这第二条规则：

　　尽力而为，然后撑起你的旧雨伞，让批评的雨水自然流走，而不是沿着你的脖子往下滴。

第二十二章　我做过的蠢事

我的私人文件柜里有一个文件夹，其上标记着"FTD"，即"我做过的蠢事"的缩写。那个文件夹里存放着令我感到愧疚后悔的蠢事的记录。有时我向秘书口述，让秘书写成备忘录，但是有时事情太私密或者太愚蠢，我不好意思向别人口述，只得亲自记录下来。

我仍然能回忆起十五年前存放进"FTD"文件夹的一些戴尔·卡耐基做过的蠢事。如果我对自己绝对诚实，这些备忘录大概早已撑破了文件柜。我能用扫罗（Saul）王在两千多年前说过的原话形容自己："我做过傻事，犯过非常大的错误。"

当我取出"FTD"文件夹，重读以前写的自我批评时，它们可以帮助我处理此刻面临的最严峻的问题：控制戴尔·卡耐基，也就是我自己。

以前我经常为自己的麻烦责怪其他人；但是随着年龄——以及心智，我希望——的增长，通过分析，我发现我的厄运几乎全部应该归咎于自己。随着年岁渐长，很多人都会发现这一点。拿破仑

（Napoleon）在圣赫勒拿岛说："应该为我的垮台承担责任的不是别人，正是我自己。我是自己最大的敌人，导致了自己最灾难性的命运。"

让我告诉你我的一个熟人的故事，他是自我评价和自我管理方面的艺术家。他的名字是豪厄尔（H. P. Howell）。1944 年 7 月 31 日，他在纽约大使旅馆突然死亡，消息传遍美国，震动了华尔街。因为他是美国金融界的领袖，位于华尔街 56 号的国家商业银行和信托投资公司的董事会主席，以及几家大型企业的主管。他小时候没有受过正规教育，从一家乡村小店铺的店员起步，后来成为美国钢铁公司的信贷部经理，走上了通向地位和权力的道路。

"这些年来，我一直用记事簿记录每天所有的安排约定，"我向他请教成功的原因时，他如此解释道，"然后利用星期六晚上的一些时间进行自我检讨、自我评价和启发反省的工作，所以我的家人从来不会替我在星期六晚上安排日程。每星期六吃过晚饭之后，我就独自回到房间里，翻阅我的记事簿，回顾这个星期一以来的各种面谈、讨论和会议的经过。我问自己：'那次我犯了什么错误？''怎样的做法才是正确的，我本来可以采取什么方式改善自己的表现？''从那次经历中我学到了什么教训？'我发现每星期这样反省往往令自己非常不快。有时我对自己的疏忽过失感到震惊。当然，过了数年以后，这些错误渐渐减少了。现在这种每周总结之后，有时我倾向于表扬一下自己。我年复一年地坚持运用这一套自我分析、自我教育的方法，它给我带来的益处比我尝试过的其他任何方法都更多。它协助我强化了做决定的能力，在人际交往方面，它也提供了巨大的帮助。"

豪厄尔先生也许受到了本杰明·富兰克林（Ben Franklin）的启迪才想出这套方法。只不过富兰克林不是等到星期六晚上。他每天晚上都严格地检查当天的经历。他发现自己有 13 个严重的缺点。其中三个是浪费时间、为琐碎小事烦恼、喜欢争论和反驳别人。明智的老本杰明·富兰克林意识到，除非消除这些障碍，他无法取得重大进步。因此他制订计划，每星期努力改正自己的一个缺点，并在一个本子上记录每天的奋斗结果。下一个星期，他会选取另一个坏习惯作为攻克的对象，当钟声敲响，就开始投入战斗。在两年多的时间里，他一直坚持每天与自己的缺点战斗。

难怪富兰克林会成为美国历史上最受敬爱、影响力最大的人物之一！

埃尔伯特·哈伯德（Elbert Hubbard）说过："任何人每天都至少有五分钟是该死的傻瓜。智慧在于如何将愚蠢的时间限制在五分钟以内。"

小气的人会由于最轻微的批评而大动肝火，但是明智的人最迫切的愿望是从责骂、非难自己的人那里吸取教训，并"与对方辩论该问题"。沃尔特·惠特曼（Walt Whitman）是如此表述的："你是否仅仅从那些夸奖你、亲切对待你、支持你的人那里学到教训？你是否曾经从那些排斥你、反对你、与你辩论的人那里学到过重要的教训？"

与其等待我们的敌人批评我们或我们的工作，不如自己先发制人。让我们成为自己最严厉的批评者。让我们在敌人有机会说话之前，先找出并弥补我们的一切弱点。这正是查尔斯·达尔文（Charles Darwin）的做法。事实上，他耗费了十五年时间进行自我批评，故事是这样的：当达尔文写完他的不朽著作《物种起源》的原稿时，他意识到一旦发表他的关于造物的革命性理论，学术界和宗教界会受到震撼。于是他开始自我批判，又用十五年时间检查数据材料，质疑自己的理论，批判自己的结论。

设想一下，假如有人责骂你是"该死的笨蛋"，你会如何反应？生气？愤慨？林肯（Lincoln）是这样做的：有一次，林肯的战争部长爱德华·M. 斯坦顿（Edward M. Stanton）愤怒地骂林肯是"该死的笨蛋"。因为林肯干涉他的事务，为了取悦某个自私自利的政客，签署了调动某个军团的命令。斯坦顿不仅拒绝执行命令，而且咒骂林肯愚蠢到竟然签署这种命令。林肯的反应呢？听别人转告斯坦顿的话之后，林肯平静地回答："如果斯坦顿说我是该死的傻瓜，那么我肯定错了，因为他几乎每次都是正确的。我会亲自找他谈谈。"

于是林肯去见斯坦顿，斯坦顿说明确实不该下那个命令，林肯就收回了成命。只要是诚恳的、有道理的、出于好意的批评，林肯就乐意接受。

你和我都应该乐意接受那种批评，因为我们不可能指望自己正确的概率高于四分之三。西奥多·罗斯福（Theodore Roosevelt）担任总统时说过，只要在四次中有三次正确他就满足了。目前在世的最深刻的思想家爱因斯坦（Einstein）承认，他的结论有99%是错误的！

拉罗什富科（La Rochefoucauld）说过："与我们自己的意见相比，敌人的意见更接近关于我们的真相。"

我知道那句话可能在很多场合是真的；然而一旦别人开始批评

我，只要我不注意自己，我就会即刻自动替自己辩护，甚至丝毫不理解那个批评者在说什么。每当发生这种事情，我就对自己感到厌恶。我们都倾向于听见批评就愤怒，听见赞扬就欣然接受，不管批评或赞扬是否公正。人类不是逻辑的生物。我们是情绪的生物。我们的逻辑犹如在黑暗深邃、无边无际、狂风暴雨的情绪海洋上摇荡颠簸的独木舟。现在我们中的大多数人都对自己有了相当良好的看法。但是过了四十年再回顾，我们也许会嘲笑今天的自己。

威廉·艾伦·怀特（William Allen White）是美国历史上最负盛名的小镇报纸编辑，在回顾五十年前的自己时，他把年轻的自己描述成"一个自大狂……神经过敏的傻瓜……傲慢的、自以为有道德的法利赛人……自鸣得意的反动分子"。再过二十年，我们或许也会用类似的词形容今天的自己。……谁知道呢？

前面我们谈了在受到不公正的批评时应该怎样做。不过这里还有另一种想法。当你觉得自己受到不公正的谴责而开始发怒时，不妨停下来说："等一等……我远非完美。既然连爱因斯坦都承认他的结论有99%是错误的，我出错的可能性至少有80%。或许我应该受到批评。假如我确实错了，我应当感谢别人指出错误，并尽力从中获益。"

查尔斯·勒克曼（Charles Luckman）是白速得（Pepsodent）公司的总裁，每年花费一亿美元赞助鲍勃·霍普（Bob Hope）的节目。可是他从不关心称赞那个节目的信件，而是坚持阅览批评节目的信件，因为他知道可以借鉴其中的意见。

福特（Ford）公司也渴望发现管理和经营方面的缺陷，最近为此在雇员中间进行调查，征询批评意见。

我认识一个习惯征求批评的前肥皂推销商。他刚开始为科尔盖特（Colgate）公司推销肥皂时，生意相当清淡。他担心会失去工作。他知道肥皂本身和价格都没有问题，因此他料想问题出在自己身上。谈生意失败时，他经常在街区散步，尽力寻找问题所在。自己是否缺乏热情？抑或表述过于含糊不清？有时他会回去向客户求教说："我回来不是为了推销肥皂。现在我只想征询您的意见和批评。您愿不愿意告诉我，几分钟前我推销肥皂的时候有哪里做得不对？您远比我更成功、更有经验。请不吝赐教，尽管直说。不要揍我就行。"

这种态度使他赢得了许多朋友和宝贵的建议。

猜猜看，结果发生了什么？今天他是世界最大的肥皂制造公司科尔盖特—帕尔莫利夫—皮特（Colgate-Palmolive-Peet）的总裁。他的名字是利特尔（E. H. Little）。去年他的年收入是 240 141 美元，位居全美国的第十五位。

只有大人物才能像豪厄尔、富兰克林和李特那样自我批评。现在趁无人旁观，不妨照照镜子，自问一下，你属于那类人吗？

当我们由于不公正的批评而开始忧虑时，这里是第三条规则：

保留一份记录，记下我们做过的蠢事，进行自我批评。既然我们不可能指望自己完美无缺，就让我们仿效利特尔的做法，向别人征询不偏不倚的、有益的、建设性的批评意见。

一言以蔽之：

如何防止为批评而忧虑

规则一　不公正的批评常常表示一种变相的恭维。它常常意味着你激起了别人的妒忌和羡慕。请记住，死掉的狗是没人踢的。

规则二 尽力而为，然后撑起你的旧雨伞，让批评的雨水自然流走，而不是沿着你的脖子往下滴。

规则三 保留一份记录，记下我们做过的蠢事，进行自我批评。既然我们不可能指望自己完美无缺，就让我们仿效利特尔的做法，向别人征询不偏不倚的、有益的、建设性的批评意见。

第七篇

你防止疲劳和忧虑、保
持精力和干劲充沛的六
种方法

第二十三章　每天多清醒一小时的方法

在一本主题是防止忧虑的书里，我为什么要写关于防止疲劳的章节？答案很简单：因为疲劳经常导致忧虑，或者至少使你容易受到忧虑的影响。任何在校的医科学生都可以告诉你，疲劳会导致身体对一般性感冒及其他数百种疾病的抵抗力降低，任何一位精神病专家都可以告诉你，疲劳还会导致你对忧虑和恐惧情绪的抵抗力降低。因此防止疲劳有助于防止忧虑。

我说了"有助于"吗？其实那是委婉的说法。芝加哥大学临床心理学实验室的主任埃德蒙·雅各布森（Edmund Jacobson）博士的说法更进一步。他写过两本关于如何放松紧张情绪的书《渐进的放松》和《你必须放松紧张情绪》，他还用多年时间主持研究放松紧张情绪的方法在医疗领域的实践用途。雅各布森博士断言，任何神经或情绪上的紧张状态"经过彻底放松就不可能继续存在"。换句话说，只要你能够放松，忧虑就会自动消失。

因此为了防止疲劳和忧虑，第一条规则是：经常休息，在你感到疲倦之前就休息。

为什么这一点如此重要？因为疲劳累积的速度快得惊人。美国陆军经过反复测试发现，包括受过数年军事训练的坚强年轻人在内，只要士兵放下背包，每小时休息十分钟，行军速度就会更快，就能坚持走更长的路程。人的心脏每天将足够装满一节油罐车厢的血液送至全身；它每天发出的能量相当于用铲子把二十吨煤堆成一个三英尺高的平台。心脏的工作量大得难以置信，而且能持续50年、70年甚至90年，心脏怎么能承受如此重的负荷呢？哈佛医学院的沃尔特·B. 坎农（Walter B. Cannon）博士解释说："大多数人以为心脏在一刻不停地工作。而事实上，心脏每收缩一次后就有一段时间完全静止。按照一般速度即每分钟心跳70次计算，心脏在每24小时中只工作9个小时，也就是说，每天实际的休息时间总共有15小时。"

第二次世界大战期间，温斯顿·丘吉尔（Winston Churchill）已经是70岁左右的老人，却能够每天工作16个小时，年复一年地指挥不列颠帝国的战斗。这是一项非凡的纪录。他的秘诀是什么？他每天早晨在床上工作至十一点，看报纸、口授命令、打电话以及进行重要会谈。吃过午饭以后，他又上床午睡一个小时。在八点吃晚饭之前，他还要睡两个小时。他不觉得疲惫，自然无须消除疲劳，因为他采取了预防措施。由于经常休息，精力得以恢复，他能够一直工作到深夜。

怪人老约翰·D. 洛克菲勒（John D. Rockefeller）也创造了两项非同寻常的纪录。他积聚了到那时为止全世界最多的财富，而且活到了98岁。他是如何做到的？当然，主要原因是遗传，他的家族中有许多长寿的人。另一个原因是午睡的习惯，他每天中午要躺在办公室的沙发上睡半个小时。他在打盹的时候，哪怕美国总统打来电话他也不接！

丹尼尔·W. 乔斯林（Daniel W. Josselyn）在他的出色作品《为什么会疲劳》中评论道："休息并非绝对不做任何事。休息是一种恢复。"短短的一点休息时间就包含强大的恢复能力，哪怕只打五分钟的瞌睡，也有助于预防疲劳！著名棒球老将康尼·麦克（Connie Mack）告诉我，每次比赛前如果没睡午觉，第五局时他就会觉得疲惫不堪。但是如果睡过午觉，哪怕只睡五分钟，他也能坚持打完连战两场的棒球赛，而且不觉得疲劳。

有一次，我问埃莉诺·罗斯福（Eleanor Roosevelt），在当第一夫人的十二年间，她用了什么办法应付令人精疲力竭的日程？她告诉我，每次会见一大群人或者发表演说之前，她常常坐在椅子上或者长沙发上，闭起眼睛休息二十分钟。

最近我在吉恩·奥特里的位于麦迪逊（Madison）广场花园的后台更衣室里，他在那里扮演参加世界锦标赛的骑术表演师。我发现他的休息室里放了一张折叠床。"我每天下午在床上躺一会儿，"吉恩·奥特里说，"在两场表演之间睡一个小时觉。在好莱坞拍电影的时候，我经常坐在一张很大的软椅上，每天打两三次盹，每次睡十分钟。这样我就能精力充沛。"

爱迪生（Edison）说，他充沛的精力和持久的耐力应当归功于他能随时入睡的习惯。

在亨利·福特（Henry Ford）80 岁生日之前不久，我访问过他。我惊讶地发现他看上去精神饱满、非常健康。我请教他的秘诀，他回答："能坐的时候，我绝不站着；能躺的时候，我绝不坐着。"

"现代教育之父"霍勒斯·曼（Horace Mann）在年岁渐长之后也有这种习惯。他担任安提俄克大学校长的时候，总是躺在一张长沙发上跟学生谈话。

我曾经劝说好莱坞的一位电影导演尝试运用类似的技巧。他承认，这个办法产生了奇迹般的效果。我指的是米高梅公司（Metro-Goldwyn-Mayer's）最著名的导演之一杰克·切尔托克（Jack Chertock）。几年前，他是米高梅公司短片部的主管。他来看我的时候，显得筋疲力尽疲惫不堪，他试过了一切方法，吃维生素、滋补药和其他药品，可是不起作用。我提议他每天给自己放个假。怎样做呢？就是在办公室里一边跟团队成员开会讨论，一边躺下来放松。

两年以后，我再次见到他时，他说："奇迹发生了。我的医生是这么说的。以前我们讨论短片的问题时，我总是坐在椅子上，情绪和身体都很紧张。现在每次开会时，我总是躺在办公室的长沙发上。现在我的感觉比过去二十年的任何时候都更好。我不仅每天能多工作两个小时，而且极少感到疲劳。"

你如何运用这些技巧呢？假如你是速记员，你就不可能像爱迪生或者山姆·高德温（Sam Goldwyn）那样每天在办公室里睡午觉；假如你是会计师，你也不可能躺在长沙发上与你的老板讨论财务报表的问题。不过如果你住在小城市，每天中午回家吃午饭，那么你或许可以睡十分钟的午觉。这是乔治·C. 马歇尔（George C. Marshall）将军的习惯。在二战期间，由于指挥美军部队的工作非常忙碌，他觉得中午必须休息。如果你已经年过五旬，还觉得自己太忙做不到这一点，那么你最好立即去买你能买到的人寿保险。葬礼总是突如其来，况且如今丧葬费用上涨了；你的小妻子也许会拿着你的保险金与更年轻的男人结婚！

如果你没有条件在中午休息，至少可以在吃晚饭之前躺下来睡一个小时。睡觉比喝一杯掺冰水的威士忌更便宜，而且就长期而言，效果是喝酒的 5 467 倍。如果你能在傍晚五点钟至七点钟左右睡一个小时，你每天的清醒时间就会增加一个小时。为什么呢？因为晚饭前的一小时加上夜里的六小时，这样总共七小时的睡眠时间带来的益处比连续睡八个小时更多。

体力劳动者如果有充足的休息时间，劳动效率就会提高。弗雷德里克·温斯洛·泰勒（Frederick Winslow Taylor）在伯利恒（Bethlehem）钢铁公司担任科学管理工程师的时候，通过试验证明了这一点。他观察过，装卸工人每人每天可以往货车上装大约 12.5 吨的生铁，到了中午他们就精疲力竭了。于是他研究了导致疲劳的全部因素，断言这些工人应该能每天装 47 吨生铁，而不是每天 12.5 吨！按照他的计算，他们的效率应该可以几乎达到目前的 4 倍，而且不会精疲力竭。那么如何证明呢？

泰勒从搬运工中间挑选了一位施密特（Schmidt）先生，要求他按规定时间工作。另一个人在旁边拿着秒表指示他："现在搬起一块生铁，开步走……现在坐下休息……现在走……现在休息。"

结果呢？其他人每天只能搬 12.5 吨生铁，而施密特却能搬 47 吨。弗雷德里克·泰勒在伯利恒公司工作了三年，在此期间，他一直保持着这个效率。这是因为施密特在疲劳之前就能够休息。他每小时的工作时间是大约 26 分钟，休息时间却有 34 分钟，休息时间比工作时间多，然而他的工作量却是其他人的将近四倍！你觉得这只是传闻吗？不，你可以在弗雷德里克·泰勒的《科学管理的原则》中找到相关的记录。

让我重复一遍：效仿陆军的做法，经常休息；效仿心脏的工作方式，在你感到疲倦之前就休息。这样你每天的清醒时间就会增加一个小时。

第二十四章　令你疲惫的原因及其对策

　　这是一个令人惊讶却意义重大的事实：单纯的脑力劳动不会导致疲倦。听起来荒谬可笑。然而几年前，科学家们试图发现人类大脑能够连续工作多长时间而不出现"工作能力的降低"——疲劳的科学定义。结果科学家们惊讶地发现，流经活跃的大脑的血液完全没有显示出疲劳的迹象！如果你分析体力劳动者工作时的血液样本，会发现其中充满了"疲劳的毒素"和疲劳的代谢物。可是如果你分析阿尔伯特·爱因斯坦（Albert Einstein）的血液样本，哪怕是一天结束时的血样，其中也没有疲劳的毒素。

　　如果只涉及大脑，它能够在"经过 8 小时甚至 12 小时的工作之后依然像刚开始一样状态良好反应迅速"。大脑是绝对不知疲倦的……那么我们疲倦的原因是什么？

　　精神病专家们断言，我们的疲劳大多来源于精神和情感的态度。英国最卓越的精神病专家之一哈德菲尔德（J. A. Hadfield）在他的著作《力量心理学》中写道："我们感到疲劳的主要原因是心理因素；事实上，纯粹由生理因素引起的疲劳相当罕见。"

美国最卓越的精神病专家之一布里尔（A. A. Brill）博士则更进一步。他断言："健康状况良好的人如果在做案头工作时感到疲劳，原因百分之百是心理因素，也就是情绪因素。"

哪些情绪因素会使坐着工作的人感到疲劳？快乐？满足？不可能！当然是无聊、愤怒、不受赏识的感觉、空虚感以及仓促、焦虑、烦恼……这些情绪因素使坐着工作的人疲惫不堪、容易感冒、工作效率降低，还引起神经性头痛。我们感到疲劳的原因是负面情绪所导致的神经紧张。

大都会人寿保险公司在一份关于疲劳的传单上指出："困难的工作本身很少造成无法通过充足的睡眠或休息消除的疲劳……忧虑、紧张和情绪不安，是导致疲劳的三大原因。从表面上看，疲劳的原因似乎是体力或脑力劳动，其实根源常常在于情绪……请记住，神经紧张导致肌肉紧张。放松！为重要的职责储存能量。"

现在停下来，检查一下你自己。在读这几行字的时候，你是否皱着眉头瞪着书本？有没有感觉眼睛之间皮肤紧绷？你是否正坐在椅子上，放松身体？抑或正在耸肩？你脸上的肌肉是否紧绷着？除非你的整个身体像布洋娃娃一样软塌塌地放松下来，此刻你的神经和肌肉就正处于紧张状态。神经和肌肉的紧张正在造成疲劳！

为什么我们在从事脑力劳动时会产生这些不必要的紧张呢？乔斯林（Josselyn）说："我发现主要的障碍在于……人们几乎普遍以为越困难的工作就越需要用力去做，否则就做不好。"因此我们一旦集中精神就会皱起眉头、耸起肩膀。我们命令自己的肌肉做出"用力"的动作，可是这样对大脑的工作没有任何助益。

意外而悲惨的真相是，无数人们从未梦想过浪费金钱，却在继续随便浪费自己的精力，就像新加坡的七个鲁莽的醉鬼水手一样。

那么如何消除这种紧张导致的疲劳呢？答案是放松、放松、再放松！学会一边工作一边放松！

容易做到吗？不，你可能必须用一辈子的时间去纠正长期形成的习惯。不过这种努力是值得的，因为它可以在你的生活中引起变革！威廉·詹姆斯（William James）在题为《放松的福音》的文章中写道："美国人习惯过度紧张、肌肉抽搐、屏住呼吸、感情强烈、表情痛苦……这些都是坏习惯，完全是坏习惯。"紧张是一种习惯，放松也是一种习惯。我们应该破除坏习惯，培养好习惯。

怎样培养放松的习惯？应该先从精神还是先从神经开始？都不对，你应该先放松肌肉！

让我们试试看。假定我们从眼睛开始。先浏览这一段，读完之后靠回椅背，闭上眼睛，然后默默地对自己说："开始吧。开始吧。停止紧张，停止皱眉。放松。放松。"用非常缓慢的速度重复……

你有没有察觉，几秒钟之后眼部的肌肉就开始服从命令了？你是否觉得仿佛有一双手拭去了你的紧张？好的，虽然似乎不可思议，你已经在一分钟内体验了放松的全部关键和秘诀。接下来，你可以用相同的方法放松下颌、脸部、脖子、肩膀以及整个身体的肌肉。不过最重要的器官还是眼睛。芝加哥大学的埃德蒙·雅各布森（Edmund Jacobson）博士甚至说，只要你能彻底放松眼部的肌肉，你就能忘记你的全部烦恼！眼睛在缓解神经紧张方面的作用如此重要，是因为眼睛消耗了全身的神经能量的四分之一。正因为如此，许多视力完好无损的人却受到"眼部紧张"的困扰，他们自己造成了紧张状态。

著名小说家薇姬·鲍姆（Vicki Baum）说，她童年时遇见的一个老人教给了她平生最重要的教训之一。有一次她摔倒在地，擦伤了膝盖和手腕。那个曾经在马戏团演小丑的老人把她扶了起来，一边帮她掸掉尘土，一边告诉她："你受伤是因为你不知道怎么放松。你必须假装自己软塌塌的，像一双穿皱了的旧袜子。来吧，我教你怎么做。"

于是那位老人教薇姬·鲍姆和其他孩子们怎样摔倒而不受伤、怎样后滚翻、怎样翻筋斗。他始终强调说："把你自己想象成一双旧袜子。那样你就能放松！"

你能利用零星时间放松，几乎在任何地方都能放松。只是不要刻意费力去放松。放松就是摒除所有的紧张和努力。只有舒适和放松的念头。首先从放松眼睛和脸部的肌肉开始，反复对自己说："放松……放松……什么都别管。"感受能量从脸部肌肉流动至身体中央，想象自己犹如婴儿一样完全远离紧张。

著名女高音嘉莉·库尔奇（Galli Curci）就用过这种方法。海伦·杰普森（Helen Jepson）告诉我，她经常看见嘉莉·库尔奇在表演前坐在一把椅子上，放松全身肌肉，下颌松弛到了像脱臼的程度。这种方法效果出色，使她在登台时不会过于紧张，还可以防止疲劳。

这里是帮助你学习放松的五项建议：

一、阅读一本相关主题的优秀著作——戴维·哈罗德·芬克（David Harold Fink）博士的《摆脱神经紧张》。

二、利用零星时间放松。让身体像旧袜子一样软塌塌的。我在办公桌上放着一双紫褐色的旧袜子，提醒我应该放松到什么程度。如果你没有旧袜子，可以用猫代替。你有没有抱过在阳光下睡觉的小猫？它全身松弛，像湿报纸一样软绵绵的，脑袋和尾巴都耷拉着。连印度的瑜伽修行者也说，如果想掌握放松的技巧，就向猫学习。我从来没见过猫疲惫不堪，也没见过精神崩溃、失眠、忧虑或者患胃溃疡的猫。倘若你学会像猫那样放松，就能避免这些病症。

三、在工作时尽可能采取舒适的姿势。请记住，身体的紧张会导致肩膀疼痛和精神疲劳。

四、每天自我检查四至五次，问问自己："我是否使工作变得比实际上的更困难？我是否使用了与工作毫无关系的肌肉？"这样有助于养成放松的习惯。正如戴维·哈罗德·芬克博士所言："凡是熟悉心理学的人都知道，疲倦有三分之二是习惯造成的。"

五、每天临睡前再检查一次，问问自己："我究竟有多疲倦？如果我感觉疲倦，原因并非脑力劳动，而是我工作的方式有问题。"丹尼尔·W. 乔斯林（Daniel W. Josselyn）说："我衡量自己成就的标准，不是看我在一天工作结束后的疲倦程度，而是看我不疲倦的程度。"他又说："如果某天工作结束时我感到特别疲倦，或者脾气急躁易怒，表明我在精神上疲倦了，我就会知道，无疑这一天的工作在质和量方面都效率低下。"如果每个商人都学到这个教训，死于高血压等疾病的人数就会在一夜之间减少。我们的疗养院和精神病院里也不会挤满由于疲劳和忧虑而精神崩溃的人。

第二十五章　让家庭主妇避免疲劳、保持年轻外貌的方法

去年秋季的一天，我的助手飞往波士顿去参加一系列全世界最特别的医学课程。为什么是医学？哦，他们每星期在波士顿药房讲一次课，听讲的病人们在获得许可之前要接受定期和彻底的医疗检查。其实它是一个心理学诊疗班，虽然正式的名称是应用心理学班（最初的成员曾经提议采用思维控制班这个名称），真实目的是治疗由于忧虑而患病的人。许多病人都是受到情绪困扰的家庭主妇。

这个诊疗班是怎样创建的呢？1930 年，威廉·奥斯勒（William Osler）爵士的学生约瑟夫·普拉特（Joseph H. Pratt）医生注意到一个问题：前往波士顿药房的门诊患者中间有很多人显然在生理上完全没有病；可是他们的肉体实际上都有各种症状。一个女病人的双手由于"关节炎"而瘫痪，完全无法活动。另一个患者则由于"胃癌"的症状而极度痛苦。此外还有腰酸背痛和头痛的，他们诉说自己长期受到折磨，或者说不清疼痛的源头。他们确实感到疼痛，但是经过全面彻底的医学检查，医生们发现这些女人在生理意义上完

全没有任何疾病。许多经验丰富的医生说，她们的病纯属想象，也就是属于"精神的问题"。

不过普拉特医生意识到，叫这些女人"回家去忘掉自己的病"是没有用的。他知道，绝大多数患者都不想生病；倘若忘记自己的病痛是件容易的事，他们就不用去医院了。那么医生们怎么办呢？

于是普拉特医生开设了这个诊疗班，虽然医学界人士异口同声地表示怀疑或冷眼旁观，结果他创造了奇迹！这个班开设至今已有十八年，"治愈"了成千上万的患者，有的患者接连几年一直来听课，像去教堂一样虔诚。我的助手与一位连续参加九年而且很少缺课的女士谈过话。她说，她起初深信不疑地认定自己患有肾炎和慢性心脏病。因此她忧虑、紧张，甚至会偶尔失明，暂时看不见东西。如今她充满自信、心情愉快、身体健康。虽然怀里抱着熟睡的孙儿，外表却只有四十岁的样子。她说："由于家庭内部的麻烦，我曾经忧虑不已，觉得还是死了轻松。可是参加这个诊疗班以后，我懂得了忧虑是没有意义的，学会了停止忧虑。现在我可以由衷地说，我的生活十分安宁。"

罗丝·希尔弗丁（Rose Hilferding）是这个诊疗班的医药顾问，她认为，减轻忧虑的最佳疗法之一是"与你信任的人谈论你的烦恼"。她说："我们称之为情绪宣泄作用。病人来到这里时，可以畅所欲言，倾诉他们的烦恼，直至完全摆脱那些烦恼。如果独自反复思考自己的烦恼，把它们闷在心里，会导致太大的精神压力。我们都必须让别人分担自己的烦恼，同时也分担别人的忧虑。我们必须感觉到世界上还有人愿意聆听我们的话，能够理解我们。"

我的助手目睹一个女人在诉说她的烦恼之后感觉到前所未有的

解脱和宽慰。她遇到了家庭方面的问题，最初开始讲述的时候，她像一根压紧的弹簧一样紧张。然后她一边讲一边逐渐平静了下来。在交谈结束时，她露出了笑容。她的问题是否解决了呢？不，问题不会如此轻易解决。她发生改变的原因是她与别人谈话，得到了一点建议和一点同情。引起变化的真正原因是语言所包含的巨大治愈功能！

从某种意义上说，心理分析的基础就是语言的治疗功能。早在弗洛伊德（Freud）的时代，心理分析家已经知道，只要一个病人开口说话，只要说出来，内心的忧虑就能得到缓解。为什么？或许是因为通过诉诸语言，我们能够比较全面深入地分析自己的问题，比较容易找到解决方法。没人知道全部的答案。不过我们都知道，只要向别人"吐露"或者"发发牢骚"，我们的心情几乎立刻会轻松起来。

因此今后我们遇到情绪问题时，为什么不去找个人谈一谈呢？当然，我的意思不是说让你随便拉住一个路人就对他哭诉抱怨发牢骚，那样别人都会讨厌你。我们应当找一个自己信赖的人，事先约定时间见面。你可以找一个亲戚、医生、律师、神父或者牧师。然后对那个人说："我有个问题，需要征询你的建议。我希望你能听我谈一谈。或许你可以提一点意见。说不定旁观者清，你可以从我没有意识到的新视角看问题。哪怕你不能提供建议，只要你愿意坐下来听我谈谈这件事，我也会非常感激。"

话说回来，假如你确实找不到可以倾诉的对象，我可以给你介绍"生命救助联盟"——它与波士顿的那个诊疗班没有任何关系。"生命救助联盟"是世界上最不寻常的组织之一。它建立的初衷是防止可能发生的自杀。随着时间流逝，它的服务范围扩大至给那些抑郁或者在情感方面需要帮助的人提供心理咨询。我访问过这个组织的萝娜·B. 邦内尔（Lona B. Bonnell）小姐，她的职责是与向"生命救助联盟"求助的人交谈。她告诉我，她很乐意回复本书的读者的信件。如果你写信给纽约市第五大街 505 号的"生命救助联盟"，你的信件和烦恼会得到认真的回应和最严格的保密。坦白说，只要有可能，我建议你找一个可以当面谈话的对象，那样你会感到更多的宽慰。不过如果没有条件，那么何妨写信给这个组织呢？

倾诉烦恼是在波士顿药房的诊疗班中运用的基本治疗方法之一。这里还有一些我们在那个诊疗班学到的一些方法，如果你是家庭主妇，在自己家里就可以实践。

一、准备一本笔记簿或者剪贴簿，给你"提供灵感"。你可以抄写或者剪贴上你喜欢的诗歌、祈祷文或者格言，用来鼓舞自己。如果遇到阴雨绵绵的下午，情绪消沉的时候，你或许能在本子里找到驱散忧郁的良方。波士顿药房的许多病人长年保存这种笔记簿。他们说它是精神上的"强心针"。

二、不要对别人的短处念念不忘。你的丈夫固然有许多缺点！话说回来，假如他是个圣人，他就不可能娶你了，对不对？学员中有一个女人，发现自己变成了喜欢指责别人、挑剔抱怨、面容枯槁的妻子，当别人问她"如果你的丈夫死了，你会怎么办？"的问题时，她才大吃一惊，立刻坐下来，开始列举丈夫的全部优点。她列出了相当长的清单。今后当你觉得自己跟一个吝啬的暴君结了婚时，为什么不试试这个办法？或许在列举他的优点之后，你会发现他正是你理想的对象！

三、对你的邻居感兴趣！对于跟你在同一条街上生活的人，培养一种友善、健康的兴趣。有一个身体不适的女人觉得自己"独一无二"，无法结交朋友，有人建议她尝试每遇见一个人就给那个人编一个故事。于是，她开始在有轨电车上观察别人，设定角色性格，杜撰背景情况，试着想象他们的生活。后来她到处主动与别人交谈，现在她变成了快乐、机灵、有吸引力的人，她的"痛苦"不治而愈。

四、今天晚上睡觉之前，先为明天的工作制定一张时间表。在诊疗班上，许多家庭主妇感到由于每天不断重复的家务和必须做的事情而疲惫不堪。她们的工作似乎永远做不完，总是赶着时间疲于奔命。为了消除这种忙碌和忧虑的感觉，医生建议她们每天晚上安排好第二天的时间表。结果如何？她们完成的工作量增加了，疲劳感却减轻了；她们感到自豪，有成就感，甚至还有时间休息、精心打扮。（每个女人每天都应该抽时间梳妆，把自己打扮得更漂亮。我认为，当一个女人知道自己外表漂亮时，她就不会"紧张"了。）

五、最后，避免紧张和疲劳，放松，放松！紧张和疲劳是导致容貌衰老的最大敌人，也是破坏你的青春和外表的最大敌人！我的助手在波士顿听了一个小时的思维控制课程，负责人保罗·E. 约翰逊（Paul E. Johnson）教授提及了我们在前一章已经讨论过的许多原则，即放松身心的方法。学员们做了十分钟的放松练习，结束时我的助手差点坐在椅子上睡着了！为什么要强调身体的放松呢？因为这家诊所和其他医生们都知道，你只有放松才能消除忧虑！

是的，如果你是一个家庭主妇，就必须学会放松！你拥有一个优势：无论何时你想躺下就可以躺下，而且可以躺在地板上！奇怪的是，硬度恰好的地板比弹簧床更有利于放松。地板的反作用力对脊椎有益。

好的，这里有一些你可以在家里进行的练习。不妨先尝试一个星期，看看对你的外表和气质产生的作用！

一、无论何时，一旦感到疲倦，就平躺在地板上。尽量伸直身体。如果想翻身可以翻身，每天做两次。

二、闭上眼睛，你可以按照约翰逊教授的建议，对自己说："太阳当头照，天空蔚蓝，闪闪发亮，大自然一片宁静，我——自然之子，与宇宙和谐一致。"或者做些祈祷更好！

三、如果你没有空闲时间，不可能躺下来，因为炉子上正在烤肉，那么你可以坐到椅子上，也能获得几乎相同的效果。坚硬的直背椅子最有利于放松。像古埃及的雕像那样直挺挺地坐在椅子上，然后手掌向下，平放到大腿上。

四、现在慢慢地蜷曲你的脚趾，再放松它们。慢慢收紧你的腿部肌肉然后放松。这样逐步慢慢向上运动全身的肌肉，直至颈部。然后前后左右缓缓转动自己的头，把它当成一只足球。（如前一章所说的那样）不停地命令你的肌肉："放松……放松……"

五、用缓慢而稳定的深呼吸安抚你的神经。通过腹部呼吸。印度的瑜伽术是正确的，规律的呼吸是安抚神经的最好方法之一。

六、想想你脸上的皱纹，设法抹平它们。松弛紧锁的眉头，停止紧抿嘴唇。每天做两次，这样你也许就不必再去美容院做按摩。你的皱纹或许也会自然消失！

第二十六章　有助于防止疲劳和忧虑的四种良好工作习惯

第一种良好的工作习惯：清理办公桌，只留下与手头目前要处理的问题相关的资料。

芝加哥和西北铁路公司的总裁罗兰·L. 威廉姆斯（Roland L. Williams）说过："一旦清理掉你桌子上堆满的纸张和各种东西，只留下与手头目前要处理的问题相关的资料，你就会发现你的工作变得更简单，处理起来更准确。我称之为'做好家务活儿'，它是提高效率的第一步。"

如果你造访华盛顿特区的国会图书馆，会发现天花板上漆着著名诗人蒲柏（Pope）的一句话："秩序是天国的第一法则。"

秩序应当也是经营的第一法则。然而实际上呢？普通商人的桌子上总是堆满几星期没碰过的纸张杂物。其实新奥尔良（New Orleans）的某家报纸的发行人曾经告诉我，他的秘书帮他清理一张桌子时居然发现了一台失踪了两年的打字机！

如果桌子上堆满未回复的信件、报告和备忘录，仅仅看见这种杂乱的景象就足以引起混乱、紧张和焦虑感。更糟糕的是，它会不断提醒你"还有一百万件事要做，可根本没时间"，不仅使你紧张和疲惫，而且会使你患高血压、心脏病和胃溃疡。

宾夕法尼亚（Pennsylvania）州立大学医学研究所的约翰·斯托克斯（John H. Stokes）教授在美国医药学会全国大会上宣读过一篇论文《器官疾病引起的功能性神经并发症》。在这篇论文中，他以"探究病人的心理状态"为题列出了十一种状况，其中第一条是："一种必要或受强迫的感觉，目前必须做的事情仿佛没完没了。"

不过清理办公桌、下定决心这种简单基础的程序如何能帮助你避免高度紧张的压力、必要或受强迫的感觉、这种"目前必须做的事情仿佛没完没了"的感觉？著名的精神病专家威廉·L. 萨德勒（William L. Sadler）曾经用这种简单的手段帮助一位病人免于精神崩溃。那位病人是芝加哥一家大公司的高级主管。他受到情绪紧张、神经质和忧虑的折磨，知道自己正濒临精神崩溃，但是不能停止工作。于是他前往萨德勒医生的诊所求助。

萨德勒医生说："这个患者讲述他的情况时，我的电话响了。那是医院的内线电话；我没有拖延，而是立刻抽时间做出了决定。只要有可能，我总是当场解决问题。我刚挂掉电话，电话铃又响了起来。紧急情况再次发生，我稍微讨论了一会儿。第三次中断是由于一位同事来我的办公室，向我询问关于一位危重患者的病情的意见。结束之后，我转向自己的病人，道歉说让他久等了。可是他面露喜色，表情完全改变了。"

"不用道歉，医生！"那个病人对萨德勒说，"在刚才十分钟里，我觉得我找到了自己的问题所在。我打算回办公室，改正我的工作习惯……不过在离开之前，我可以看一下您的抽屉吗？"

萨德勒医生打开抽屉，里面是空的，只有一些办公用品。病人问："医生，您把没完成的工作保存在哪里？"

"全部做完了！"医生回答道。

"那么尚待回复的信件呢？"

"全部回复完了！"萨德勒告诉他，"我的规则是必须等到回复完才能放下信件。我口授回信的内容，让秘书记录。"

六星期之后，这个高级主管邀请萨德勒医生造访他的办公室。他和他的办公桌都改变了。打开抽屉，未完成的任务都不见了。他说："六星期前，我在两间办公室里有三张不同的桌子，里面塞满了待处理的工作。事情永远做不完。我跟医生谈过话以后，立刻回到办公室，清理出一车的报告和旧文件。现在我只用一张办公桌，事情一发生就当场处理，这样就不再有堆积如山的工作困扰我，紧张和忧虑都消失了。最令人惊讶的是我已经彻底恢复了健康。现在我的身体没有任何问题！"

美国最高法院前任首席法官查尔斯·埃文斯·休斯（Charles Evans Hughes）说过："人不会死于工作过度劳累，却会死于放荡和忧虑。"是的，无益的消遣和忧虑都会浪费人的精力，而且忧虑使工作似乎永远做不完。

第二种良好的工作习惯：按照事情的重要程度循序处理。

亨利·L. 多尔蒂（Henry L. Dougherty）创建了遍布全国的城市服务公司，他说不管支付多少的薪水，都几乎不可能找到一个同时具备某两种能力的人。

这两种无价的能力是：第一，思考能力；第二，按照事情的重要程度循序处理的能力。

查尔斯·勒克曼（Charles Luckman）本来是一个默默无闻的小伙子，却在十二年内晋升为白速得（Pepsodent）公司的总裁，拿每年 10 万美元的薪水，还有 100 万美元的额外收入。他声称他的成功在很大程度上归功于他同时具备亨利·多尔蒂所说的那两种能力。查尔斯·勒克曼说："在我记忆范围内，我每天早晨五点钟起床，因为那时我的头脑最清醒，我就安排一天的工作计划，根据事情的重要程度决定处理的先后顺序。"

富兰克林·贝特格（Franklin Bettger）是美国最成功的保险推销商之一，他不是在早晨五点计划当天的工作，而是在前一天晚上制订计划，给自己设置一个目标，即保险的销售额。如果没有达成，就在第二天补足差额，以此类推。

长期的经验告诉我，人不可能总是按照重要程度循序处理事务，但是我还知道，按照某种计划首先做最重要的事，远比兴之所致随意行事更好。

假如萧伯纳（George Bernard Shaw）没有制定严格规则先做最重要的事，他很可能一辈子都是银行出纳员，永远当不成作家。他的计划是每天一定要写五页。这个计划和坚持到底的顽强决心拯救了他。在艰难的九年中，他坚持每天至少写作五页，尽管其间他拿到的稿费只有 30 美元，大约相当于每天一分钱。

第三种良好的工作习惯：遇到问题时，只要你有做决定所必需的材料，就在当时、当场解决。不要犹豫不决拖延时间。

最近去世的豪厄尔（H. P. Howell）过去是我班上的学员，他告诉我，他在美国钢铁公司担任董事的时候，董事们开会经常耗费很长时间，讨论很多问题，最后却很少达成决议。结果每位董事都不得不带一大堆报告回家去研究。

后来豪厄尔先生终于说服了董事会，每次开会只讨论一个议题，但是必须达成决议，不耽搁、不拖延。做出决定或许需要额外的材料；它或许与别的问题相关，或许与别的问题无关。但是在继续讨论下一个问题之前，肯定可以做出决定。豪厄尔先生告诉我，这种做法效果良好而显著，待处理的旧账全部结清了，日历上干干净净。董事们再也不必带一大堆报告回家。他们再也不用为没解决的问题忧虑。

这是一个好习惯，不仅适用于美国钢铁公司的董事会，而且适用于你和我。

第四种良好的工作习惯：学习组织、分层负责和监督。

很多商人正在自掘坟墓，因为他们不懂把职责委托给其他人，坚持凡事亲自做。结果大量细枝末节使他们不知所措、手忙脚乱。他们总是处于忙碌、烦恼、焦虑和紧张的状态。我知道，学习分层负责是困难的，对我而言也是难度极大。亲身经验还告诉我，如果把职责委托给不恰当的人就会招致灾难。但是无论多么困难，如果想避免忧虑、紧张和疲劳，高级主管人员就必须这样做。

如果一个人建起了一个大企业，却没有学会如何组织、分层管理和监督，那么紧张和忧虑通常会使他患上心脏病，然后在五十多岁或六十岁出头的时候猝然死亡。想要具体的例子吗？请看当地报纸的讣告栏。

第二十七章　如何驱除导致疲劳、忧虑和不满的厌倦情绪

　　厌倦是导致疲劳的主要原因之一。让我们用爱丽丝（Alice）小姐的事例来说明。爱丽丝是跟你住在同一条街上的一个速记员。某天晚上她回到家里，感到完全精疲力竭。她疲惫不堪。她觉得头痛，而且腰酸背痛。她连晚饭也不想吃，只想上床睡觉……母亲劝她吃饭，她勉强坐到了桌边。正在这时，电话铃响了。是她的男朋友！邀请她参加舞会！她顿时眼睛发亮，兴奋起来了。她立刻冲上楼，换上蓝色的礼服，出门去跳舞，一直到凌晨三点才回家；等到终于上床，她的疲倦却完全消失了，事实上，她兴奋过度以至睡不着觉了。

　　那么在八个小时之前，爱丽丝精疲力竭的时候，她的疲劳是真实的吗？当然是真的。她觉得精疲力竭，是因为她对工作感到厌倦，或许对生活也厌倦了。世界上有无数爱丽丝，你也许就是其中之一。

　　一个广为人知的事实是，在导致疲劳的因素中，情绪态度所起的作用通常比肉体因素大得多。几年前，约瑟夫·E.巴尔马克

（Joseph E. Barmack）博士在《心理学档案》上发表了一篇报告，其中记述了证明厌倦会产生疲劳的实验。巴尔马克博士安排一组学生参加一系列测试，他知道他们对那些测试不感兴趣。结果那些学生都感到疲劳、困乏，抱怨说头痛、眼睛酸涩，变得脾气急躁。在一些情况下，还有人觉得胃不舒服。他们的反应全部是"想象"吗？不。那些学生接受了新陈代谢测试，结果表明，当一个人感到厌倦的时候，他的血压和氧消耗量确实会降低；一旦他开始对工作产生兴趣、感到愉快的时候，他身体的新陈代谢就会立即加速！

我们在做一些有趣的、刺激的工作时，极少会感到疲劳。举例来说，前不久我在加拿大落基山区的路易湖畔度假，用了几天时间沿着科拉尔溪（Corral Creek）钓鳟鱼。为此我奋力穿过长得比人高的草丛，磕磕绊绊地穿越树林，跨过倒在地上的木材，可是奋斗了八个小时之后，我却没有感到疲惫不堪。为什么？因为我十分兴奋，心情高兴，而且有巨大的成就感：我钓到了六条鳟鱼。不过假如我认为钓鱼是一件很无聊的事情，你猜我的感觉会是怎样呢？像这样在海拔 7 000 英尺的山区费力奔波，我肯定会精疲力竭。

哪怕是登山这种消耗体力的运动，可能也远不如厌倦那样容易令人疲劳。举例来说，明尼阿波利斯农民技工储蓄银行的总经理金曼（S. H. Kingman）先生告诉过我一件事，正好是这一点的完美阐释。1943 年 7 月，加拿大政府请加拿大阿尔卑斯登山俱乐部指导威尔士王子突击队的士兵进行登山训练。金曼先生就是被选中的教练之一。他告诉我，他和其他教练的年龄都在 42 岁至 59 岁之间，他们带领那些年轻士兵长途跋涉，穿越冰川和雪地，利用绳索、小脚蹬和不固定的吊环等工具爬上 40 英尺高的悬崖。他们在落基山脉的小约霍（Little Yoho）山谷中攀越了迈克尔（Michael）峰、副总统峰及其他无名的山峰。15 个小时的登山活动结束后，那些身强力壮的年轻人（他们刚刚在突击队接受了六个星期的严格军事训练）都完全精疲力竭了。

他们感到疲劳的原因是不是突击队的锻炼还没有让他们的肌肉变得足够结实？凡是受过突击队严格训练的人都会认为这种问题荒谬可笑！不，他们疲惫的原因是他们觉得登山太无聊。很多士兵累得等不及吃饭就睡着了。可是那些年龄是士兵们的两三倍的教练们觉得疲劳吗？是的，他们也觉得累，但是不到精疲力竭的程度。他们吃过晚饭之后没有睡觉，还一起聊了白天登山时的见闻。他们不像年轻人那样疲倦，是因为他们觉得登山很有趣。

哥伦比亚大学的爱德华·桑代克（Edward Thorndike）博士进行过一项关于疲劳的实验，让一些年轻人将近一星期不睡觉，不断地做自己感兴趣的事。通过大量调查研究，桑代克博士报告说："工作效率降低的真正原因是厌倦。"

如果你是脑力工作者，工作量本身很少会使你疲劳。令你疲劳的也许是未完成的工作量。比方说，上星期的某一天，你工作时不断受到打扰，信件未能回复，约会不得不爽约，麻烦到处出现，一切都不顺利。总之那天你什么工作都没有完成，回家时却感到精疲力竭，头痛得厉害。

第二天，你上班时一切顺利。你完成的工作量比前一天多四十倍。回家时你却感到神清气爽，一点都不累。你和我都有过这样的经验。

我们从中学到的教训是：我们的疲劳往往不是工作造成的，而是忧虑、挫折和愤恨不满造成的。

在写这一章时，我看了重新上演的杰罗姆·克恩（Jerome Kern）的音乐喜剧《画舫船》。剧中画舫船"棉花田"的安迪（Andy）船长说过一句包含人生哲理的台词："做自己喜欢的工作的人是幸运儿。"因为这些幸运儿精力更充沛，更幸福，远离忧虑和疲劳。只要有兴趣，你就能充满干劲。跟着絮絮叨叨的烦人妻子走过十个街区，比跟着可爱的情人走十英里路更令人疲惫。

那么，你能怎么办呢？好吧，让我介绍一位速记员小姐的办法。她在俄克拉荷马州塔尔萨市的一家石油公司工作。每个月有几天，她必须做一件想象得到的最枯燥的工作：在事先打印好的石油销售报表上填写数字和统计数据。因此为了鼓励自己，她决定设法使这项单调无聊的任务变成有趣的工作。怎样做呢？她每天跟自己竞赛。她每天中午统计上午填写好的表格数量，然后尽力在下午打破纪录；接着统计一天中填写的表格总数，争取在第二天打破纪录。结果呢？她填写表格的速度比部门的其他同事快得多。她由此得到了什么好处吗？赞扬？不！感谢？不！晋升？不！加薪？不！但是她避免了厌倦所产生的疲劳。她获得了精神上的激励。由于她尽可能使枯燥乏味的工作变得有趣，她在闲暇时间更有活力、更有激情，享受了更多的快乐。我恰巧知道这个故事是真实的，因为那个女孩就是我的妻子。

这里是另一位速记员小姐的故事。她发现，假装工作有趣对自己是有好处的。她的名字是瓦莉·G.戈尔登（Vallie G. Golden），住在伊利诺伊州埃姆赫斯特（Elmhurst）市南凯尼尔沃思（Kenilworth）大街473号。她写信给我讲述了自己的故事：

"我们办公室有四个速记员，分别负责替几位主管处理信件。有一段时间，我们的任务太多，非常繁忙。某天一个助理部门主管坚持要求我把一封长信重打一遍，我开始抗拒，试图指出那封信可以修改，不必全部重做。可是他反驳说，如果我不愿意重做，他就另找别人。我气坏了！然而开始重打这封信时，我突然意识到，有很多人想跟我争夺这个工作机会。况且老板支付薪水就是为了让我做这种工作。于是我感觉好些了。我下定决心，要假装喜欢这份工作，虽然其实我讨厌它。然后我发现了一件重要的事：如果我假装喜欢工作，我就真的会在某种程度上从工作中得到乐趣，而且这样我的工作速度就会更快。从此以后，我极少有必要加班。这种新的态度使我在职场上赢得了好评。后来一位部门主管需要私人秘书时聘请了我，因为他知道我乐意做一些额外的工作而且不发牢骚！心理状态的转变具有神奇的力量，这是非常重大的发现，它帮助我创造了奇迹！"

瓦莉·戈尔登小姐或许在无意识间运用了"假装"这种著名的人生哲学。这是威廉·詹姆斯的忠告：如果我们"假装"勇敢，我们就会勇敢起来，如果我们"假装"快乐，我们就会快乐起来，诸如此类。

如果你"假装"对工作有兴趣，假装的行为就会使你的兴趣变成真的。"假装"还倾向于消除你的疲劳、紧张和忧虑。

若干年前，哈伦·A.霍华德（Harlan A. Howard）做了一个决定，从而彻底改变了他的生活。他决心使一件枯燥乏味的工作变得有趣——他的工作确实无聊，当其他男孩子都在打球或者跟女孩子谈恋爱时，他却在高中的餐厅里洗盘子、擦柜台、出售冰淇淋。哈伦·霍华德讨厌这份工作，不过既然不得不忍受它，他就决定利用这个机会研究冰淇淋，比如冰淇淋的制造过程、配料以及有的冰淇淋比其他冰淇淋好吃的原因。通过研究冰淇淋的化学成分，他变成了精通高中化学课程的天才少年。由于对食物化学产生了强烈兴趣，他考进了马萨诸塞州立大学，主修食品技术。纽约可可交易所举办过一次面向所有高校学生的有奖征文活动，主题是"可可和巧克力的用途"，奖金 100 美元，你猜获奖的是谁？……没错，正是哈伦·霍华德。

当时他住在马萨诸塞州阿姆赫斯特（Amherst）市北愉悦街750 号，毕业以后他发现很难找到工作，就在自家的地下室开设了一个私人实验室。其后不久，政府颁布了一条新法律，规定必须统计牛奶所含的细菌数量。于是哈伦·霍华德开始为阿姆赫斯特的14 家牛奶公司测算细菌数量，工作很多，他必须雇用两个助手。

再过 25 年以后他会在哪里呢？好吧，目前正在从事食品化学工作的这些人到那时都退休或者去世了；如今富有创造精神和热情的年轻人将接替他们的位置。不过再过 25 年，哈伦·霍华德可能成为食品行业的领袖人物之一，而当年从他那里买过冰淇淋的一些同学可能变得穷困潦倒，失去工作，诅咒政府，抱怨自己没有成功机会。假如当年哈伦·霍华德没有决定使一件枯燥乏味的工作变得有趣，他大概也不可能得到创业的机会。

若干年前，另一个年轻人在一家工厂从事一件枯燥乏味的工作，他整天站在车床边加工螺钉，感到十分无聊。他名叫山姆。山姆打算辞职，但是害怕找不到新工作。既然不得不做这件无聊的工作，他决定设法使它变得有趣起来。于是他与在旁边操作机器的一个技工展开了竞赛。其中一个人用机器切削螺钉的粗糙不平的表面，另一个人把螺钉的直径修整到合适的尺寸。他们不时交换机器，看看谁做出的螺钉最好。他们的工头对山姆的速度和精确程度印象深刻，不久就帮他换了一个较好的工种。这只是一连串晋升的开端。30年以后，这个山姆——塞缪尔·沃克兰（Samuel Vauclain）当上了鲍尔温（Baldwin）机车公司的总裁。假如他没有决定使一件枯燥乏味的工作变得有趣，或许他一辈子都只是普通的车床工。

有一次，著名的广播新闻分析家卡滕伯恩（H. V. Kaltenborn）告诉我他如何使一件枯燥乏味的工作变得有趣。他22岁那年，乘坐一艘运牲畜的船横渡大西洋，给船上的牲口喂水和饲料。他骑自行车周游了英格兰，然后前往法国。抵达巴黎时他饥肠辘辘，身无分文，只得典当掉照相机，换了5美元。他在《纽约先驱论坛报》的巴黎版上刊登了一则求职广告，找到了一份推销立体观测镜的工作。如果你年过40，可能会记得那种老式的立体观测镜，我们把它举到眼前，看两张一模一样的图片。透过立体观测镜能看到奇妙的现象，镜片把两张图片转换成一个带有三维视觉效果的立体影像。我们可以看见远处，有惊人的透视感。

哦，扯远了。如前所述，卡滕伯恩不会说法语，却开始挨家挨户地推销这种观测镜。过了一年，他竟然赚到了5 000美元的佣金，还成了那年法国收入最高的推销员之一。卡滕伯恩告诉我，这段经验有助于成功，带给他的益处不亚于在哈佛大学读一年书。自信心？他说有了这段经历以后，他相信自己能够向法国家庭主妇推销国会议事录。

这段经历使他有机会详尽了解法国人的生活，后来他在广播节目中解说欧洲时事时从中得到了宝贵的帮助。

既然他不会说法语，他是怎样成为推销能手的？他先请雇主用准确无误的法文把推销时需要说的话写下来，然后背熟。卡滕伯恩的做法是按响门铃，等家庭主妇打开门，他就开始背诵事先记下的推销词，他的法语带着美国口音，逗人发笑。这时他给家庭主妇看实物图片，如果对方提出问题，他就耸耸肩说："美国人……我是美国人。"然后他摘下帽子，给她看贴在帽子上的抄录推销词的纸条。家庭主妇会笑起来，他也跟着笑，然后给她看更多图片。卡滕伯恩向我坦白承认，这种工作其实很不容易。他告诉我，只有使这份工作变得有趣的决心才帮助他坚持了下来。每天早晨出门前，他总是照着镜子给自己鼓劲："卡滕伯恩，为了吃饭你必须做这件事。既然非做不可，为什么不高兴一点呢？不妨在每次按响门铃时假想自己是一个站在舞台上的演员，下面的观众都在注视着你。毕竟你正做的事就像演戏一样滑稽，为什么不投入激情，把戏演好呢？"

卡滕伯恩先生告诉我，由于每天给自己鼓劲，这件曾经憎恨害怕的差事变成了他喜欢的冒险，使他赚到了大量利润。

我问卡滕伯恩先生，是否可以给渴望成功的美国年轻人提一些忠告？他说："可以。不妨每天早晨给自己打气。我们经常谈及起床时身体需要做一些运动，以便摆脱半睡半醒的状态。但是更重要的是，我们需要一些精神和思想方面的运动，刺激我们每天早晨真正清醒。每天早晨给自己鼓劲吧。"

每天给自己鼓劲，听起来是不是很傻、很肤浅、很幼稚呢？不，恰恰相反，这是心理学的本质精髓。18 个世纪之前，马可·奥勒留（Marcus Aurelius）在他的著作《沉思录》中写道："我们的思想塑造我们的人生。"时至今日，这句话依旧同样真实。

通过时刻鼓励自己，你能引导自己的注意力集中在勇气、幸福、权力、平静等积极的思想上。通过考虑你必须感激的事情，你的头脑中会充满快乐和热情。

只要你的思维集中在正确的事物上，任何工作都不会太讨厌。你的老板希望你对工作感兴趣，这样他就能赚更多钱。不过姑且忘记老板的需求，想想对工作感兴趣会给你带来什么益处。提醒自己，它可能影响你的生活幸福，因为你一天的清醒时间有一半都用于工作，如果你在工作中得不到快乐，那么你在其他地方或许也得不到快乐。不断提醒自己，对工作的兴趣有助于消除你的忧虑，从长期角度说，还可能使你得到晋升和加薪的机会。即使没有这些益处，至少你的疲劳会减少至最低程度，你可以充分享受自己的闲暇时间。

第二十八章　防止为失眠忧虑的方法

如果你睡眠质量不佳，会不会觉得忧虑？那么你也许愿意听听这件事：国际闻名的大律师塞缪尔·昂特迈耶（Samuel Untermyer）一辈子从没有睡过一个好觉。

塞缪尔·昂特迈耶上大学时，有两件事折磨着他：哮喘病和失眠症。由于这两种病都似乎不可能治愈，他决定退而求其次，尽量利用失眠的时间。失眠的夜晚，他不是在床上辗转反侧，忧虑到精神崩溃，而是干脆起来读书。结果呢？他每门课的成绩都超过了其他学生，变成了纽约州立大学的奇才。

他成为开业律师以后，依旧受到失眠的困扰。但是他不忧虑。他说："自然会照顾我。"果真如此。虽然他每天只睡很少一点时间，健康状况却始终良好，他像纽约的任何年轻律师一样努力工作，甚至比别人更努力，因为他利用别人睡觉的时间继续工作！

塞缪尔·昂特迈耶 21 岁时的年收入已经达到 75 000 美元。其他年轻律师纷纷涌进法庭学习他的方法。1931 年，他替一件诉讼案辩护就得到了 100 万美元现金的报酬，可能创下了律师费的最高历史纪录。

他的失眠症仍然没有治愈，每天晚上他用一半时间阅读，然后在早晨五点起床，开始口授信件。当大多数人刚开始工作时，他一天的工作几乎已经完成了。他活到了 81 岁，一生极少有能够熟睡的夜晚；但是他从不为失眠而忧虑烦躁，否则他的生活可能早已彻底毁掉了。

人的一生大约有三分之一的时间用于睡眠，然而没人知道睡眠的真正机制是什么。我们只知道睡眠是一种习惯，是一种休息状态，自然"将劳心纠结的丝线编结成睡眠"（译者注：这是莎士比亚《麦克白》第二幕的台词），可是我们不知道每个人具体需要几小时的睡眠，我们甚至不知道睡眠是否是绝对必要的！

荒诞不经吗？第一次世界大战期间，有一个名叫保罗·克恩（Paul Kern）的匈牙利士兵，他的大脑额叶被子弹击穿，虽然伤口愈合，却发生了奇怪的事：他再也睡不着觉。尽管医生们用尽了一切手段，诸如镇静药、麻醉剂甚至催眠术，保罗·克恩仍然无法入睡，连睡意都没有。

医生们都说他活不长久，事实却跟医生们开了个大玩笑。他找到一份工作，继续健康地生活了很多年。有时他会躺下，闭上眼睛休息，但是无论如何都不能睡着。他的病例是医学上的一个难解之谜，颠覆了我们对于睡眠的诸多认知。

有些人需要的睡眠时间多，有些人需要的睡眠时间少。著名指挥家托斯卡尼尼（Toscanini）每天晚上只睡五个小时，而加尔文·柯立芝（Calvin Coolidge）总统每天晚上要睡十一个小时，是前者的两倍多。换句话说，托斯卡尼尼用于睡眠的时间大约是一生的五分之一，而柯立芝的睡眠时间几乎占去了一生的一半。

对于失眠症的忧虑造成的伤害远远超过失眠本身造成的伤害。举例来说，我有一个学生伊拉·桑德纳（Ira Sandner），住在新泽西州里奇菲尔德公园（Ridgefield Park）欧弗佩克大街（Overpeck Avenue）173号，他差点由于慢性失眠症的折磨而自杀。

伊拉·桑德纳告诉我："我确实觉得自己正在被慢慢逼疯。麻烦在于，我本来一直睡得很熟，连闹钟铃声也吵不醒，结果我经常早晨上班迟到。我很担心，其实老板已经警告我要按时上班，我知道如果再睡过头，我就会被开除。

"我向朋友们诉说这件事，一个朋友提议我在入睡前把注意力集中到闹钟上，结果招致了失眠症！闹钟该死的滴答滴答声缠住我不放，使我整夜翻来覆去，难以入睡！到了早晨，我疲惫不堪，忧虑焦躁，几乎生病了。这种状况持续了两个月。我遭受的痛苦折磨无法用语言形容。我确信自己正在被逼疯。有时我会在房间里徘徊数个小时，简直想从窗口跳出去结束这一切！

"最后我去找一位自幼相识的医生，他说：'伊拉，我帮不了你。谁都没有办法帮你，因为这些都是你自己招致的。如果夜里上床之后无法入睡，就干脆忘掉这件事。只要对自己说：我才不在乎是否睡得着，就算醒着躺到早晨也没关系。闭上眼睛，对自己说：不要担心，只要躺在这儿，我就算是在休息。'

"我听从了他的建议。在两个星期之内，我就能正常入睡了。还不到一个月，我的睡眠时间就恢复至八小时，精神状态也恢复如常。"

折磨伊拉·桑德纳的不是失眠症，而是对于失眠的焦虑。

芝加哥大学的教授纳撒尼尔·克莱特曼（Nathaniel Kleitman）博士是目前在世的对睡眠问题最有研究的专家。他断言，他从未听说过死于失眠症的人。诚然，为失眠忧虑的人或许会失去活力，被细菌打倒。但是损害健康的是忧虑，而不是失眠症本身。

克莱特曼博士还说，为失眠忧虑的人的睡眠时间通常比自己以为的多得多。那些赌咒发誓说"昨天夜里我根本没合眼"的人其实也许睡了几个小时，只是他们自己没意识到而已。

举例来说，19世纪最深刻的思想家之一赫伯特·斯宾塞（Herbert Spencer）一直是单身汉，住在包膳食的宿舍，谈起失眠问题总是弄得所有人都厌烦。为了隔绝噪音安抚神经，他甚至在耳朵里塞上耳塞，有时吃鸦片膏助眠。一天晚上，他与牛津大学的塞斯（Sayce）教授住在旅馆的同一个房间。第二天早晨，斯宾塞声称他整夜没合眼，而实际上整夜没合眼的是塞斯，因为斯宾塞打鼾的声音吵得他一夜没睡着。

夜晚良好睡眠的第一个必要条件是有安全感。我们需要感觉到某种比我们强大的力量正在守护我们才能睡到天亮。大西部骑术精神病院的托马斯·希斯洛普（Thomas Hyslop）博士在不列颠医学协会发表演讲时强调了这一点。他说："我多年的实践揭示，促进睡眠的最佳因素之一是祈祷。我纯粹以医生的身份说这句话。在有祈祷习惯的人中间，祈祷行为应该被视为最适当、最常规的精神镇静剂和安抚神经的药物。"

"放松，一切都交给上帝。"

珍妮特·麦克唐纳（Jeanette MacDonald）告诉我，她心情沮丧、忧虑和难以入睡的时候，总是通过反复背诵《旧约圣经·诗篇23》中的一段来获得"安全感"："耶和华是我的牧者。我必不至缺乏。他使我躺卧在青草地上，领我在可安歇的水边……"

如果你没有宗教信仰，就必须用困难的方法，学习借助物理措施放松自己。戴维·哈罗德·芬克（David Harold Fink）博士写过一本题为《摆脱神经紧张》的书，提出最好的方式是与自己的身体交谈。根据芬克博士的观点，语言是所有催眠法的关键；如果你始终不能入睡，那是因为你暗示自己陷入失眠状态。解除暗示的方法是反向催眠，你要对自己的肌肉说："放松，放松，松弛下来休息。"我们已经知道，肌肉紧张时头脑和神经就不可能放松，因此如果我们想入睡，就必须首先放松肌肉。芬克博士推荐了一个经过实践证明有效的办法：把枕头垫在膝盖下面，解除腿部的紧张，同理，还可以把小枕头塞在手臂下面。然后告诉下颌、眼睛、手臂和双腿放松，最后我们就会在不知不觉间进入梦乡了。我自己尝试过这个办法。如果你有睡眠方面的问题，可以参考芬克博士的《摆脱神经紧张》，据我所知，它是唯一一本既生动易读又有助于治愈失眠症的书。

另一个治疗失眠症的最佳方法是从事消耗体力的运动，例如园艺、游泳、打网球、玩高尔夫球、滑雪，抑或让身体疲劳的简单工作。这是西奥多·德莱塞（Theodore Dreiser）用过的方法。他还是正在努力奋斗的年轻作家时，曾经受到失眠症的困扰，为此他去纽约中央铁路局找了一份铁路养道班工人的工作；干完一天打道钉和铲石子的工作之后，他精疲力竭，几乎等不到吃完饭就睡着了。

只要我们足够疲惫，哪怕正在走路，大自然也会强迫我们入睡。让我举一个例子说明：我十三岁那年，有一次我的父亲押运一车肥猪去密苏里州的圣乔伊（Saint Joe），由于他有两张免费铁路通行证，就带我同行。在那之前，我从未过人口4 000以上的城镇。圣乔伊的人口有60 000，所以我抵达那里时兴奋极了。我看见了六层高的大楼，还看见了有轨电车，对各种新鲜东西惊叹不已。如今我闭上眼睛，有轨电车的样子和声音仍然会浮现在眼前。度过平生最刺激最兴奋的一天之后，我跟父亲乘火车返回密苏里州的雷文伍德（Ravenwood）。到站时已经是深夜两点，我们必须走四英里路才能回到自家农场。故事的重点在于：我太累了，以至竟然一边走一边睡着了，还做了梦。我经常骑在马背上睡着。我现在还活着真是奇迹！

人在完全精疲力竭时，无论电闪雷鸣还是战争的恐怖和危险都无法惊醒他。著名神经病理学家福斯特·肯尼迪（Foster Kennedy）医生告诉我，1918年英国第五军撤退时，他目睹精疲力竭的士兵随地倒下开始熟睡，好像昏迷一样。他用手指抬起他们的眼皮，他们也不会醒。他注意到，那些士兵的瞳孔全都在眼眶中向上翻转。肯尼迪医生说："从那以后，每当我难以入睡时，就仿效那个样子，把眼球向上翻转。我发现，不一会儿我就会开始打呵欠，感到昏昏欲睡。这是一种人不能控制的自动反射作用。"

没人想用拒绝睡觉的方式自杀，也从未有人成功过。不管你的意志如何，大自然都会强迫你睡觉。人类即使不吃东西、不喝水也可以坚持很长时间，却不能那么长时间不睡觉。

提及自杀，我想起了亨利·C. 林克（Henry C. Link）博士在《人的再发现》一书中描述的一个案例。林克博士是心理咨询公司的副总裁，他曾经与很多忧虑沮丧的人面谈过。在该书的"克服恐惧和忧虑"一章中，他记述了与一个想自杀的患者的谈话。林克博士知道争论只会使情况恶化，所以对那个人说："既然你无论如何都要自杀，至少你可以采取一种有英雄气概的方式。绕着街区跑，直到累死为止怎么样？"

他尝试了，而且不止一次，试了好几次，每跑一次他的感觉就变好一点——虽然不是他的肌肉而是精神状态。到第三天晚上，林克博士最初的意图实现了，这个患者的身体已经十分疲劳（身体也放松了），睡得像根木头一样。后来他加入了一个运动俱乐部，开始从事各种竞技运动。他的心情很快好转，想要一直活下去了！

这是防止为失眠而忧虑的五条规则：

一、如果你无法入睡，就效仿塞缪尔·昂特迈耶，起来工作或者看书，直至你觉得有睡意。

二、请记住，从来没有人死于缺乏睡眠。对于失眠症的忧虑造成的伤害远远超过失眠本身造成的伤害。

三、尝试祈祷，或者效仿珍妮特·麦克唐纳的做法，反复背诵《旧约圣经·诗篇23》。

四、全身放松。阅读《摆脱神经紧张》。

五、进行运动锻炼，使你的肉体疲劳而容易入睡。

一言以蔽之：

防止疲劳和忧虑、保持精力和干劲充沛的六种方法

规则一　在疲劳之前休息。

规则二　学会在工作时放松。

规则三　如果你是家庭主妇，就在家里休息，保护你的健康和容貌。

规则四　养成这四种良好的工作习惯：

1.清理办公桌，只留下与手头目前要处理的问题相关的资料。

2.按照事情的重要程度循序处理。

3.遇到问题时，只要你有做决定所必需的材料，就在当时、当场解决。

4.学习组织、分层负责和监督。

规则五　在工作中投入激情，防止忧虑和疲劳。

规则六　请记住，从来没有人死于缺乏睡眠。对于失眠症的忧虑造成的伤害远远超过失眠本身造成的伤害。

第八篇

如何寻找能带给你幸福
和成功的工作

第二十九章　你的人生的主要决断

（这一章写给尚未找到自己想要的工作的年轻男女。如果你属于这一类人，阅读这一章可能对你的人生产生深远影响。）

如果你未满十八岁，你很可能即将面临人生中两个最重要的抉择，你的决定也许会彻底改变你的生活，对你的幸福、收入和健康产生长远的影响，它们可能成就你，也可能击垮你。

这两个重大抉择是什么？

第一：职业。你靠什么谋生？你打算成为农夫、邮递员、化学家、护林员、速记员、马贩子还是大学教授，抑或经营汉堡包店？

第二：婚姻。你打算选择谁做你的孩子的父亲或母亲？

这两个重要决定常常就像赌博。哈里·爱默生·福斯迪克（Harry Emerson Fosdick）在他的作品《坚持到底的力量》中说："每个男孩在选择度假方式时都像在赌博，他必须赌上假期的全部生活。"

怎样才能减少在选择度假方式时的风险？接下来我们将尽力回

答这一问题。第一，尽可能寻找让你乐在其中的工作。戴维·M. 古德里奇（David M. Goodrich）是 B. F. 古德里奇轮胎制造公司的董事会主席，有一次我问他，在他看来，获得商业成功的首要条件是什么？他回答说："享受你的工作。如果你喜欢自己的事业，就可以长时间工作而完全不觉得疲惫厌烦，工作变得像游戏一样。"

爱迪生（Edison）就是一个好例证。爱迪生是个没受过学校教育的报童，长大后却改变了美国的整个产业界。他在自己的实验室吃饭和睡觉，每天工作十八个小时，可是完全不觉得的辛苦。他大声宣称："我从不觉得自己在工作，我乐此不疲！"

难怪他会成功！

我听查尔斯·施瓦布（Charles Schwab）说过类似的话，他说："一个人在他具有无限热情的领域，几乎可以成就任何事。"

不过假如你对自己想做什么连最模糊的概念都没有，要怎样才能对工作产生热情呢？埃德娜·克尔（Edna Kerr）夫人曾经为杜邦（Dupont）公司招聘过数千名雇员，现在是美国家用产品公司的劳资关系部助理主管，"有太多年轻人从不知道自己真正想做什么，那是我见过的最大的悲剧。如果一个人除了金钱之外从工作中一无所获，我认为那是最值得怜悯的。"克尔夫人报告说，大学毕业生来求职时的开场白总是："我有达特默斯大学的文学士学位（或者康奈尔大学的硕士学位）。你们公司有适合我的职位吗？"他们不知道自己能做什么，甚至不知道自己喜欢做什么。难怪有那么多人在刚走上社会时满怀雄心壮志和玫瑰色的梦想，到了四十岁时却彻底失败，沮丧不已，甚至精神崩溃。

事实上，找到适合自己的职业还有益于身体健康。约翰·霍普金斯（Johns Hopkins）医院的雷蒙德·珀尔（Raymond Pearl）医生与一些保险公司联合做过一项研究，发现"正确的职业选择"是让人长寿的首要因素之一。托马斯·卡莱尔（Thomas Carlyle）也有相同观点，他说："找到适合自己的工作的人是有福的。他就不要再祈求其他福泽了。"

保罗·W. 博因顿（Paul W. Boynton）是索科尼—真空（Socony-Vacuum）石油公司的人事主管，在过去二十年间，他面试过 75 000 多名求职者，写过一本题为《求职的六种方法》的书。最近我与他共度了一个晚上，我问他："如今的年轻人在找工作时所犯的最大错误是什么？""他们不知道自己想做什么，"他回答道，"骇人听闻的是，他们考虑买一套衣服所用的时间比选择职业所用的时间更多，可是衣服几年就穿破了，而他们的全部未来、生活的幸福和心情的平静都取决于职业！"

怎么办呢？你能做什么？你可以利用一种名为"职业指导"的新行业。它可以帮助你也可能损害你的利益，结果取决于你咨询的顾问的能力和性格。这种新行业还远远不算完善，甚至还没有抵达模特的T型台，不过前景相当可观。如何利用这种科学呢？你可以在社区寻找提供职业测试和职业咨询的地方。

不过此类意见只能作为参考。你必须自己决定。请记住，这些顾问不是绝对正确的。他们彼此之间存在意见分歧，甚至有时会犯荒谬的错误。举例来说，一个职业指导顾问建议我的一个学生当作家，理由仅仅是她的词汇量很大。多么荒唐！写作并非如此简单。优秀的作者能够将自己的思想和情感传递给读者，作家需要的不是词汇量，而是创意、经验、说服力、榜样和激情。建议那个词汇量很大的姑娘当作家的顾问只做成了一件事：以前那个快乐的速记员变成了有心无力的失意小说家。

我试图说明的是，职业指导专家并非绝对可靠。或许稳妥的做法是多咨询几个专家，然后用常识诠释他们的意见。

你也许觉得奇怪，为什么我要在一本关于忧虑的书里专门用一个章节谈论职业选择？其实一点都不奇怪，想想看，我们的忧虑、悔恨和挫折有多少是我们厌恶的工作造成的！你可以去问你的父亲、邻居或者老板。约翰·斯图亚特·密尔（John Stuart Mill）这样明智的卓越人物也断言，产业工人不适应或不喜欢自己的工作是"社会的最严重的损失"。是的，那些"不适应或不喜欢"自己的日常工作的人是地球上最不幸的！

你知不知道哪种人会在军队里"崩溃"？被委派到错误岗位上的人！我说的不是战争的受害者，而是在平常情况下服役时崩溃的人。威廉·门宁格（William Menninger）博士是在世的最伟大的精神病专家之一，在二战期间管理军队的神经—心理治疗部门，他说："关于合理选择和安排职位、让合适的人从事适当的工作的重要性，我们在军队中吸取了很多经验……对自己工作的重要性坚信不疑，这是极其重要的。假如一个人对自己的工作没有兴趣，觉得自己被安排到错误的位置上，认为自己没有受到赏识，相信自己的才能被误用了，那么他不是成为精神疾病的牺牲品，就是有潜在的心理问题。"

由于同样的原因，工商业领域也有这样"崩溃"的人。如果他鄙视讨厌自己的事业，他的身体和精神也可能垮掉。

以菲尔·约翰逊（Phil Johnson）的故事为例。他的父亲开一家洗衣店，所以希望自己的儿子继承家业，从事洗衣店的工作。但是菲尔·约翰逊厌恶洗衣店，总是得过且过，虚度光阴，绝对不做分外的事情。有时他还旷工。他的父亲很难过，认为儿子懒惰、没出息、不求上进，以致在雇员面前感到惭愧。

有一天，菲尔·约翰逊告诉父亲，他想去机械店当机修工人。什么？当那种穿工装裤的工人？不顾老人的震惊和反对，菲尔走上了自己的路。他穿着油腻的粗棉布工作服，工作时间比在洗衣店时更长而且更辛苦，可是他喜欢这份工作，一边干活一边吹口哨！他当上了机械师，学习发动机的知识，鼓捣机器。菲尔·约翰逊1944年去世时，已经成为波音（Boeing）航空公司的总裁，研制出了先进的"飞行堡垒"，为盟军赢得二战做出了贡献！假如当年他继承了洗衣店，他和洗衣店会变成怎样——尤其是在他父亲死后？我猜他会垮掉，洗衣店也会彻底破产。

即使冒着引起家庭矛盾的风险，我也想对年轻人说：不要仅仅由于家人的希望就勉强进入某个行业！除非你确实喜欢，不要勉强选择某种职业！话说回来，你应该仔细考虑父母的建议。他们的年龄可能是你的两倍。他们经验丰富，从过去的时间中积累了许多人生智慧。但是最后进行分析并做出决定的人只能是你。因为无论工作带给你的是幸福还是不幸，体验的人都是你自己。

现在让我向你提供以下这些关于职业选择的建议或告诫：

一、阅读以下五条关于选择就业指导顾问的建议。这些建议来自美国最好的就业指导专家之一、哥伦比亚大学的哈里·德克斯特·基特森（Harry Dexter Kitson）教授。

1. 如果有人声称他有魔法，能指明你的"职业资质"，切勿相信。此类人包括骨相学者、星相家、"性格分析师"、笔迹鉴定家。他们那一套是不管用的。

2. 如果有人声称，让你做一套测试就能指明你应当选择的职业，切勿相信。这种人违背了就业咨询的原则，因为选择职业时必须考虑求职者的身体状况、社会背景、经济条件等因素；顾问在提供服务时还应当参考相关行业的职位供求情况。

3. 找一位拥有大量职业相关情报的就业指导顾问，在咨询过程中参考这些资料。

4. 全面周到的就业指导服务通常至少需要面谈两次。

5. 永远不要接受函授的就业指导。

二、排除那些已经人满为患、供过于求的行业和职业！世界上有两万多种不同的谋生途径。可是年轻人们知道吗？不知道，除非他们雇用了一个盯着水晶球看的专家。结果呢？在一所学校里，有三分之二的男生的职业选择局限于其中五种，女生的比例则高达五分之四。难怪少数热门行业和职业总是人满为患，难怪烦恼、不安全感和"神经性焦虑"正在白领阶层中间盛行！如果你打算挤进法律、新闻、广播、电影之类"充满诱惑力"的热门领域，一定要做好心理准备。

三、避开那些让你能够谋生的机会仅有十分之一的职业领域，例如人寿保险推销员。每年都有无数人——通常是无业人员——开始推销人寿保险，却不愿意事先费心了解一下可能遇到什么！二十年来，费城房地产信贷大厦的富兰克林·L. 贝特格（Franklin L. Bettger）先生是美国最杰出、最成功的保险推销员之一。他为我们描述了这一行业的大概情况。他断言，入行推销人寿保险的人中间有九成会在一年之内放弃，在失意和沮丧中离开。在留下来的人中间，十分之一的人的销售额占总销售额的九成，其余十分之九的人的销售额仅占一成。换一种说法就是：如果你推销人寿保险，在一年之内失败并退出的可能性是 90%；即使得以幸存，每年赚一万美元的可能性也仅有 1%，绝大多数推销员只能勉强糊口而已。

四、在决定投身某种职业之前，先用几个星期——必要的话就用几个月——尽可能全面地了解相关信息！怎样了解呢？找已经从事该职业 10 年、20 年甚或 40 年的资深人士，与他们面谈。

这种面谈也许会对你的未来产生深远影响。这是我的亲身体验。我二十岁出头时，曾经向两位长者请教关于职业的意见。如今回顾，我意识到那两次面谈是我职业生涯的转折点。事实上，假如没有那段经历，我难以想象自己的人生会变成什么样子。

如何得到职业指导面谈的机会？为了说明，我们假定你正在考虑当建筑师。在做决定之前，你应该用几个星期与当地和邻近城市的建筑师面谈。你可以在电话分类黄页上查找他们的姓名和住址。你可以给他们的办公室打电话，不管有没有预约都可以。如果你希望事先预约，可以给他们写一封类似的信件：

您是否愿意帮我一个小忙？我需要您的建议。我今年 18 岁，正在考虑学习当建筑师。在下定决心之前，我希望咨询您的意见。

如果您工作繁忙，不能在办公室见我，只要您同意给我半个小时的时间，我可以去您家拜访，我将不胜感激。

以下是我想请教您的问题的清单：

1. 假如人生可以重来，您还是愿意当建筑师吗？

2. 根据您对我的印象，您是否认为我具备当一名成功建筑师的素质？

3. 建筑师这个行业是否供过于求？

4. 如果我用四年时间学习建筑，毕业以后找工作困难吗？我最初应该选择什么种类的工作？

5. 如果我能力普通，刚开始工作的五年我可以期望拿多少工资？

6. 作为建筑师的优势和劣势是什么？

7. 假如我是您的儿子，您会建议我当建筑师吗？

如果你羞怯内向，不好意思单独见"大人物"，这两个建议可以帮助你：

首先，带一个年龄相仿的同伴一起去。你们可以互相鼓励，增强信心。如果你找不到年龄相当的同伴，还可以请父亲陪你去。

第二，不要忘记，向别人请教意见就是在赞赏他的能力。他会感觉受到了你的恭维。不要忘记，成年人喜欢向年轻人提出建议或忠告。建筑师很可能乐意跟你面谈。

如果你对写信预约面谈感到犹豫不决，就不要预约，直接去办公室找那个人，告诉他如果他给你提供一点建议，你会感激不尽。

假设你拜访了五个建筑师，他们都太忙了没时间跟你谈话（虽然这种可能性不大），那就再找五个人。总会有人愿意见你并提供一些宝贵的建议，它们可能帮你节省数年时间，避免令人心碎的失败。

请记住，你正在做的决定是人生中最关键、最影响深远的两项决定之一。在行动之前要用足够的时间进行思考、了解情况。否则你可能会浪费半生的时间，追悔莫及。

如果你能负担费用，不妨出钱请人用半小时时间提供建议。

五、抛弃那种"你只适合一种职业"的错误观念！每个正常人都能从事多种职业并获得成功，每个正常人都可能在许多职业领域失败。以我自己为例，只要经过学习和准备，我相信自己能够从事某几种职业，并有相当大的机会取得程度较小的成功，而且从工作中得到乐趣。我指的是这几种职业：畜牧、水果种植、农艺师、医药、推销员、广告设计、乡村报纸的编辑、教师和林业。另一方面，我在这些职业领域肯定不会快乐而且会失败：记账、会计、工程师、旅馆或工厂经理、建筑师、机械相关的一切职业等。

第九篇

如何减轻财政方面的烦恼

第三十章 "我们的忧虑之中有 70% 与金钱相关"

如果我知道如何解决每个人的财政方面的烦恼，我就不会写这本书了，我会坐在白宫里，当总统身边的顾问。不过我能做一件事：我可以引述一些权威关于这个问题的见解，提供一些非常实用的建议，并告诉你在哪里寻找提供额外指导的书籍和小册子。

《女性家庭杂志》的一项调查显示，我们的忧虑之中有 70% 与金钱相关。盖洛普民意调查协会主席乔治·盖洛普（George Gallup）说，他的调查表明，大多数人相信只要自己的收入增加 10%，他们就不会再受财政问题的困扰。在许多情况下这是真的，然而并非如此的情况更加多得惊人。举例来说，在写作这一章期间，我访问了一位预算方面的专家，她的名字是埃尔茜·斯特普尔顿（Elsie Stapleton）夫人，担任财政顾问多年，为纽约的沃纳梅克（Wanamaker）百货商店和金贝尔（Gimbel）的客户和雇员服务。此外她还担任过个人的顾问，努力帮助为金钱问题而混乱焦虑的人们。她的客户的收入层次多种多样，从每年薪水不到一千美元的搬运工人，到每年赚十万美元的高级主管。她这样告诉我："金钱的增多并不能解决大多数人的财政方面的烦恼。事实上，我经常见到某个家庭的收入增加了，却没有得到任何益处，反而增加了开支和令人头痛的烦恼。导致大多数人烦恼的原因不是没有足够的金钱，而是不知道如何使用现有的钱！"……（看到最后一句话，你是不是嗤之以鼻？好吧，在你再次不耐烦之前，请注意斯特普尔顿夫人说的不是所有人，而是'大多数人'。她指的不是你，而是你的姐妹、表亲以及身边的人们。）

有些读者会说："我希望这个叫卡耐基的家伙用我的这点薪水替我支付账单，替我偿还债务。这样一来，我打赌他会改变看法。"好吧，我也体验过财政困难。在密苏里州的农场，我每天在玉米地和干草谷仓里干十个小时的重体力劳动，以致我的最大愿望是摆脱肉体精疲力竭导致的疼痛。劳动这么辛苦，可是我的报酬不是每小时一美元，也不是每小时五毛甚或一毛，而是每小时五分钱。

我知道整整二十年住在既没有浴室又没有自来水的房子里是怎么回事。我知道在室温零下 15 度的卧室里睡觉是什么感觉。我曾经为了节省五分钱车费徒步几英里，鞋底磨出了洞，裤子上打着补丁。我曾经只能在餐馆里点菜单上最便宜的食物，因为请不起裁缝缝补，只能穿着裤子睡在床垫上。

然而即使在那段困难时期，我也常常设法从工资中省出几个一角或两角五分的硬币，因为我害怕一无所有。由于那段经历，我认为倘若我们希望避免债务和财政方面的烦恼，就必须效仿工商企业的做法，制订一个预算计划，然后按照计划花钱。可是大多数人没有计划。举例来说，我的好朋友莱昂·希姆金（Leon Shimkin）是出版这本书的出版社的经理，他指出了一个奇怪的事实：很多人在处理金钱方面相当盲目。他告诉我，他认识一个簿记员，那个人在管理公司资金时是个奇才，在处理个人财务时却恰好相反！……如果这个人在星期五中午拿到了工资，走到街上，看见商店橱窗里有一件大衣是他喜欢的，他就会当即买下，完全不考虑他迟早必须用那些薪水支付房租、电费等各种"固定"费用。只要口袋里有现金，他就毫不犹豫地花钱。可是这个人明白，假如他供职的公司也用这种只图一时之快的方式经营生意，结果肯定是破产倒闭。

这是应该考虑的，只要涉及你的金钱，你就是在为自己做生意！按照字面意思，你如何支配自己的钱是你自己的事情（译者注：这里的"生意"和"事情"都是 business）。

不过管理金钱有什么原则呢？我们如何编制预算、制订计划？读者可以参考下面的十一条规则。

规则一：在纸上记录收支情况。

五十年前，小说作家阿诺德·本涅特（Arnold Bennett）初到伦敦时几乎身无分文，生活压力很大。因此他有记账的习惯，每个六便士银币的支出都要记录。他知道自己的钱去了哪里吗？是的，他知道。他喜欢记账，所以他在成为世界闻名的富裕小说家甚至拥有私人游艇之后，依旧保留着这一习惯。

老约翰·D. 洛克菲勒（John D. Rockefeller）也有一本分类账。他每天晚上祷告和上床睡觉前，必定要核算每天的开支，精确到每一分钱。

我们也应该准备一本笔记簿开始记账。在余生中都要记录吗？不，没有必要。财务预算的专家推荐的方法是至少在最初一个月中——可能的话最好是三个月——详细记录我们的开支，精确到每一分钱。这样我们就可以准确了解钱的去向，然后根据这些记录编制预算案。

哦，你知道自己的钱花在什么地方？好吧，或许确实如此；不过如果你这样做了，你就是千里挑一的罕见人物！斯特普尔顿夫人告诉我，很多人用几个小时向她提供资料和数据，她记录到纸上进行统计，然后他们看到结果就会大声惊叫："我的钱就是这样花掉的？"他们几乎不敢相信，这种情况相当常见。你也是那样吗？有可能。

规则二：量身定制，编制真正适合你的需求的预算案。

斯特普尔顿夫人告诉我，可能有两户人家是邻居，住在城郊的相同的房子里，孩子人数相同，收入也相同，可是预算需求却截然不同。为什么？因为人是不同的。她说预算方案必须因人而异，按照个人需求定制。

预算的观念并非意味着消除生活中的一切乐趣。预算的目的是赋予我们一种物质上的安全感，在多数情况下，它也意味着情绪上的安全感，使我们远离忧虑。斯特普尔顿夫人告诉我："按照预算生活的人们比较快乐。"

那么怎样制定预算方案呢？如前所述，首先你必须列出详细的开支清单，然后请别人提供建议。在人口两万以上的城市，你可以找到家庭福利社团，他们会乐意为你的财务问题提供免费咨询，并帮助你编制适合你的收入的预算案。

规则三：学习怎样明智地花钱。

我的意思是说，学习如何最大限度地利用你的钱。所有大型企业都有专业采购员和销售代理商，他们的工作就是替公司争取最划算的交易价格。你作为自己的个人财产的管理者，为什么不采取同样的做法呢？

规则四：不要使收入的增加伴随着头痛。

斯特普尔顿夫人告诉我，在从事预算咨询时，她最害怕遇到的客户是年收入5 000美元的家庭。我问为什么，她回答道："因为年收入5 000美元似乎是大多数美国家庭的目标。他们可能理智稳健地生活了多年，然后一旦年收入达到5 000美元，他们就会认为自己'达到'目标了。他们会开始花钱，在城郊购置一栋房子，'买房跟租一套公寓的费用差不多'，再买一辆小轿车，买许多新家具和许多新衣服……你可以猜到结果，他们的财政会出现赤字。实际上他们不如以前那么快乐，因为收入的增加使他们变得不自量力了。"

这是人类的天性。我们都想从生活中得到更多。但是长期而言，与讨债信塞满信箱、债主不断敲门的未来相比，迫使自己按照紧缩的预算计划生活是不是比较幸福？

规则五：建立信用，以便在遇到意外事件时可以借钱。

假如你面临紧急情况，发现必须借钱，人寿保险单、国防债券票据和存款单都是你口袋里的钱。不过如果你想凭保险单借钱，必须先确认你的保险单具有存款利息，也就是现金价值。某些类型的保险是所谓的"限期保险"，仅在规定的期限内提供保护，没有现金储备功能。这样的保险单显然不能用于贷款。因此规则是提问！在你签保险合约之前，应该先问清楚它是否具有现金价值，能不能用作抵押。

现在假设你没有保险单或者国防债券，不过你有房子、小轿车或者某种附属抵押品，你可以到哪里去借钱呢？总之还是去银行！这个国家的银行都受严格的规章约束；他们要维护在公众中的信誉；银行的贷款利息率受到法律的严格限定；他们会公平地跟你做交易。通常情况下，如果你陷入财政方面的困境，银行会与你详细讨论问题，一起制订计划，帮助你摆脱烦恼并偿还债务。我再重复一次，如果你拥有附属抵押品，就去银行！

话说回来，万一你没有附属抵押品，没有任何不动产，除了自己的工资或薪水之外没有东西可以抵押，你应该怎么办？那么如果你重视自己的人生，就听从这个告诫！不要——千万不要——在报纸上看到那些充满诱惑力的广告，就去找一家"贷款公司"借钱！看他们的广告，他们简直像圣诞老人一样慷慨大方！千万不要相信！确实有一些公司是符合道德、诚实可靠、遵守规矩的。他们为那些生病或者面临紧急情况的急需用钱的人们提供服务。他们收取的利息比银行高，不过那是必然的，因为他们承担的风险比较大，经营的费用也比较多。但是在与任何贷款公司做交易之前，你应该先去银行，找一位管理员谈一谈，请他推荐一家他知道的公平安全的贷款公司。否则……我不想使你做噩梦，但是你可能遇到这样的事：

有一次，明尼阿波利斯的一家报社组织了一项调查，调查对象是几家据称按照拉塞尔·塞奇（Russell Sage）基金会制定的规章经营的贷款公司。我认识一个参与调查的人，他的名字是道格拉斯·勒顿（Douglas Lurton），现在是《你的生活》杂志的编辑。勒顿告诉我，他在贫穷的债务人中间目睹的虐待简直令人毛骨悚然。

最初仅仅五十美元的贷款在期限之前就会猛增至三四百美元。工资被扣发，赌上自己工资的人通常会被公司解雇。这样的例子数不胜数，贷款人无力偿还债务时，吸血的债主们就会派一个估价员去他家，给全部家具估价，然后把他扫地出门！有些人只是借了小额贷款，过了四五年仍然欠债！那种事例不常见吗？道格拉斯·勒顿说："在我们的运动期间，大量这类案件纷纷涌向法院，以致法官们举手投降，报社不得不专门建立了一个仲裁部门处理这些案件。"

怎么可能发生这种事？当然，答案在于各种各样的隐藏收费和额外的"法定费用"。与贷款公司打交道时要记住一个规则：如果你有绝对把握，丝毫没有怀疑，能够在短期内还清欠款，那么你的利息会较低，或者低得合理，收费也相当公平。但是如果你不得不延长贷款期限继续借钱，你的利息就会利上滚利，计算起来连爱因斯坦（Einstein）看了也会头晕眼花。道格拉斯·勒顿告诉我，在有些案例中，这种额外费用会迅速上涨，达到原来的借款的二十倍，或者高达银行收费的五百倍！

规则六：保护自己，避免疾病、火灾和紧急状况导致的开销。

你可以用相对便宜的金额购买保险，应对各种事故、灾祸和可想象到的紧急状况。我不是建议你提防一切，包括在浴缸里滑倒和染上风疹，我的意思是你应该保护自己，抵御会导致较大金钱损失并令你烦恼的主要灾祸。保险价格是便宜的。

举例来说，我认识一个女人，她去年因病住院十天，出院时收到的账单却仅有八美元！为什么？因为她有医疗保险。

规则七：不要选择以现金方式一次性向你的遗孀支付人寿保险

金。

如果你购买了人寿保险，以便在你去世后为家人提供生活来源，我请求你，千万不要选择一次性支付保险金的方式。

"刚拿到一笔钱的新寡妇"会遇到什么事？让玛丽安·S. 埃伯利（Marion S. Eberly）夫人来回答这个问题。她是人寿保险协会的女性部门的领导，住在纽约市东 42 街 60 号。她在美国各地的妇女俱乐部发表演说，宣传购买人寿保险的明智方式是选择分期兑现，而不是用现金一次性支付给寡妇。她告诉我，有一个寡妇收到 20 000 美元的现金，就把它借给儿子去做汽车零配件生意。结果生意失败，现在她一贫如洗。还有一个寡妇受到圆滑的房地产推销员的怂恿，用她的大部分人寿保险金投资买空地，据说那笔钱"肯定会在一年之内翻倍"。结果三年后，她不得不以成本的十分之一的价格卖掉了空地。还有一个寡妇拿到 15 000 美元的人寿保险金以后在一年内就损失殆尽，不得不向儿童福利协会申请帮助她的孩子们。此外还有无数类似的悲剧。

"给一个女人 25 000 美元，那笔钱能留在她手里的时间平均不到 7 年。"《女性家庭杂志》引述的这句话出自《纽约邮报》的财经版编辑西尔维娅·S. 波特（Sylvia S. Porter）之口。

若干年前，《星期六晚邮报》的一篇编者评论写道："众所周知，未受过商业训练的普通寡妇容易轻信受骗，而且缺少银行家的建议，第一个接近她的圆滑的推销员就能诱骗她把丈夫的人寿保险金全部用于鲁莽的投资。任何律师或银行家都能列举十几个这样的案例：一个男人平生勤俭节约，经过多年的克己和牺牲积累了一笔钱，结果由于寡妇或者孤儿相信了专门掠夺女人钱财的狡猾骗子，他毕生的积蓄就轻易打了水漂。"

如果你希望保护你的寡妇和孩子们，最好效仿最明智的金融家之一摩根（J. P. Morgan）的做法。他在遗嘱中指定了 16 个主要的遗产受赠人，其中 12 人是女性。他给这些女人留下现金了吗？不。他留下的是信托基金，以便确保这些女人每个月拿到一笔收入。

规则八：教育你的孩子对金钱采取负责的态度。

我永远不会忘记在《你的生活》杂志上读到过的一则故事。其作者斯特拉·韦斯顿·特特尔（Stella Weston Turtle）描述了她培养女儿对金钱的责任意识的方法。她从银行另外拿了一本支票簿，交给自己九岁的女儿。母亲扮演为儿童提供基金的银行，女儿将每星期的零用钱"存放"到母亲那里。然后每当女孩需要一两分钱的时候，她就"开一张支票"取钱，并每次记录存款余额。小女孩不仅从中得到了乐趣，而且在此过程中渐渐养成了对于金钱管理的真实责任感。

这个方法十分出色，如果你有一个学龄的儿子或女儿，并希望孩子学习管理金钱，我推荐你采用这个方法。

规则九：若有必要，不妨利用你厨房里的炉子，赚一点额外收入。

如果你明智地安排预算控制开销，却仍然发现入不敷出，那么你有以下两种选择：你可以责骂、烦躁、忧虑、抱怨，也可以拟订计划赚一点额外收入。具体怎么赚钱呢？你只要利用目前人们迫切需求、市场上却没有充足供应的东西。纽约州杰克逊海茨（Jackson Heights）83 街 37-09 的内莉·斯皮尔（Nellie Speer）夫人就是这样做的。1932 年时，她孤零零地在三个房间的公寓里生活。她的丈夫去世了，孩子们都已经结婚。有一天，她在一家有冷饮柜台的杂货店吃冰淇淋时，注意到冷饮柜那里还在卖烤馅饼，可是那些馅饼看上去很糟糕。她就问那个业主，是否愿意买一些真正的家庭自制馅饼？他向她订购了两个。斯皮尔夫人告诉我说："我的厨艺很好，不过我们住在佐治亚州时一直雇佣仆人，此前我烤过的馅饼不超过十二个。接受订购之后，我就向一个女邻居请教烤苹果派的方法。第一次我制作了两个馅饼，一个苹果馅一个柠檬馅，冷饮柜台的顾客们吃了很高兴。第二天，杂货店又订购了五个。其他冷饮柜台和小餐馆渐渐也来找我订购馅饼。在两年内，我烤制的馅饼数量达到了每年 5 000 个，全部工作都是在我的小小厨房里完成的，我每年能赚 1 000 美元，除了做馅饼的配料之外，不用多花一分钱。"

斯皮尔夫人的家庭自制糕点的需求量越来越大，她不得不离开厨房，开了一间店铺，还雇用了两个姑娘当助手，烤制各种馅饼、蛋糕、面包和面包卷。战争期间，人们愿意每次排队等待一小时，只为买她的家庭自制糕点。

斯皮尔夫人说："我一辈子从未如此快乐过，我每天在店里工作 12 至 14 个小时，却不觉得疲惫，因为对我而言它不是工作，而是生活中的冒险。我尽自己的一份努力，给人们送去一点快乐。由于忙碌，我没时间感到孤独或忧虑。我的工作填补了母亲、丈夫和孩子的离去在我的生命中留下的空虚。"

我问斯皮尔夫人，在人口 10 000 以上的城镇，其他善于烹调的女士是否也能用类似的方式在闲暇时间赚钱呢？她回答道："当然，她们当然可以！"

奥拉·斯奈德（Ora Snyder）夫人也有类似的经历。她住在伊利诺伊州的梅伍德（Maywood），当地人口 30 000。她的事业的开端是厨房的炉子和价值一毛钱的食物配料。当时她的丈夫生病了，她不得不设法挣钱。可是怎样挣钱呢？她既没有经验、没有技术又没有本钱，只是个家庭主妇。她用鸡蛋清和糖在厨房的炉子上做出了一种糖果；然后她带上糖果，在学校附近站着，把它卖给放学回家的小孩，每块一分钱。她告诉那些孩子："明天多带点分币，我每天都会来这儿卖自制糖果。"第一个星期，她不仅赚到了钱，而且找到了生活的新乐趣。她使自己和孩子们都感到快乐。现在没时间忧虑了。

　　来自伊利诺伊州的梅伍德的这个家庭主妇虽然不起眼，却雄心勃勃，决定拓展市场，请代理商到繁华喧嚣的大城市芝加哥去推销她的家庭自制糖果。她接近一个在街上卖花生的意大利人，羞怯地跟他攀谈。他耸了耸肩。他的顾客们想要的是花生，不是糖果。她给了他一份样品。他尝了觉得味道不错，就开始推销她的糖果，第一天就替斯奈德夫人赚了不少利润。四年以后，她在芝加哥开了第一间店铺，门面只有八英尺宽。她夜晚制作糖果，白天销售。这个羞怯的家庭主妇从厨房的炉子边开始制造糖果，如今拥有 17 家店铺，其中 15 家位于芝加哥的繁华地区。

　　我试图说明的重点是：纽约州杰克逊高地的内莉·斯皮尔夫人和伊利诺伊州梅伍德的奥拉·斯奈德夫人没有为财务问题忧虑，而是采取了积极的做法。她们的起点都极其简单，只是用厨房的炉子做出来的食物赚钱，不需要日常管理经费，不需要房租，不需要登广告，不需要发薪水。在这样的条件下，女人几乎不可能被财务方面的烦恼击败。

观察你的周围，你会发现许多未满足的市场需求。举例来说，如果你掌握了烹饪技术，你可以在自己的厨房里开培训班，通过教年轻女孩烹调来赚钱。只要按响门铃，你就可以找到学生。

在公共图书馆查找一下，你就能找到关于如何在空余时间赚钱的书籍。男性和女性都有很多机会。不过我要告诫你一句：除非你生来具有推销的天赋，不要尝试上门推销。大多数人讨厌那样，失败的人很多。

规则十：切勿赌博。

每当看到有人希望通过玩老虎机或赛马等赌博赚钱，我总是很震惊。我认识一个人，他就是靠操纵这些"角子老虎机"维持生计的，他轻视那些愚蠢的赌徒，因为他们居然天真到以为自己能够击败预先做过手脚的机器。

我还认识一个全国知名的书商，他是我的成人教育班的学生。他告诉我，根据他对赛马的知识，他不可能通过赌马赚钱。然而事实上，愚蠢的赌徒们每年浪费在赌马上的钱多达 60 亿美元，恰好是 1910 年的美国国债总额的六倍。这位书商还告诉我，假如他有一个厌恶的敌人，他认为毁掉敌人的最好办法是劝诱他去赌马。我又问，假如有人按照内幕消息下赌注，结果会怎样呢？他回答道："如果你那样赌马，就算你有美国造币厂也会输光！"

即使我们下定决心要赌博，也至少应该学聪明一些。让我们看看概率如何对我们不利。让我们阅读一本题为《如何计算概率》的书，其作者奥斯瓦尔德·雅各比扬（Oswald Jacobyan）是桥牌和扑克牌的权威，也是一流数学家、专业统计学家和保险精算师。该书专门用 215 页分析各种赌博方式的胜率，包括赌马、轮盘赌、双骰、老虎机、换牌扑克、四明一暗扑克（梭哈）、合约桥牌、皮诺克纸牌（auction pinochle）、股票市场等。该书还告诉读者十几种其他事件的科学的数学概率。它不会假装教你怎样通过赌博赚钱。作者完全没有私心。他只是告诉你，在常见的赌博方式中，你获胜的概率有多少；看到那些数字之后，你会同情那些受骗上当的可怜家伙，他们辛苦赚来的工资全都白白送给了赛马、纸牌、骰子或者老虎机。如果你打算玩双骰、扑克或者赌马，这本书能帮你省下的钱也许是书价的一百倍，甚或一千倍。

规则十一：如果我们不可能改善经济情况，就对自己好一点，不要对不可能改变的事愤愤不平。

如果我们不可能改善自己的经济情况，或许我们可以改变自己的心态。请记住，各家有本难念的经，其他人也有经济上的烦恼。我们烦恼的原因也许是自家的情况不如与我们社会地位相当的人；但是人家（译者注：Joneses，指代与自己社会地位相当的人）可能也在烦恼，因为他们比不上里兹（Ritzes）；而里兹也有烦恼，因为他们比不上范德比尔特（Vanderbilts）。

美国历史上的一些最著名的人物同样有财务方面的烦恼。林肯和华盛顿都不得不向别人借路费才能去参加总统就职典礼。

如果我们得不到自己想要的全部东西，至少不要让忧虑和怨恨毒害我们的生活，使我们的性情变得阴郁。让我们善待自己。让我们明智达观地接受现实。罗马的一位伟大哲学家塞内加（Seneca）说过："如果你总是不满足，纵然拥有整个世界，你也是不幸的。"

让我们记住，纵然我们拥有整个美国，用篱笆把它围起来，我们也只能每天吃三顿饭，每夜睡一张床。

为了减轻财政方面的烦恼，让我们遵循这十一条规则：

规则一　在纸上记录收支情况。

规则二　量身定制，编制真正适合你的需求的预算案。

规则三　学习怎样明智地花钱。

规则四　不要使收入的增加伴随着头痛。

规则五　建立信用，以便在遇到意外事件时可以借钱。

规则六　保护自己，避免疾病、火灾和紧急状况导致的开销。

规则七　不要选择以现金方式一次性向你的遗孀支付人寿保险金。

规则八　教育你的孩子对金钱采取负责的态度。

规则九　若有必要，不妨利用你厨房里的炉子，赚一点额外收入。

规则十　切勿赌博。

规则十一　如果我们不可能改善经济情况，就对自己好一点，不要对不可能改变的事愤愤不平。

第十篇

"我是如何战胜忧虑的"

（32个真实故事）

1. 突然袭击我的六大烦恼

讲述者：C. I. 布莱克伍德

俄克拉荷马州俄克拉荷马市的布莱克伍德—戴维斯（Blackwood-Davis）商业学院的业主。

1943 年夏天，仿佛世界上的一半烦恼同时降临到了我身上。

四十多年来，我作为一个丈夫、父亲和商人，一直过着无忧无虑的平常生活，只是偶尔遇到一些常见的烦恼。通常我都能轻松地应付这些麻烦，可是忽然之间——嘭！嘭！！嘭！！！嘭！！！！嘭！！！！！嘭！！！！！！六件麻烦事同时袭击了我。我忧虑不已，整夜在床上翻来覆去难以入睡，几乎害怕明天的来临，不敢面对那六个大烦恼。

一、我的商业学院遇到财政危机，正濒临破产边缘，因为男生都要服兵役，准备上战场；经过教育培训的女生毕业以后在办公室工作，赚的钱却不如在军工厂工作的大多数未受教育的女工多。

二、我的大儿子正在军队服役，所有跟普通的父母一样，我也十分担心他的安危。

三、俄克拉荷马市已经开始实施一个计划，征用大量土地建造机场，我家的房子（以前是我父亲的）位于那片地区的中央。我知道市政府给的补偿金只有市场价的十分之一，更糟糕的是，我们将失去自己的家；由于住房供不应求，我担心我们一家六口可能找不到栖身之处。我们或许不得不住帐篷，连能不能买到帐篷也没把握，为此我忧虑不已。

四、由于附近正在开挖一条排水渠，我家的水井干涸了。既然土地很可能被征用，如果另外挖一口井，就等于白白浪费 500 美元。我只得每天早晨用桶运水喂牲畜，如此持续了两个月，而且我害怕这种状况将在战争期间一直持续。

五、我的家距离商业学院十英里，我持有的是 B 类汽油卡，这意味着战争期间我不能买新轮胎，所以我担心万一哪天我那辆过时的旧福特车在荒郊野外罢工，我要怎么去上班？

六、我的大女儿提前一年高中毕业了。她决定要上大学，可是目前我付不起学费，我知道那样她会难过的。

一天下午，我坐在办公室里，想起自己的烦恼，觉得谁都没有我这么多的烦恼，于是决定把它们写到纸上。只要有机会奋斗，我不介意付出努力去解决它们，可是这些困难似乎完全不是我力所能及的。我完全无能为力。最后我把那张列举困难的纸收进了文件夹，过了几个月，我就忘记了这件事。一年半以后，我整理文件时偶然又看到了那张纸，上面写着曾经严重威胁我的健康的六大烦恼。回顾起来，我觉得很有趣，并且学到了一点教训。这时我发现，我担忧的事情一件都没有成为现实。

后来的事情是这样的：

一、关于我的商业学院可能倒闭的忧虑是没有必要的，因为政府开始出资补贴商业学校，以便培训退伍军人，我的学校的学生很快又满员了。

二、关于在军队服役的儿子，事实证明也不用担心，他从战场上平安回来了，连一点擦伤都没有。

三、关于征用我家土地建造飞机场的事，结果也不用担心，因为在距离我家农场一英里的地方发现了石油，地价飙升，不可能再征用这片土地建造飞机场了。

四、水井干涸的问题随之解决，既然我家的土地不会被征用，我立刻花钱挖了一口新井，这次挖得更深，找到了似乎不会枯竭的水源。

五、关于轮胎可能报废的忧虑也是没有必要的，因为经过胎面翻新和仔细保养，我的旧福特车凑合着挺了过来。

六、关于我女儿的大学教育问题也解决了，因为在大学开学之前六天，我奇迹般地得到了一份审计的兼职工作，可以在业余时间完成，这份工作使我及时凑足了女儿的大学学费。

以前我经常听别人说，令我们烦恼焦虑的事情其实有99%永远不会发生，我原本不相信这句古老的格言，直到再次看见我自己在一年半前的那个忧郁的下午列的那张清单。

虽然事实证明那六大可怕的烦恼都是杞人忧天，如今我还是觉得庆幸，因为那段经历教给了我一个永远难忘的教训。它告诉我，不要为那些尚未发生的、超出我们控制范围而且可能永远不会发生的事情焦虑烦恼，那是愚蠢的。

请记住，今天正是你在昨天担忧的明天。问问你自己：我怎么知道我正在担忧的这件事真的会发生？

2. 我能让自己在一小时内变成乐观主义者

讲述者：罗杰·W. 巴布森（Roger W. Babson）

著名经济学家，马萨诸塞州，韦尔斯利山（Wellesley Hills）巴布森公园。

每当我发现目前的状况令我沮丧，我总是能在一小时内驱除忧虑，让自己重新变得积极乐观。

我的做法是这样的：我走进图书馆，闭上眼睛，走到专门陈列历史书的某排书架前，闭着眼睛伸手拿书。我不知道会拿到哪本书，或许是普雷斯科特（Prescott）的《征服墨西哥》，或许是苏埃托尼乌斯（Suetonius）的《罗马十二帝王传》（又称《十二恺撒传》）。我随意翻开某一页，然后才睁开眼睛，开始读一小时书。看得越多，我就越清晰地意识到，世界上总是充满了苦难，文明总是在危机边缘步履蹒跚。历史的书页间随处可见战争、饥荒、贫穷、瘟疫以及人类残暴地对待同胞的悲惨故事。阅读历史书一小时之后，我领悟到，无论此刻的状况多么糟糕，都比过去的情况好无数倍。这样我就能够以恰当的视角看待和应对目前的困难，同时意识到，人类作为一个整体还是在不断进步的。

这是值得用一个章节来推广的方法。阅读历史书！试试从永恒

的角度来看，与一万年的历史相对照，就会发现我们的困难是多么
微不足道。

3. 我如何走出自卑情结的阴影

讲述者：埃尔默·托马斯（Elmer Thomas）
俄克拉荷马州的国会参议员。

我 15 岁时，不断受到忧虑和恐惧的折磨，自尊心受到打击。与同龄人相比，我极高极瘦，简直像根竹竿。我身高 6 英尺 2 英寸，体重却仅有 118 磅。除此之外，我还身体虚弱，在棒球、赛跑等运动方面绝不可能与同龄男孩竞争。他们嘲笑我，叫我"马脸"。为此我忧虑不已，加上羞怯，我害怕跟别人打交道，实际上我也很少见到陌生人，除了父母亲和兄弟姐妹之外，整整一星期没见过其他人是常有的事；因为我们家的农场离公路半英里远，周围都是密集的原始树林，从诞生至今从未被砍伐过。

假如我任凭那些忧虑和恐惧彻底击倒我，我就会变成人生的失败者。每一天、每个小时，我都在为自己太高、太瘦而虚弱的身体纠结。我几乎无法考虑别的事。我的窘迫和恐惧如此强烈，几乎不可能描述。我的母亲明白我的感觉，她当过学校教师，所以她对我说："儿子，你应该接受教育，因为身体条件不利，你只能设法依靠头脑谋生。"

但是我的父母没钱供我上大学，我知道我必须自己挣钱。为此我在冬天设陷阱捕猎了一些负鼠、臭鼬、水貂和浣熊；然后在春天卖掉兽皮换来4美元，用这笔钱买了两头小猪。我用剩饭和玉米渣喂养小猪，在下个秋天时卖掉它们，得到了40美元。我靠卖猪挣到学费，进入了位于印第安纳州丹威尔（Danville）的中央师范学院。我每星期的伙食费是1.4美元，住宿费是0.5美元。我穿着母亲做的棕色衬衫（她用棕色布料显然是因为这种颜色耐脏），还有父亲以前穿过旧套装和旧长筒橡胶靴。父亲的衣服我穿着不合身，鞋子也不合脚，而且侧面的松紧带太陈旧，已经失去弹性，固定不住鞋子，我走路的时候鞋子动不动就松脱。由于困窘，我不敢与其他学生交往，总是独自待在房间里学习。我最强烈的愿望就是有钱买一些合身的品牌衣服，能让我穿起来显得体面。

此后不久，发生了四件事，帮助我克服了忧虑和自卑情绪。其中一件事不仅给了我勇气、希望和自信，而且彻底改变了我后来的人生。简洁地说，事情经过是这样的：

第一件事，学校开学之后刚过八个星期，我就参加了一次考试，取得了在乡村公立学校教课的三级资格证书。尽管证书的有效期仅有半年，它是别人信任我的证明，除了我的母亲，这是平生第一次有人对我表示信任。

第二件事，一所位于"快乐山谷"的乡村学校愿意聘用我当教师，薪水是每天2美元或者每月40美元。这再次证明了别人对我的信任。

第三件事，我刚拿到第一笔工资的支票，就去服装店买了一些我穿着觉得体面的衣服。如今即使有人给我一百万美元，我的兴奋感也不如我第一次用自己的工资买一套价值几美元的品牌服装时的一半强烈。

第四件事，帕特南（Putnam）县集市每年在印第安纳州的贝恩桥（Bain-bridge）举行，它成了我人生的真正转折点，也是我在与窘迫和自卑情绪的斗争中取得第一场重大胜利的契机。我的母亲曾经力劝我参加在集市举行的公开演讲比赛，在我看来，那个念头实在不可思议。我连跟一个陌生人说话的勇气都没有，何况是在一大群人面前？可是母亲对我的信心简直是毫无实现的希望。她对我的未来寄予了美好的希望。她想让儿子完成她人生中未尽的梦想。她的信心激励我参加了比赛。我抽中的题目是全世界我最没有资格谈论的话题——"美国优秀的自由主义艺术"。坦白说，在开始准备时我甚至不知道自由主义艺术是什么，不过问题不大，因为我的听众们大概同样一无所知。

我熟记辞藻华丽的演讲内容，对着树木和牛群反复排练了上百次。我渴望用出色的表现让母亲高兴，所以我的演说肯定充满感情，无论如何，最后我赢得了一等奖。这个结果令我大吃一惊。人群为我欢呼喝彩。曾经嘲笑过我、叫我"马脸"的男生们现在也跑过来拍我的背，对我说："我知道你能行，埃尔默。"母亲拥抱了我，喜极而泣。如今回顾，我知道那次演讲比赛的胜利是我人生的转折点。地方报纸在头版刊登了一篇关于我的文章，预言我将来一定能成功。那次胜利使我获得了地方性的小小名望，远为重要的是，它使我的自信心增强了一百倍。如今我明白，假如我没有赢得那次比赛，我很可能永远不会成为国会参议员；由于那次胜利，我的眼界拓宽了，察觉到了自己以前从未梦想过拥有的潜在能力。不过最重要的是，演讲比赛的一等奖是中央师范学院的一年奖学金。

现在我渴求的是更多的教育。因此在其后几年间（1896 年至 1900 年），我用一部分时间学习，一部分时间教课。为了支付在迪波夫（De Pauw）大学的学费，我做过各种各样的工作，比如餐馆侍者，照管火炉、给草坪割草、保管书籍，夏季在小麦和玉米田里劳动，还在公路建设工地上搬运砾石。

1896 年时我只有 19 岁，却已发表过 28 次演说，力劝人们为总统候选人威廉·詹宁斯·布赖安（William Jennings Bryan）投票。替布赖安助选的激动人心的经历在我心里激起了参政的欲望。为此我进入迪波夫大学，学习法律和演讲。1899 年，我代表学校参加了在印第安纳波利斯（Indianapolis）举行的辩论赛，对手是巴特勒（Butler）学院，主题是"国会参议员是否应该通过全民普选产生"。我又一次赢得了比赛，并成了 1900 年学校周年纪念刊物《海市蜃楼》的主编，负责大学学报《帕拉迪姆》（Palladium）的编辑工作。

我在迪波夫大学获得学士学位以后，接受了霍勒斯·格里利（Horace Greeley）的建议，不过我去的不是西部，而是西南部。我去了另一个州：俄克拉荷马。当基奥瓦族（Kiowa）、科曼奇族（Comanche）和阿巴契族（Apache）的印第安人居留地开放时，我提出一个申请，在俄克拉荷马的劳顿（Lawton）开办了一家法律事务所。我为俄克拉荷马州的参议院服务了 13 年，又在众议院工作了 4 年，在 50 岁那年，我终于实现了毕生的抱负：当选为俄克拉荷马州的国会参议员，并于 1927 年 3 月 4 日就职。自从 1907 年 11 月 16 日俄克拉荷马州与印第安人居留地合并之后，我连续荣获本州的民主党候选人提名，起初是州参议员，后来是众议员，最后终于成为国会参议员。

　　我讲述这个故事，不是为了夸耀自己的成就，大概没人会对那些感兴趣。我的意图仅仅是希望它能赋予出身贫穷家庭的少年们勇气和自信，帮助他们战胜烦恼、羞怯和自卑感，或许他们像童年时的我那样，由于只能穿父亲的旧衣服和不合脚的长筒橡胶靴而饱受折磨（编者注：有趣的是，埃尔默·托马斯年轻时为穿不合身的旧衣服而感到羞耻，后来却被选为国会参议院中着装最体面的男性）。

4. 在安拉的乐园生活

讲述者：博德利（R. V. C. Bodley）

托马斯·博德利（Thomas Bodley）爵士的后代，牛津大学波德里安（Bodleian）图书馆的创建者，《撒哈拉沙漠的风》《信使》及其他十四本书的作者。

1918 年，我离开了自己熟知的基督教世界，来到非洲西北部，与阿拉伯人一起在安拉的乐园——撒哈拉沙漠生活了七年。我学习游牧部族的语言，跟他们穿一样的衣服，跟他们吃一样的食物，按照他们的方式生活。阿拉伯人的生活方式两千年来几乎从未改变。我拥有自己的羊群，像阿拉伯人一样在帐篷里睡觉。我还详细研究了他们的宗教信仰。事实上，后来我写了一本关于穆罕默德（Mohammed）的书，题为《信使》。

与那些漂泊的牧羊人共同生活的那七年，是我人生中最平静、最充实的一段时光。

此前我已经有过丰富多彩的人生经历：我出生于一个在巴黎居住的英国人家庭，在法国生活了九年。其后我在伊顿（Eton）公学接受教育，又进入了桑德赫斯特（Sandhurst）的皇家陆军军官学校。毕业以后我作为陆军军官在印度服役六年，除了执行任务之外，我玩过马球、打过猎，还到喜马拉雅山探险。第一次世界大战时，我上了战场，战争结束后，我作为驻外使馆武官助理参加了巴黎和会。会议期间的见闻令我震惊和失望。在西线战场目睹长达四年的杀戮时，我相信我们是为了拯救文明而战斗。然而在巴黎和会上，我只看见自私自利的政客们在为第二次世界大战做准备，每个国家都在全力攫取利益，制造新的国际争端，秘密外交、阴谋诡计再次盛行。

我厌恶战争，厌恶军队，甚至开始厌恶社会。我平生第一次失眠了，不知道将来应该怎么办，为此烦恼不已。劳合·乔治（Lloyd George）极力劝说我从政。我正在犹豫要不要采纳这一建议时，发生了一件奇怪的事情，它影响和决定了我随后七年的人生。

事情的起因是一次持续了不到 200 秒的谈话，谈话的对象是人称"阿拉伯的劳伦斯"的特德·劳伦斯（Ted Lawrence）。他是第一次世界大战中最具传奇和浪漫色彩的人物，与阿拉伯人一起在沙漠生活过，他建议我也这样做。

这个主意听起来很妙。不过既然我决定离开军队，我必须找份工作。民间的雇主不愿意雇用我这样的正规军退役军官，况且当时劳动力市场上挤满了无数失业者。于是我采纳了劳伦斯的提议，前往非洲跟阿拉伯人共同生活。我很高兴做出了正确的选择，我从阿拉伯人那里学到了战胜忧虑的方法。他们与所有虔诚的伊斯兰教徒一样，都是宿命论者。他们坚信先知穆罕默德在《古兰经》中所写的每个字都是来自安拉的神圣启示。所以《古兰经》上说"真主创造了你和你的全部行为"，他们就完全信奉这句话。所以他们平静地看待生活，从不急躁慌忙，事情出错时也不会毫无必要地乱发脾气。他们相信注定的事情就是注定的，除了真主以外，任何人都无法改变。话说回来，这并不意味着在遇到灾难时坐以待毙。让我用一个事例说明：我在撒哈拉沙漠生活期间，有一次遭遇猛烈的非洲热风，高温干燥的风暴咆哮着刮了三天三夜。强劲的风足以席卷着撒哈拉的沙子飞越数百英里，吹过地中海，洒落到法国的罗讷河（Rhone）流域。热风犹如带着火，我觉得头发简直要被烤焦了，而且口干舌燥，眼睛灼痛，牙齿间塞满了细沙粒。温度高得仿佛置身于玻璃工厂的熔炉前。我几乎要被逼疯了，难以保持神志清醒，可是阿拉伯人连一句抱怨的话都没说。他们只是耸耸肩说："Mektoub！"意思是"这是注定的"。

不过风暴一旦停息，他们就开始采取补救措施：他们立刻屠宰了所有小羊羔，因为它们无论如何都活不了，杀掉它们，母羊就还有机会存活。接下来他们把畜群赶往南边有水源的地方。他们镇定地做完这些事，既不烦恼或抱怨，也不哀叹自己的损失。族长说："情况不算太糟。我们本来可能失去一切。感谢真主，现在有四成的羊活了下来，我们可以重新开始。"

我记得还有一次，我们开汽车穿越沙漠时，轮胎爆胎了。可是司机忘记带修理用的备胎，所以我们只剩下三个轮胎。我紧张慌乱起来，变得情绪激动，愤怒地问阿拉伯人我们要怎么办？他们提醒我，激动也无济于事，只会让人觉得更热。他们说爆胎是安拉的意志，谁都没有办法。于是我们只得勉强上路，靠剩下的轮胎缓慢前进。过了一会儿，汽车又发出噼噼啪啪的声音，停下来不动了。这次是汽油用光了！族长只是评论了一句："Mektoub！"（这是注定的）没有人抱怨司机为什么不带上足够的汽油，大家都保持平静，一边唱歌一边徒步走向目的地。

在阿拉伯人中间生活的七年使我确信，美国人和欧洲人的神经官能症、精神失常、失眠等问题都是紧张忙碌、令人疲惫焦虑的生活的产物，尽管我们称那种生活为现代文明。

在撒哈拉沙漠生活期间，我完全没有忧虑。在那个安拉的乐园里，我获得了宁静满足的心境和健康的身体，那正是无数人在绝望中渴求的东西。

很多人嘲笑宿命论，或许他们是对的，但是谁知道呢？我们肯定都能明白，我们的命运经常是注定的。举例来说，假如1919年8月的那个炎热的午后，我没有与"阿拉伯的劳伦斯"谈上三分钟话，我往后的人生就会截然不同。如今回顾我的一生，我发现是超出我的控制范围的事件塑造了我的生活。阿拉伯人称之为命运、天意、安拉的意志。你可以随意称呼它。总之，它发挥着奇特的作用。我只知道，在离开撒哈拉沙漠七年后，我依旧快乐地顺从不可抗拒的力量，这是我从阿拉伯人那里学到的习惯。这种人生哲学能安抚我的神经，比一千颗镇静药更有效。

你我都不是穆斯林，我们也不想成为宿命论者。不过当猛烈的热风席卷我们的生活时，既然无法阻止，就让我们也接受不可避免的事实。等风暴过去，再行动起来，收拾残局。

5. 驱除忧虑的五种方法

讲述者：威廉·里昂·费尔普斯（William Lyon Phelps）教授

（在耶鲁大学的威廉·里昂·费尔普斯教授去世前不久，我曾经有幸与他共度了一个下午。根据我的访问笔记，下面我将介绍他用来驱除忧虑的五种方法。——戴尔·卡耐基）

一、我24岁那年，我的眼睛突然开始罢工。阅读三四分钟之后，我的眼睛就会像针刺一样疼，而且在不看书的时候也对光线太敏感，以致我不能面对窗户。我向纽黑文和纽约的最好的眼科医生求诊，可是医生都束手无策。每天下午4点过后，我就坐在房间最黑暗的角落里的椅子上，等待上床就寝。我感到恐惧，担心我将不得不放弃教师职业，去西部找份伐木工之类的工作。然后发生了一件奇怪的事，证明精神力量可以对肉体疾病产生奇迹般的影响。

在那个不幸的冬天，我的眼睛正处于最糟糕的状况时，我接受邀请，要在一群尚未毕业的大学生面前演讲。大厅的天花板上悬挂着巨型煤气灯，明亮的灯光使我的眼睛疼痛剧烈，我坐在讲台上，不得不低头看着地面。然而在发表演讲的三十分钟里，我完全没有感到疼痛，还可以直视灯光，连眼睛都不用眨。等到集会结束之后，我的眼睛又开始痛了。

于是我想，如果我集中精神专心做某件事情，不是三十分钟，而是坚持一个星期，那么我的病或许就会痊愈。这显然是精神刺激战胜肉体病痛的病例。

后来我在乘船穿越海洋时也有过类似的经历。剧烈的腰痛侵袭了我，以致我无法走路，只要试图站直身体，就会痛得难以忍受。在这种情况下，我应邀在甲板上讲课。可是一旦我开始讲话，疼痛和僵硬就消失无踪了；我能站直身体，灵活地走动，连续讲了一小时。讲课结束后，我安心地走回特等客舱，一时之间以为自己痊愈了。然而那只是暂时现象，腰痛很快又卷土重来了。

这些经验证明，精神态度是极其重要的。我还学到了只要有可能就尽情享受生活的重要性。因此现在我将每一天都视为人生的第一天，又是人生的最后一天。每天的冒险生活都令我兴奋，而处于兴奋状态的人不可能受到过度忧虑的困扰。我热爱教师的日常工作。我写了一本书，题为《激动人心的教育》。对我来说，教学不仅是一种技能或职业。它是激情的来源。我热爱教育，如同画师热爱绘画，歌手热爱唱歌。每天早晨醒来，我总是躺在床上，高兴地想起我的第一班学生。我始终认为，人生成功的主要原因之一就是热情。

二、我发现，引人入胜的书能让我忘记烦恼。我 59 岁那年，患上了持久难愈的神经衰弱。那段时期我开始读戴维·亚历克·威尔逊（David Alec Wilson）的不朽著作《卡莱尔传记》。它使我全神贯注，忘记了自己的失落，从而帮助我逐渐恢复了健康。

三、还有一次，我情绪极度沮丧，就迫使自己的身体整天几乎一刻不停地运动。每天早晨，我打五六盘网球比赛，随后洗澡，吃午饭，下午接着玩 18 个洞的高尔夫球。每个星期五晚上我都跳舞，直至深夜一点。我深信不疑，沮丧和忧虑都会随着汗水慢慢排出体外消失掉。

四、很久以前，我已经学会避免匆忙、仓促、在紧张压力下工作等愚蠢行为。我一直努力实践威尔伯·克罗斯（Wilbur Cross）的人生哲学。他在担任康涅狄格州（Connecticut）州长时曾经对我说："有时工作太多，不可能一次做完，我就干脆坐下来放松一小时，用烟斗吸烟，什么都不做。"

五、我还学到，只要有足够的耐性，随着时间流逝，我们的难题会自然而然地解决。每当我为某件事担忧时，我就试着以长远眼光看待自己的烦恼。我对自己说："两个月以后，我大概就不会为这次错转烦恼了，既然如此，现在何必忧虑呢？为什么不假装采取两个月以后会采取的态度？"

综上所述，费尔普斯教授驱除忧虑的五种方法是这样的：

1. 兴致勃勃、满怀热情地生活："我将每一天都视为人生的第一天，又是人生的最后一天。"

2. 读一本有趣的书："我患上了持久难愈的神经衰弱……我开始读……《卡莱尔传记》……它使我全神贯注，忘记了自己的失落。"

3. 从事体育运动："我情绪极度沮丧，就迫使自己的身体整天几乎一刻不停地运动。"

4. 劳逸结合："很久以前，我已经学会避免匆忙、仓促、在紧张压力下工作等愚蠢行为。"

5. 我试着以长远眼光看待自己的烦恼。我对自己说："两个月以后，我大概就不会为这次错转烦恼了，既然如此，现在何必忧虑呢？为什么不假装采取两个月以后会采取的态度？"

6. 经历过昨天，今天就不在话下

讲述者：多萝西·迪克斯（Dorothy Dix）

我曾经深陷贫穷和疾病的谷底。每当有人问我，是什么支持我渡过难关，我总是回答说："既然我能挺过昨天，今天就不在话下。我不允许自己考虑明天可能发生的事。"

我体会过匮乏、挣扎、焦虑和绝望。曾经有段时期，我的工作量总是超过身体极限。如今回顾以往的生活，我看到的是战斗结束后的战场，到处撒满被毁灭的美梦、破碎的希望和粉碎的幻想，我总是为极小的可能性而战斗，它给我留下了满身伤痕，精神创伤使我的外表比实际年龄显得更老。

然而我并不怜悯自己；我从不为已经逝去的悲伤流泪，从不妒忌那些无须体验我经历过的苦难的女人。因为我充分体验过生活，而她们只是存在于这个世界上而已。我充分品尝过人生之酒的甘苦，而她们只是轻抿了一口杯边的泡沫。我知道她们永远不会知道的事情，也看到了她们视而不见的真实。唯有经过泪水洗净的眼睛，才拥有清晰的视野和敏锐的眼光，才能同情全世界的姐妹。

我在苦难大学学到的人生哲学，是任何生活安逸的女人都无法领悟的。我懂得生活在当下，不要为明天担忧，预支烦恼。由于无法预见的未来的威胁，我们变成了胆小鬼。我不为明天担忧，因为经验告诉我，一旦我害怕的时刻来临，上天就会赐予我面对困难的力量和智慧。现在琐碎的烦恼无法再影响我。如果你曾经目睹幸福的整座大厦在你眼前倾覆和崩塌成废墟，你就不会再计较佣人忘记把小桌巾放到洗指碗下面，抑或厨师洒掉汤这种小事了。

我还学会了不要对别人抱有太高期待，所以即使遇到不太真诚的朋友或者喜欢搬弄是非的熟人，我也能够与他们友好相处。最重要的是我养成了幽默感，因为有太多事情，要么让我想哭，要么让我发笑。如果一个女人能够以玩笑应对她的麻烦事，而不是歇斯底里发作，那么就再没有什么东西能伤害她了。我不为过去的艰难困苦的经历感到遗憾，因为那些经验使我体验到了生命的真谛。我付出的代价是值得的。

多萝西·迪克斯生活在"完全独立的今天"，因而战胜了忧虑。

7. 我以为自己再也看不到人生的曙光

讲述者：J. C. 彭尼（J. C. Penney）

1902 年 4 月 14 日，一个年轻人带着五百美元现金和一百万美元的决心，在怀俄明州的凯默勒（Kemmerer）开了一家纺织品店，那是一个人口一千的矿业小镇，刘易斯（Lewis）和克拉克（Clark）远征队的四轮运货马车在此处留下过古老的轨迹。那个年轻人和他的妻子住在店铺楼上的半层阁楼，用一个装过纺织品的大空木箱当桌子，用小木箱当椅子。妻子把婴儿包裹在毯子里，婴儿在柜台下睡觉，她就在柜台边帮丈夫接待顾客。如今这个人的店铺已经发展成了全世界最大的纺织品连锁商店彭尼连锁店，在美国各州有1600 多家分店。前不久，我与彭尼先生共进晚餐，他给我讲述了他一生中最具戏剧性的一段经历。

多年前，我经受了人生最艰难的一场考验。我忧虑不已，陷入了绝境。我的忧虑与彭尼连锁公司没有任何关系。当时公司的生意稳定而兴旺。可是在 1929 年经济危机之前，我个人做出了一些不明智的承诺。我与其他许多人一样受到了指责，可是那种情况是环境造成的，我不应该承担责任。我饱受困扰，忧虑得难以入睡，以致患上了一种极度痛苦的慢性疾病，病名为带状疱疹，就是皮肤上冒出红色的疹子。

我去找内科医生诊治，埃尔默·埃格尔斯顿（Elmer Eggleston）医生是我在密苏里州的汉密尔顿（Hamilton）上中学时的伙伴，当时在密歇根州巴特尔克里克（Battle Creek）的凯洛格（Kellogg）疗养院工作。埃格尔斯顿医生要求我卧床休息，警告说我病得很重。他对我进行了严格的治疗，然而不见效果。我的身体日渐衰弱，精神和身体两方面都垮了，我心里充满绝望，连一线希望都看不到。我失去了生活的意义。我觉得自己没有朋友，连家人也开始跟我作对。一天夜里，埃格尔斯顿医生给我服用了镇静药，但是药效很快消退了，我半夜醒来，强烈地确信这是我人生的最后一夜。我下了床，给妻子儿子写告别信，说我不指望看到黎明的曙光了。

第二天早晨我在床上醒来，惊讶地发现自己依然活着。我走到楼下，听见附近那个每天举行虔诚的礼拜仪式的小教堂里传来圣歌的声音。我仍然记得他们唱的赞美诗的歌词："上帝会眷顾你。"我走进小教堂，怀着疲倦的心倾听人们唱歌、读圣经、做祈祷。突然之间发生了某种变化。我无法解释，只能称之为奇迹。我感觉自己在顷刻间脱离了黑暗的地牢，沐浴着温暖明亮的阳光，仿佛从地狱升入了天堂。我感觉到了过去从未感觉到的上帝的力量。我意识到，应该为我的麻烦承担责任的只有我自己。但是我知道上帝和上帝的爱会帮助我。自从那天起，我的人生就再也没有忧虑。现在我71岁，我人生中最具戏剧性、最辉煌的时光正是那天早晨我在小教堂里度过的那二十分钟："上帝会眷顾你。"

J. C. 彭尼几乎在一瞬间学会了如何克服忧虑，因为他发现了一种最完美的疗法。

8. 去体育馆打沙袋，或者去户外徒步旅行

讲述者：埃迪·伊根（Eddie Eagan）

纽约律师，纽约州罗德学者（Rhodes Scholar）协会主席，奥运会轻量级拳击前世界冠军。

每当我开始忧虑，头脑没完没了地原地打转，像在埃及转动水车的骆驼一样时，我就进行体育训练，帮助自己摆脱"沮丧"情绪，比如跑步或者去乡间徒步旅行，或者去体育馆打半小时沙袋，或者打软式墙网球。不管哪种身体运动都能帮我调整心情。每逢周末，我会进行大量运动，比如绕网球场跑步，打乒乓球，或者去阿第伦达克（Adirondacks）山滑雪。肉体疲劳时，我的头脑就得到休息，停止考虑法律问题，从而补充新的热情和力量。

我经常在纽约市工作，所以有机会去耶鲁俱乐部的健身房运动一个小时。在忙于打软式墙网球或者滑雪时，没人还能有忧虑的余裕。如此一来，精神上堆积如山的麻烦就会变成小小的障碍，新的想法和行动得以顺利产生。

我发现解除忧虑的最佳手段是运动锻炼。当你忧虑时，尽量多用肌肉，少用头脑，结果会令你惊讶。这种方法对我确实有效：开始运动，烦恼就会消失。

9. 我曾经是弗吉尼亚理工学院忧虑的吉姆

讲述者：吉姆·伯索尔（Jim Birdsall）

新泽西州泽西城鲍尔温（Baldwin）大街 180 号，马勒（C. F. Muller）公司的工厂主管。

17 年前，我在弗吉尼亚州的布莱克斯伯格（Blacks-burg）的军事学院学习。别人叫我"弗吉尼亚理工学院忧虑的吉姆"，因为我经常由于过度忧虑而生病。事实上，我是校医院的常客，那儿总是有一张给我保留的固定床位。护士一看见我上门，就跑过来给我注射硫化硫酸钠。一切事情都令我焦虑。有时我甚至想不起来自己在担心什么。我害怕自己成绩不好，会被学校开除。我物理考试不及格，其他几门课也没通过。我知道平均成绩必须维持在 75 分至 84 分。我担心自己的健康，因为我有失眠症，还受到严重消化不良导致的剧烈疼痛的折磨。我还为经济状况烦恼，因为我没钱给女朋友买糖果，又不能经常带她去跳舞。我害怕她会甩掉我，嫁给其他军校学员。我每天每夜都为那些无法确定的问题而紧张不安。

在绝望之中，我向教商业管理课的杜克·贝尔德（Duke Baird）教授倾诉了我的烦恼。

我与贝尔德教授只谈了 15 分钟，可是这次谈话对我的健康和幸福的帮助超过了在学院的四年间所学的一切。

教授说："吉姆，你应该坐下来面对现实。如果你省出你烦恼的一半时间和精力去解决问题，你的忧虑就会消失。忧虑只是你长期养成的一种恶劣习惯。"

他教给我破除坏习惯的三个步骤。

第一步：明确找出导致烦恼的问题所在。

第二步：找出问题的起因。

第三步：立刻采取建设性的行动，解决问题。

那次面谈以后，我制订了建设性的计划。我不再担忧物理考试不及格的事，而是反思不及格的原因。我当过《弗吉尼亚理工学院工程师》的主编，所以原因不是我太愚蠢。

我终于发现，物理考试不及格的原因是我对这门课没有兴趣。我要当工业工程师，可是我不明白物理对我的事业有什么帮助，所以没有专心学习。不过这时我改变了心态。我对自己说："既然学院权威要求我必须先通过物理考试才能获得学位，我有什么资格去质疑他们的智力呢？"

于是我开始重修物理课，不再浪费时间愤愤不平或者担忧它多么难，而是勤奋学习，结果顺利通过了考试。

我找了一些兼职工作，比如在学校举办的舞会上卖潘趣酒，还向父亲借了一些钱（在我毕业后不久就还清了），从而解决了经济问题。

关于恋爱的烦恼，我向那个我害怕被其他军校学员夺走的女孩求婚了，现在她是我的妻子。

如今回顾，我明白我的问题是理智的混乱或糊涂导致的，我不愿意寻找烦恼的原因并面对现实，才无法摆脱忧虑。

吉姆·伯索尔学会分析自己的烦恼，因而消除了忧虑。事实上，他运用的正是本书第四章"如何分析和解决忧虑问题"中描述过的原理。

10. 改变我一生的一句话

讲述者：约瑟夫·R. 西佐（Joseph R. Sizoo）博士

新不伦瑞克（Brunswick）神学院（1784 年创建的美国最古老的神学院）的校长。

若干年前，在那个充满不确定性、理想破灭的时代，我无法控制的力量压倒了我的整个人生，使我不知所措；某天早晨，我偶然翻开《新约圣经》的一页，看见了这句话："那差我来的，是与我同在。天父没有撇下我独自在这里，因为我常做他所喜欢的事。"（译者注：出自《约翰福音》8：29）从那一刻起，我眼中的一切永远改变了。我想我每天都对自己复诵这句话。这些年有很多人来向我咨询过，我总是把这句支撑我的话送给他们。自从看见这句话的那一刻开始，它就成了我的精神支柱。我一直与之同行，并从中获得内心的平静和力量。在我看来，这就是宗教信仰的本质精髓。它存在于赋予生命意义的一切事物的根底。它是我人生的金句。

11. 我从人生的谷底重生

讲述者： 特德·埃里克森（Ted Ericksen）

加利福尼亚贝尔弗劳尔（Bellflower），南科努塔（Cornuta）大街 16237 号，国家搪瓷和冲压公司的南加利福尼亚销售代表。

我曾经是个"杞人忧天的家伙"，但是我改变了。1942 年夏天，我经历了一件事，我的忧虑从此永远消散了，至少我希望如此。与那段经历相比，其他麻烦全都显得微不足道。

多年来我有一个愿望，就是在阿拉斯加（Alaska）的商务渔船上度过夏天。所以 1942 年，我乘坐一艘长 32 英尺的捕鲑鱼的船，从阿拉斯加的科迪亚克（Kodiak）出海。在这样的小船上，船员仅有三人：船长的任务是监督管理，副船长的任务是协助船长，第三个人干杂务，一般都是斯堪的纳维亚血统——那正是我。

捕鲑鱼必须利用潮汐，所以我经常每天工作 20 个小时。这样的日程安排一次持续一个星期。别人不愿意做的工作全部由我负责。我洗刷甲板，清理用具设备，在狭窄的船舱里用烧木柴的火炉做饭，马达散发的热量和烟雾差点使我生病。我还要洗碗碟，修理船只，把捕捉到的鲑鱼扔到另一条供应船上，把它们送去罐头食品厂。我穿着橡胶靴，靴子里经常灌满了水，弄得我的脚湿漉漉的，可是我忙得连倒掉水的时间都没有。不过这些杂务与我的主要工作相比不算什么，我的主要工作是拖渔网，即所谓的"软木线"。操作很简单，就是双脚站在甲板上，拖拽浮子和渔网的带子。至少你以为是这样。然而实际上，装满鱼的网非常沉重，我用尽全力它也不肯挪动。我努力拉扯浮子网的时候，实际上是在拖拽渔船，既然渔网原地不动，我就是在用尽全力拖动渔船。这样的工作我干了几个星期，差点要了我的命。我浑身疼痛，疼痛得厉害，而且持续了几个月。

最后只要有机会休息，我就躺倒在一张堆放在储藏柜顶端的潮湿而且不平整的垫子上。我把背上最痛的地方靠在垫子的凸起的位置，很快就睡得人事不省，因为我完全精疲力竭了。

虽然忍受了那些疼痛和疲劳，现在我很庆幸有那段经历，它帮助我避免忧虑。现在每当我遇到问题，我不会烦恼，而是对自己说："埃里克森，这点问题有可能比拖浮子网更困难吗？"然后埃里克森总是回答："不，不可能有更糟的了！"于是我又高兴起来，勇敢地想办法解决问题。我相信，偶尔忍受一些苦难是有益的经历。如果知道我们已经落到谷底却幸存了下来，那么相比之下我们的日常困难就显得容易应付了。

12. 我曾经是全世界最大的傻瓜

讲述者: 珀西·H. 怀廷（Percy H. Whiting）

纽约市东 42 街 50 号，戴尔·卡耐基公司的总经理。

我曾经多次受到各种各样疾病的袭击而濒临死亡，论这种经验我超过任何人，不管是活着的、已死的还是半死不活的。

我不是普通的疑病症患者。我的父亲经营药店，我实际上就是在那里长大。我每天与医生和护士们说话，所以我了解各种疾病的名称和症状，这方面的知识超过普通的外行人。我不是普通的疑病症患者，我跟真正的病人一样有症状！我会担心患某种疾病，忧虑一两个小时，然后就出现了那种疾病的患者的全部症状。我老家在马萨诸塞州的大巴林顿（Great Barrington），我记得有一次，镇上流行一种相当严重的白喉病。当时我在父亲的店里帮忙，每天都有患者的家人来买药。我一直害怕被传染，然后恐惧成真，我也患上了白喉病。我相当确信自己病了。我躺在床上，忧虑不已，那种病的基本症状出现了。我请来医生，医生诊查以后说："是的，珀西，你得了白喉病。"如此一来，我的紧张情绪消除了。只要得了某种病，我就不再害怕，于是我放心睡觉了。第二天早晨，我发现自己完全恢复了健康。

多年以来，我专门患上罕见的、怪异的疾病，因而博得别人的关心和同情，显得与众不同。有几次我差点由于破伤风和狂犬病死掉。后来我转向一般的慢性疾病，尤其是癌症和肺结核。

现在我可以一笑置之，但是当时的情况很悲惨。多年来我确实一直害怕自己正在坟墓的边缘挣扎。每年春天应该添购新套装的时候，我总是问自己："既然我可能活不到把这套衣服穿旧的时候，何必浪费钱呢？"

不过我很高兴向读者报告我的进步：在过去十年里，我一次都没有"死"过。

我是怎样取得进步的呢？为了摆脱荒谬的想象，我嘲笑自己。每当感觉到某种可怕的症状，我就笑话自己："看看，怀廷，二十年来，你得过一种又一种致命的疾病，可是今天你仍旧健康状况良好。最近一家保险公司还同意你增加保险金额。是时候了，怀廷，你还没明白自己是最大的傻瓜吗？"

我很快发现，只要嘲笑自己，我就不会忧虑，所以我经常嘲笑自己，借此摆脱忧虑。

故事的重点在于：不要把自己的问题看得太严重。试试"嘲笑"你的一些愚蠢的烦恼，看看它们会不会就此消失。

13. 我总是尽量给自己留条退路

讲述者：吉恩·奥特里（Gene Autry）
世界闻名的广受喜爱的牛仔歌手。

我估计人们的多数烦恼都与家庭和金钱问题相关。我很幸运，娶了一个来自俄克拉荷马州的小镇的妻子，她与我背景相同，喜好也相同。我们都努力遵守黄金法则，因此我们的家庭问题局限于最低程度。

我还遵循两个原则，从而尽量减少财务方面的烦恼。

第一，我遵守绝对诚实的规则，无论在什么事情上。每次借钱，必定要分文不少地偿还。不诚实的行为会导致最大的烦恼。

第二，开拓新事业时，我总是给自己留一条后路。军事专家说，战场上的第一准则是确保补给线的畅通。我料想这一准则同样适用于人生的战场。举例来说，我的童年和少年时代在德克萨斯和俄克拉荷马州度过，曾经目睹旱灾致使田地荒芜，乡村一贫如洗。为了谋生，我们不得不辛苦挣扎。我们家太穷，父亲总是驾驶着四轮运货马车在乡间奔波交换马匹，用来维持生活。我希望得到更可靠的收入来源。为此我找了一份铁路车站代理人的工作，在业余时间学会了拍电报。后来我为弗里斯科（Frisco）铁路公司担任代班操作员。我被派往各地的车站，替生病或请假的职员代班，或者在工作量太多的时候帮忙。这份工作每个月能挣150美元。后来我开始找更好的工作时，我总是将铁路系统的工作视为经济上的保险。它是我的补给线，所以我总是保持它畅通，永远不切断后路，直至我找到更好的新职位并站稳了脚跟。

举例来说，1928年时我在俄克拉荷马州的切尔西（Chelsea），为弗里斯科铁路公司担任代班操作员。一天晚上，有个陌生人偶然来拍电报。他听见我一边弹吉他一边唱牛仔歌曲，称赞我唱得很棒，建议我去纽约找份表演或者广播电台的工作。我自然觉得他是在恭维我；可是看见他在电报上的签名，我惊讶得屏住了呼吸：威尔·罗杰斯（Will Rogers）！

不过我没有立即赶往纽约，我仔细考虑这件事，犹豫了九个月。最后我得出结论，就算我去纽约冒一次险，也不会有任何损失，反而可能赢得一切。由于我有铁路乘车证，可以免费旅行。我可以在座位上睡觉，带一些三明治和水果当饭吃。

于是我踏上了旅途，抵达纽约之后，我住在一个配有家具的房间里，房租每星期五美元，在自助餐馆吃饭。我在街上到处找工作，可是十个星期过去了，仍旧一无所获。若非我给自己留了一条后路，或许我会担忧得生病。我已经为铁路公司工作了五年，能享受资深者的权利；但是如果我离职90天以上，就会失去那些权利。由于我已经在纽约逗留了70天，我用乘车证匆忙赶回俄克拉荷马，重新开始工作，以便确保我的补给线。我工作了几个月，积蓄了一点钱，然后又返回纽约再次尝试。这次我取得了进展，有一天，在一间录音工作室等待面试时，我拿出吉他给女接待员唱了一首歌"让尼娜（Jeannine），我梦中的紫丁香"。事有凑巧，这首歌的作者纳特·席尔德克劳特（Nat Schildkraut）正好在那时路过工作室。听见别人唱他创作的歌，他自然十分高兴。他给我写了一封简单的介绍信，推荐我去维克多（Victor）唱片公司。我录了一首歌，但是效果不佳，我太紧张僵硬，态度不自然。结果我接受了维克多唱片公司的建议，返回塔尔萨市，白天去铁路公司工作，晚上为广播电台的节目演唱牛仔歌曲。我喜欢这种安排，它意味着我能确保自己的供给线，不必担忧经济问题。

我在塔尔萨的 KVOO 广播电台唱了九个月的歌。在此期间，我与吉米·隆（Long）合作，写了一首题为"我的白发父亲"的歌，它大受欢迎。美国唱片公司主管阿瑟·萨瑟利（Arthur Sattherly）请我去录制唱片，结果获得了成功。我又录制了一些歌曲，酬金是每首 50 美元，最后我还得到了在芝加哥广播电台唱牛仔歌曲的工作，薪水是每星期 40 美元。我在那里工作了四年之后，薪水增至每星期 90 美元。此外，我每天晚上在剧院举行个人演出，还能赚到 300 美元。

1934 年，我遇到一个机会，事业之路上出现了新的巨大可能性。美国风化协会成立，开始整顿电影市场。好莱坞的制片商决定拍摄牛仔影片，不过他们需要一种能唱歌的新牛仔。美国唱片公司的老板也是共和电影制片厂的董事之一，他对同事们说："如果你们想找一个能唱歌的牛仔，我的唱片公司里就有一个。"那就是我进入电影界的契机。我开始在电影里出演唱歌的牛仔，收入是每星期 100 美元。我严重怀疑自己的演技，不知道能否成功，不过我没有忧虑，因为我知道我随时都可以重操旧业。

结果我的电影的成功超出了我最疯狂的预期。现在我的薪水是每年 10 万美元，还能拿到电影的红利的一半。话说回来，我知道这种安排不会永远持续。不过我毫不忧虑，因为我知道无论发生什么，哪怕我失去了全部财产，我也可以返回俄克拉荷马，去弗里斯科铁路公司工作。我保留着自己的供给线。

14. 我在印度听见一个声音

讲述者：斯坦利·琼斯（E. Stanley Jones）
美国最有活力的演说者之一，那个时代最著名的传教士。

　　我已经将四十年的人生奉献给了在印度的传教事业。起初我发现很难忍受印度的可怕炎热和重大使命导致的精神压力。开始工作八年后，头脑和精神的严重疲劳令我饱受折磨，病倒过好几次。我接到命令，返回美国休假一年。在回美国的船上，我在星期日早晨的祷告仪式上发言时又昏倒了，船医让我安静休息，于是在接下来的旅程中，我一直躺在床铺上。

　　在美国休假一年以后，我启程回印度，船在中途停泊时，我为马尼拉（Manila）的大学生们主持福音传道大会。可是由于精神压力，我又倒下了几次。医生们警告说，倘若我返回印度，我会死在那里。尽管如此，我仍然去了印度，但是压在心头的阴云变得更浓重了。抵达孟买（Bombay）时，我身体状况太差，只得直接去山里休养了几个月。然后我回到平原，准备继续工作。然而没有用，我又病倒了，被迫再次去山里长期休养。重新回到平原时，我震惊地发现病情依旧，我在头脑、精神和身体方面都完全衰竭了，实在不能工作。我害怕自己的身体会彻底垮掉，在余生变成废人。

我意识到，如果再得不到某种帮助，我就不得不放弃传教事业返回美国，去农场工作，以求恢复健康。那是我人生中最黑暗的时刻之一。当时我正在印度北部的勒克瑙（Lucknow）主持一系列仪式。某天夜里，我祈祷的时候发生了一件事，彻底转变了我的人生。我没有特意为自己祈祷，可是我似乎听见一个声音问我："你准备好完成我交给你的工作了吗？"

我回答："不，主啊，我完了。我的一切力量都耗竭了。"

那个声音答道："倘若你信靠我，不再忧虑，我自会照应你。"

我立刻回答："主啊，我遵从您的意志！"

话音刚落，一种平和的感觉油然而生，遍及我的整个灵魂。我知道问题解决了！充实的生命占据了我的身心。那天夜里我悄悄走回家，心情十分振奋，脚步异常轻快。仿佛每一寸地面都是神圣的。那之后的几天中，我几乎感觉不到肉体的存在。我整日工作，一直忙到深夜，却感觉不到丝毫疲倦，以致上床就寝时还要问自己究竟为什么要睡觉。看来正是基督赐予了我生命、平静和休憩。

我不知道是否应该讲出这件事，也一度退缩过，但是现在我觉得应该讲出来。然后无论好坏都完全由各位的努力决定。从那以后，我还度过了不少最艰辛的岁月，但是老毛病再也没有复发，我变得前所未有地健康。那不仅是肉体的问题，似乎我的身体、精神和灵魂都得到了重新改造。那次体验之后，我的生命升华到更高的层次上运作。我自己什么都没做，只是接受了上帝的安排！

从那以后过去了很多年，我走遍了世界各地，通常每天发表三次演说，还有时间和精力撰写《基督在印度的路上》等 11 本书。

虽然工作繁忙，我从未错过哪次任务或在就任时迟到过。曾经困扰我的烦恼早已消失，如今我 63 岁，却依旧精力充沛，随时乐意为他人服务。

我想我经历过的身体和精神的转变大概经不起仔细推敲或者心理学的解释。不过没关系，充盈的生命比过程的解释更重要，使之相形见绌。

我只知道，31 年前在勒克瑙的那个夜晚，我正处于虚弱和沮丧的谷底时，听见一个声音召唤我："倘若你信靠我，不再忧虑，我自会照应你。"我回答："主啊，我遵从您的意志！"从此我的人生得以升华，发生了彻底的转变。

15. 司法长官来到我家门口

讲述者：霍默·克洛伊（Homer Croy）

小说家，纽约市派恩赫斯特（Pinehurst）大街 150 号。

1933 年，我经历了人生中最苦涩的一天，司法长官来到我家门口，我只得从后门离开。我失去了位于长岛（Long Island）森林丘墨水台（Standish）路 10 号的房子，那是我和我的家人生活了 18年的地方，我的孩子们就在那儿出生。我做梦也没想到会发生这样的事。12 年前，我以为自己攀上了人生的顶峰。我将小说《水塔西边》的改编版权卖给了电影公司，价钱是好莱坞的最高价。我与家人在国外生活了两年。我们夏天去瑞士避暑，冬天去法国南部的里维埃拉（Riviera），像无所事事的富人一样。

我在巴黎生活了六个月，写了一部题为《他们必须看看巴黎》的小说。它也被改编成了电影，由威尔·罗杰斯出演，那是他的第一部有声电影。好莱坞提议我留下，继续给威尔·罗杰斯写几部剧本。可是我没有接受这个颇具吸引力的提议。我返回了纽约，然后我的麻烦开始了！

我慢慢产生了一种念头，以为自己具有尚未开发的潜在能力。我开始幻想自己能成为精明的商人。有人告诉我，约翰·雅各布·阿斯特（John Jacob Astor）投资纽约的房地产，赚了百万美元。阿斯特是谁？他只是一个带外国口音的移民兼不法商贩。连他都能发财，我为什么不能？……我打算变成富豪！我开始阅读介绍游艇的杂志。

所谓无知者无畏。其实我对房地产买卖一无所知，就像爱斯基摩人（Eskimo）从没见过煤油炉一样。我怎样得到商业生涯的起步资金呢？办法很简单：我抵押了自己的房子，然后买下了森林丘的几块最好的建筑用地。等到土地价格上涨到难以置信的水平，我就卖掉它们，过上奢侈的生活。而实际上我连玩偶手帕大小的土地都没有卖过。我开始同情那些庸庸碌碌的小职员，他们为了一点薪水整天在办公室里奴隶般地从事枯燥乏味的工作。我对自己说，并非每个人都得到了上帝赐予的经济天赋。

然而忽然之间，经济大萧条如同堪萨斯州的飓风一般席卷了美国，它像龙卷风掀翻鸡笼一样击倒了我。

我每个月要为那个怪物——闲置的土地——浪费 220 美元。啊，时间过得多么快！此外，我还必须支付房子的抵押贷款利息，买足够的食物。我忧心忡忡。为了赚钱，我试着给杂志写幽默短文。可是由于心情不好，我写出来的东西像《圣经·耶利米书》中的哀歌！我的作品卖不出去，写的小说失败了。现金全部花光了，除了打字机和金牙之外，连可以抵押的东西都没有。牛奶公司停止给我们送牛奶，煤气公司切断了煤气供应。我们不得不买一个小煤油炉，就是广告上的那种户外野营用的炉子；它有一个圆柱形的油桶，手动点火之后会喷出火苗，像生气的鹅一样发出嘶嘶的响声。

家里的煤炭全部用完了，公司起诉了我们。我们只能靠壁炉取暖。我在夜里出门去富人正在建造新房子的工地，捡一些边角料的木板当燃料。我本来想成为那种富豪，结果沦落至此……

由于忧虑，我难以入睡。我经常在午夜起来，在外面走几个小时，身体疲劳了才能睡觉。

我不仅失去了我买的空地，而且投入的心血全部白费了。

抵押贷款的期限已到，银行没收了我的房子，把我们全家赶上了街头。

我们设法凑了一点钱，租了一间小公寓，在 1933 年的最后一天搬了进去。我坐在一只包装箱上，环顾四周，回想起了我母亲以前常说的一句老话："不要为打翻的牛奶哭泣。"

可是这不是牛奶，是我毕生的积蓄！

坐了一会儿之后，我对自己说："好吧，虽然落到了人生的谷底，我毕竟还能挺住。现在情况不会更糟糕，今后会越来越好的。"

我开始想银行没有夺走的那些美好事物。我仍然拥有朋友，身体健康，可以重新开始。我不要为过去悲叹。我会每天用母亲常说的那句话鼓励自己："不要为打翻的牛奶哭泣。"

我停止忧虑，省下精力开始投入工作。我的处境渐渐好转了。现在我几乎庆幸自己不得不经历那些苦难；因为它赋予我力量、坚韧和自信。如今我明白处于人生的谷底是什么滋味。我知道困境不会杀死你。我知道我们都比自己以为的更坚强。现在每当受到细小的烦恼、焦虑和不确定因素的困扰，我就用我坐在行李箱上说过的话提醒自己："虽然落到了人生的谷底，我毕竟还能挺住。现在情况不会更糟糕，今后会越来越好的。"这样烦恼焦虑就都消失了。

这里运用的原则是什么？不要反复锯那些碎木屑。接受无法避免的事情！如果落到了人生的谷底，就努力爬上去。

16. 忧虑是我最强劲的敌手

讲述者：杰克·登普西（Jack Dempsey），重量级拳王。

我发现，在我的职业生涯中，忧虑甚至是比最有实力的拳击手更强劲的敌手。我意识到必须停止忧虑，否则忧虑会逐渐消耗我的生命力，暗中阻碍我赢得胜利。为此我逐步构想出了一套办法。以下是我对抗忧虑的一些措施：

一、为了在擂台上鼓起勇气，我会在开赛时给自己打气加油。举例来说，我与菲尔波（Firpo）对战的那次，我反复对自己说："什么都无法阻止我。他伤不到我。我感觉不到他的拳头。我不可能受伤。无论发生什么，我都会坚持取胜。"这样对我有很大帮助，只要对自己说积极的话，想一些积极的念头，我就没空去想别的，也感觉不到敌手的打击。在我的职业生涯中，我曾经被打得鼻青脸肿，嘴唇和眼角破裂，肋骨也折断过，有一次菲尔波把我打得飞出了绳圈外，摔到一个记者的打字机上，把它砸烂了。但是我甚至没有感觉到菲尔波的拳头。仅有一次例外，那天夜里，莱斯特·约翰逊（Lester Johnson）打断了我的三根肋骨，我才有真实的感受。不过他的拳头本身没有造成伤害，只是骨折影响了我的呼吸。除此之外，我可以诚实地说，我在擂台上从未感觉到拳头的打击。

二、第二种办法是不断提醒自己，忧虑是没有意义的。在大型比赛之前的训练期间，我的大多数忧虑就被消除了。我经常在夜里忧虑得难以入眠，辗转反侧。我害怕手指可能断掉，踝关节可能扭伤，抑或眼睛在第一回合就被打肿，那样我就无法协调控制自己的拳头。每当神经陷入紧张状态，我就下床，照着镜子对自己说些鼓励的话："不要担心还没发生而且也许永远不会发生的事情，傻瓜才会那么干。人生短暂，我没有多少年可活了，所以应该尽情享受生活。"我不断对自己说："没有什么比我的健康更重要。没有什么比我的健康更重要。"我不断提醒自己，失眠和忧虑会毁掉我的健康。我发现，只要每天每年这样重复，这些话就会像暗示一样，最终融入我的身心，帮助我轻易消除忧虑。

三、最好的办法是向上帝祈祷！在比赛前的训练期间，我每天都祈祷几次。每个回合的铃声响起前，我也总是站在擂台上默默祈祷。这样我就能带着勇气和自信投入战斗。我每天必定做完祷告才上床睡觉；吃饭之前必定先感谢上帝……我的祈祷得到回应了吗？当然，无数次！

17. 祈祷上帝保佑我不被送进孤儿院

*讲述者：*凯瑟琳·霍尔特（Kathleen Halter）

家庭主妇，密苏里州，大学城 14 罗斯（Roth）1074。

我童年的生活中充满了恐惧。因为我的母亲有心脏病，我经常看见她昏倒在地上。我们都害怕她随时会死去，我相信所有失去母亲的小女孩都会被送进位于我们家乡——密苏里州的小镇沃伦顿（Warrenton）——的卫斯理公会中央孤儿院。我最畏惧的事情就是被送进孤儿院，所以六岁的我总是这样祈祷："亲爱的上帝，请保佑我的妈妈活下去，至少等我长大成人，不要让我被送去孤儿院。"

二十年之后，我的弟弟迈纳（Meiner）身受重伤，受到剧痛的折磨，直至两年后离世。他不能自己吃饭，也不能在床上翻身。为了缓和疼痛，我必须每隔三小时给他注射吗啡，无论日夜都不间断。我照料了他两年。当时我在沃伦顿的卫斯理公会中央学院教音乐课。每当邻居听见我的弟弟痛得大叫，就打电话到学校找我，我就中断音乐课，赶回家给他再注射一针吗啡。每天夜里睡觉前，我总是将闹钟设置成三小时后，以便起床给弟弟打针。我记得在冬天的夜晚，我总是放一瓶牛奶在窗户外边，让它冻结成我爱吃的冰淇淋。每当闹钟响起，窗外的冰淇淋就是激励我起床的额外动力。

在这段困难的日子里，为了避免沉浸于自我怜悯和忧虑或者怨恨生活，我采取了两种办法。

首先，我使自己忙碌，每天教 12 至 14 小时的音乐课，这样就没时间考虑自己的麻烦了。当我开始觉得自己可悲可怜时，我就反复对自己说："现在听好，只要你能走路，能吃饭，没有病痛，你就是全世界最幸福的人。不管发生什么，只要你活着，就不要忘记这一点！永远记住！永远记住！"

第二，我下定决心，竭尽全力培养一种潜意识的持久的心态，为自己得到的福祉而感恩。每天早晨醒来，我总是为情况没有变得更糟而感谢上帝；尽管生活中有许多困难，我仍然决定要成为密苏里州沃伦顿的最幸福的人。或许我没有成功地实现这个目标，不过我如愿以偿变成了全镇最懂得感恩的年轻女人，我的同事们的烦恼很可能比我更多。

这位密苏里州的音乐教师运用了本书讲述的两个原则：保持忙碌忘记忧虑以及列举自己的幸运。同样的技巧也可以帮助你。

18. 我曾经像个歇斯底里的疯女人

讲述者: 卡梅伦·希普（Cameron Shipp）, 杂志撰稿人。

我曾经在加利福尼亚州的华纳（Warner）兄弟电影制片厂的公关部门非常快乐地工作了几年。我是一个专栏撰稿人兼剧本作者。我给报纸和杂志撰写关于华纳兄弟公司的明星的文章。

忽然有一天，我得到了晋升。我被任命为公关部门的主管助理。事实上，那是一次行政方针的变化，我由此得到了一个引人注目的新头衔：行政助理。

新职位带来的好处是我搬进了一间巨大的办公室，附带个人专用的冰箱，还有两名秘书，75 名工作人员完全听从我的指示，包括作家、研发人员和无线电技术人员。这些使我非常得意。我立即去买了一套新西装。我试图用威严的方式说话，着手建立一套文件档案体系，做决定时摆出一副权威的模样，午饭总是尽快吃完。

我确信华纳兄弟公司的公共关系政策全部落到了我的肩上。我觉得自己完全掌握了华纳属下的大批明星的私人和公共生活，包括贝特·戴维斯（Bette Davis）、奥丽维娅·德·哈维兰德（Olivia

De Havilland）、詹姆斯·卡格尼（James Cagney）、爱德华·G. 鲁宾逊（Edward G. Robinson）、埃罗尔·弗林（Errol Flynn）、亨弗莱·鲍嘉（Humphrey Bogart）、安·谢里登（Ann Sheridan）、亚历克西斯·史密斯（Alexis Smith）和阿兰·黑尔（Alan Hale）。

然而上任后还不满一个月，我就意识到自己患有胃溃疡，还可能是胃癌。

我在战争期间的主要工作是担任银幕宣传协会战时活动委员会的主席。我喜欢这个工作，喜欢在开会时见到我的朋友们。然而这些聚会变成了令我恐惧的事。每次开完会，我都觉得状态糟糕透顶。在驾车回家的路上，我经常不得不停下休息，然后继续开车。好像有太多工作要做，每件事都极重要，可是时间却太少，我实在力不从心。

实话实说，这是我整个人生中最痛苦的经历。我的日程安排总是很紧凑。我夜晚失眠，胃不停地痛，体重也减轻了。

于是我去医院向一位有名的内科专家求诊。一个广告宣传员推荐了这位医生，他说他的病人中有很多广告业者。

这位医生说话简洁明了，只是问我什么地方痛，做什么谋生。他对我的工作的兴趣似乎超过对我的疾病的兴趣，但是我的疑虑很快消除了：在其后两个星期中，我每天接受各种各样的检查，包括探针、探查、X 射线、荧光镜等。最后我接到通知去听他的诊断意见。

医生靠到椅背上，递给我一支雪茄烟，对我说："希普先生，我们已经完成了全面彻底的检查。这些检查是绝对必要的，虽然我在第一次简单检查后就知道你没有患胃溃疡。但是我了解你这种性格的人，加上你从事的工作的性质，除非给你看证据，否则你不会相信我。现在我们来看这些证据吧。"

于是他给我看各种图表和 X 光片，并解释给我听，证明我没有胃溃疡。

医生接着说："这些检查让你花了很多钱，但是确实值得。我的处方是——不要烦恼。"

我刚开口想反驳，医生就阻止了我："现在我明白你不可能立即接受这个处方，所以我先给你一些安慰剂。这儿有一些药片，成分只是颠茄。它们对身体无害，你想吃多少就吃多少，只会让你放松。等这些吃完了，你可以再来找我开药。

"但是请记住，其实你不需要它们。你必须做的仅仅是停止烦恼。如果你又开始烦恼，你就不得不回来，然后我又可以从你身上赚一大笔钱。你看怎么样？"

我希望我可以报告说这个办法当天就生效了，我立即停止了忧虑，可惜事实并非如此。我吃了几星期药，一旦觉得开始忧虑，就吃一点药。它们确实有效，让我感觉好多了。

可是我觉得这样很蠢。我是个身材高大的男人，身高跟林肯（Lincoln）差不多，体重将近 200 磅，却要经常依靠白色的小药片来放松自己，简直像个歇斯底里的疯女人。朋友们问我为什么服药，我觉得羞愧，不敢告诉他们真相。不过我渐渐开始嘲笑自己："看看，卡梅伦·希普，你简直像个傻瓜。你把自己和你的小小工作看得太重要了。贝特·戴维斯、詹姆斯·卡格尼和爱德华·G.鲁宾逊在你开始管理公关之前早已世界闻名；即使你今天晚上就死掉，华纳兄弟公司和明星们也能应付过去。看看艾森豪威尔

（Eisenhower）、马歇尔（Marshall）和麦克阿瑟（MacArthur）将军，还有吉米·杜立德（Jimmy Doolittle）和海军上将金（King），他们用不着吃药也能指挥战争。你只不过是银幕宣传协会战时活动委员会的主席，却要服用白色的小药片，才能让你的胃停止痉挛，不再像受到堪萨斯州的飓风袭击一样翻腾。"

我开始逐步停止服用药物。过了不久，我把那些药片扔进了排水沟，每天晚上按时回家，在吃晚饭前打个盹，渐渐恢复了正常生活。我再也没必要去找那位内科医生了。

虽然我支付了一大笔检查费，与我对他的感激相比那不算什么。他教我自嘲，不过我认为，他真正有技巧的做法是避免嘲笑我，避免直白地说我根本没什么可烦恼的。他认真地替我诊治，给我开处方，保住了我的面子。其实他知道，真正治愈疾病的不是那些愚蠢的小药片，而是精神态度的转变，现在我也明白了这一点。

这个故事的寓意是，那些正在服用药物的人们最好读一下本书的第七章，学习放松自己。

19. 看妻子洗碗，我学会了停止忧虑

讲述者：威廉·伍德（William Wood）牧师

密歇根州沙勒沃伊（Charlevoix），赫尔伯特（Hurlbert）街204号。

几年前，我曾经饱受剧烈胃痛的折磨。每天夜里我都要醒来两三次，胃痛使我难以入睡。我目睹过父亲由于胃癌去世，所以害怕自己也会得胃癌，或者至少会有胃溃疡。为此我前往密歇根州皮托斯基（Petosky）的伯恩（Byrne）诊所接受检查。胃病专家利尔伽（Lilga）医生用荧光镜检查我的胃，还做了 X 光透视。然后他给我开了一些帮助睡眠的药，保证说我没有胃癌或胃溃疡，我的胃痛只是情绪紧张导致的。因为我是牧师，他问了一个问题："你的会众里面是不是有爱惹麻烦的古怪家伙？"

他说的这些其实我也知道。我自己承揽了太多工作。除了在每星期天的礼拜仪式上讲道以及承担主持教会的各种活动的任务之外，我还担任红十字会主席和基瓦尼（Kiwanis）俱乐部的主席。此外我每星期还要主持两三场葬礼以及其他一些仪式。

我一直在压力下工作，不能放松自己。我总是神经紧张、匆忙、焦虑。我始终处于不知所措的状态，到了任何事情都会令我忧

虑的地步。痛苦的我很乐意接受利尔伽医生的劝告。我决定每星期一给自己放假，开始减少各种活动，减轻责任的重担。

有一天，我在清理办公桌时想到了一个主意，事实证明它有极大助益。当时我翻出了以前积攒的旧的布道笔记和已经过时的备忘录，把它们一张张揉成一团，扔进废纸篓。我忽然停下来问自己："比尔，为什么不像处理这些废旧笔记一样，扔掉你的烦恼呢？为什么不把昨天的问题揉成一团，全部扔进废纸篓？"这个念头使我受到了启发，我觉得肩上的负担顿时减轻了。从那天起，我定下了一个规则：凡是我无能为力的事情，就把它们全部扔进废纸篓。

后来有一天，我的妻子一边洗碗一边唱着歌，我正在旁边把碗盘擦干时，忽然又想到了一个好主意。我对自己说："看，比尔，你的妻子多么快乐。我们已经结婚十八年，她每天都要洗碗。假如当初结婚时她能预见未来，知道自己将要洗十八年的碗，那么多脏碗盘在一间仓房里也堆不下，任何女人都会被吓跑的。"

然后我对自己说："我的妻子不介意洗碗，是因为她一次只洗一天的碗。"我发现了自己的烦恼的根源。我企图一次洗掉今天和昨天的碗，包括还没有弄脏的明天的碗。

我知道自己有多么愚蠢了。每个星期天我都站在教堂的讲坛上，告诉别人如何生活，而我自己却过着紧张、焦虑、匆忙的生活。我不禁感到惭愧。

从此以后，忧虑再也没有困扰过我。我不再失眠，胃痛也消失了。现在我将昨天的烦恼扔进了废纸篓，不会试图在今天去洗明天的盘子了。

还记得本书前面章节中引用过的一段话吗？"明天的重担加上

昨天的重担，势必成为今天的最大障碍。应该将未来与过去一起紧紧地隔离在外……未来在于今天……明天并不存在。"何必自寻烦恼呢？

20. 我找到了答案：让自己忙碌起来！

讲述者：德尔·休斯（Del Hughes）

会计师，密歇根州湾城（Bay City），南欧几里德（Euclid）大街 607 号。

1943 年，我住进了新墨西哥州阿尔布开克的一家退伍军人医院，因为我的三根肋骨断了，肺部被刺伤。我在夏威夷群岛参加海军陆战队的登陆演习时发生了事故。我正准备从登陆艇跳上沙滩时，一个巨浪打来，冲走了船，使我失去平衡重重摔倒在沙滩上。结果我的三根肋骨折断，其中一根刺伤了右边的肺。

在医院住了三个月以后，医生告诉我，我的伤势完全不见好转。我受到了平生最大的打击。经过认真的思考，我认为阻碍我康复的原因是忧虑。在受伤之前，我性格积极，经常运动，可是这三个月里我整天躺在病床上，无事可做，一直胡思乱想。我想得越多就越发愁：我担心自己不能找到在世间的位置；我担心自己不能康复，留下终生残疾；我担心自己不能结婚，无法过正常人的生活。

为了停止忧虑，我力劝医生让我转移到邻近的病区，那儿被称作"乡村俱乐部"，因为病人比较自由，几乎可以做任何事情。

搬到"乡村俱乐部"病区之后，我对合约桥牌产生了兴趣。我学习了六个星期,跟其他病友一起玩牌,还读了卡伯特森(Culbertson)的关于桥牌技法的书。六个星期过后,我几乎每天晚上都打桥牌。此外我还对油画产生了兴趣,每天下午三点至五点,我在教师指导下学习绘画。我的一些作品相当不错,看了就能明白画的是什么!我还尝试雕刻肥皂和木头,读了不少相关书籍,发现它很有吸引力。我保持忙碌,这样就没时间担忧自己的身体状况。我甚至抽时间阅读红十字会提供的心理学书籍。三个月过去了,医疗工作人员都来看我,祝贺我"取得了令人吃惊的进步"。这是我有生以来听过的最动听的话。我高兴得想大喊大叫。

我想说明的是,当我无事可做,只能躺在床上为自己的未来担忧时,我的身体状况完全没有好转。忧虑正在毒害我的身体。连折断的肋骨也无法愈合。然而一旦我停止忧虑,将注意力转移到玩桥牌、画油画和雕刻木头等事情上,医生们就宣布我"取得了令人吃惊的进步"。

现在我恢复了健康,过着正常的生活,我的肺与你的一样状态良好。

还记得乔治·萧伯纳(George Bernard Shaw)的那句话吗?"令人不幸的秘密就是有空闲时间为自己是否快乐而烦恼。"积极活动,保持忙碌!

21. 时间是最好的心理医生

讲述者：小路易·T. 蒙坦特（Louis T. Montant, Jr.）
市场和营销分析师，纽约市西 64 街 114 号。

忧虑使我失去了十年的人生。在任何年轻人的人生中，18 岁至 28 岁本来应该是最多产、最丰富多彩的十年。

如今我明白，失去那十年完全是我自己的过错。

那时我为一切事情担忧：我的工作、我的健康、我的家庭、我的自卑感。因此我习惯避开自己认识的人，如果在大街上遇见某个朋友，我经常会假装没注意到他，因为我害怕别人冷落我。

我害怕与陌生人打交道，甚至有陌生人在场就会觉得恐惧。仅仅由于没有勇气向潜在的雇主介绍自己的能力，我曾经在两星期内失去了三份不同的工作。

后来在八年前的一个下午，我终于战胜了忧虑，从那以后极少再受到困扰。那天下午我在一间办公室见到了一个人，他遇到过的困难远远比我的多，然而他是我见过的最快乐的人之一。他曾经积累了一笔财富，可是在 1929 年输得一文不名。1933 年他重新赚了一笔钱，可是又赔光了。1937 年他又赚了一笔钱，结果再次全部赔光。他几次破产，受到敌手和债主的困扰。他面临过的困难足以使有些人精神崩溃而自杀，他却像鸭子甩掉羽毛上的水一样，轻易摆脱了烦恼。

八年前的那天，我坐在他的办公室里，觉得十分羡慕，希望上帝让我像他那样乐观。

我们谈话时，他给我看一封当天上午收到的信，说："你看看吧。"

写那封信的人显然很愤怒，还提出了一些令人窘迫的问题。如果我收到了这样的信，我会陷入恐慌。我问："比尔（Bill），你打算怎么回信？"

比尔说："我告诉你一个小秘密。今后你遇到确实令你烦恼的事情时，就拿一支笔和一张纸，坐下来详细描述令你烦恼的问题。然后把那张纸放进你右手下边的抽屉里。等过了几个星期再拿出来看。假如那些问题仍旧使你烦恼，就把纸重新放回抽屉。再等两个星期。那张纸放在那儿很安全，什么都不会发生。与此同时，导致你的烦恼的情况也许会发生不少变化。我发现，只要有足够的耐心，困扰我的烦恼常常会突然消失，就像气球被戳破一样。"

比尔的忠告使我受到了很大启发。从那以后，我一直运用这个办法，现在我极少再有烦恼。

时间是最好的心理医生，可以帮你消除今天的烦恼。

22. 医生告诫我不要说话，连一根手指都不要动

讲述者：约瑟夫·L. 瑞安（Joseph L. Ryan）

纽约市长岛，洛克维尔（Rockville）中心贾德森官殿（Judson Place）51 号，皇家打字机公司的国外部门主管。

几年前，我曾经作为证人上过法庭，那起诉讼案件使我承受了巨大的精神压力并忧虑不已。案件结束后我乘火车回家，在途中忽然病倒，身体垮掉了。我患了心脏病，几乎不能呼吸。

我勉强回到家，连走进卧室的力气都没有，直接昏倒在客厅的长沙发上，医生给我注射了药物。恢复知觉时，我看见教区神父已经在准备帮我做临终忏悔了！

家人围绕在我身边，脸上都是震惊和悲痛的表情。我明白自己寿限快到了。事后我得知，医生曾让我的妻子做好思想准备，说我可能在三十分钟内死去。由于我的心脏太衰弱，医生告诫我不要说话，连一根手指都不要动。

我从来不是圣人，不过我懂得一个道理，就是不可与上帝争论。于是我闭上眼睛，对自己说："遵从您的意志……如果死亡必将来临，就遵从您的意志吧。"

这种想法刚刚产生，我似乎就全身放松了。我的恐惧消失了，

我立刻问自己，现在可能发生的最糟糕的状况是什么。好吧，最坏的可能是一阵痉挛发作，伴随着一阵剧痛，然后一切就会结束。我将回归造物主的乐园，平静地安息。

我躺在长沙发上，等待最终时刻的来临，可是疼痛居然消失了。最后我开始问自己，如果我没有死，今后的人生要怎么过？我下定决心，要竭尽全力恢复健康。我要停止用紧张和忧虑虐待自己，重建自己的力量。

那是四年前的事情。如今我的力气已经完全复原，心电图所显示的状况大大改善，连医生都感到惊奇。我对生活有了新的激情，已经不再忧虑。不过我可以坦诚地说，假如我没有正视最坏的状况，未曾处于死亡边缘，并努力改善这种状况，我想我不可能活到今天。假如我没有接受最坏的可能性，我想恐惧和惊慌早已害死了我。

瑞安先生能活到今天，是因为他运用了第二章中描述过的原则：正视可能发生的最坏情况。

23. 我是排解忧虑的高手

讲述者：奥德韦·蒂德（Ordway Tead）
纽约市，纽约高等教育委员会主席。

忧虑是一种坏习惯，而我早已破除了这种习惯。我相信，我得以避免忧虑在很大程度上要归功于以下三个习惯。

第一，我工作繁忙，没时间沉浸于自我毁灭的焦虑中。我有三种主要工作，每一种实质上都应该是全职工作。我在哥伦比亚大学给大批学生讲课；我还兼任纽约高等教育委员会主席；我还负责主管哈珀（Harper）兄弟出版公司的经济与社会部门。这三种职责的迫切要求使我完全没有时间焦虑苦闷或转着圈子担忧。

第二，我是排解忧虑的高手。每当我从一个职务转向另一个职务时，不管此前有什么问题，我都会暂时置之不顾。这样我就能受到激励振作起来，投入另一项任务。这种方法使我得到休息，保持头脑清醒。

第三，我必须训练自己在离开办公室时就摒除脑海中考虑的所有问题。麻烦总是不断发生，每天都有一系列待解决的问题，需要我去关注。假如我每天夜里都把这些问题带回家并继续烦恼，我的健康就会被毁掉，而且我处理问题的能力也会被毁掉。

奥德韦·蒂德是熟练掌握"四种良好工作习惯"的大师。你还记得那四种习惯吗？

24. 倘若没有停止忧虑，恐怕我早就进了坟墓

讲述者： 康尼·麦克（Connie Mack），*棒球老将。*

我的职业棒球生涯已经有 63 年。多年前我刚开始打棒球时，完全没有薪水。我们在没人管的空地上打球，总是被丢弃的锡罐头和马项圈绊倒。一场球结束后，我们把帽子传给围观的人群收一点小费，对我来说那点钱实在太少，况且我必须养活寡居的母亲和弟弟妹妹们。有时我们不得不吃草莓当晚饭或者野餐才能维持球队。

我有太多烦恼的理由。在棒球队经理中间，只有我眼看着球队连续七年成绩垫底，眼看着球队在八年中输掉了 800 场比赛。在一系列挫折打击下，我曾经忧虑到吃不下饭睡不着觉的程度。但是我在 25 年前停止了忧虑，说实话，我认为倘若没有停止忧虑，恐怕我早就进了坟墓。

如今回顾我的人生（我出生时林肯还是美国总统），我相信是这几件事帮助我战胜了忧虑：

一、我明白忧虑毫无意义。我知道忧虑对我毫无助益，只会威胁和毁掉我的职业生涯。

二、我知道忧虑会损害我的健康。

三、我让自己保持忙碌，计划如何赢得未来的比赛，这样就没时间为已经输掉的比赛烦恼。

四、我终于定下一条规矩，在比赛结束后的 24 小时内决不提醒球员注意他的过失。早年我习惯与其他球员一起更衣。如果球队输了，我肯定会忍不住批评球员，与他们激烈争论失败的原因。我发现这样只会徒增自己的烦恼。当着其他队友的面批评球员会使他难以接受，产生抗拒情绪，不利于队友之间的合作。在刚刚失败之后，我不能确保控制自己的情绪和说话方式，因此我定下规矩，比赛结束后不要立刻见球员。第二天我再跟他们一起讨论失败的原因。到那时我就冷静了下来，错误不会被无限放大，我能够心平气和地讨论，球员们不会生气，也不会替自己辩解。

五、我努力激励球员，赞扬他们，而不是挑剔错误，打击他们的信心。我尽力对每个人都好言相待。

六、我发现身体疲惫时我会更忧虑；所以我每天晚上睡十个小时，每天下午还打一会儿盹。哪怕是五分钟的小睡也相当有益。

七、我相信，积极活动使我避免忧虑，延长了我的寿命。今年我 85 岁了，可是我无意退休，除非我开始反复讲述同样的故事，到那时我会知道自己真的变老了。

康尼·麦克从未读过关于如何停止忧虑的书，所以他自己摸索出了一些规则。你也可以列一个清单，在这里的空白处写下你过去发现的有益的规则。

我发现的有助于克服忧虑的方法：

1.

2.

3.

4.

25. 先生，一次一个人

讲述者：约翰·霍默·米勒（John Homer Miller）
《看看你自己》的作者。

我在多年前发现，虽然我无论如何努力都无法逃避某些烦恼，但是我能够通过改变心态来驱除它们。我发现忧虑存在于我的内心，而不是外部。

随着岁月流逝，我发现时间会自动消除我的大部分烦恼。事实上，我常常想不起在一个星期前困扰我的事情是什么。于是我定下一个规则：除非问题持续了至少一星期，否则决不要为它烦躁。当然，我不可能在一个星期里完全忽略那个问题，但是我可以不允许它支配我的头脑，等指定的七天过去，要么问题已经自动解决，要么我的心态已经转变，它就失去了困扰我的力量。

威廉·奥斯勒（William Osler）爵士的人生哲学对我有很大助益，他不仅是伟大的内科医生，而且在最伟大的艺术——生活艺术方面堪称大师。他的一句话曾经给我极大帮助，驱除了我的烦恼。威廉爵士在为他举办的一场宴会上说过："如果说我有什么成就，最重要的原因是我具备一种全力以赴做好当天的工作的能力，将来的事情就顺其自然。"

关于处理麻烦事，我选取的座右铭是父亲以前告诉我的一只老鹦鹉的话。父亲说，宾夕法尼亚州的一个狩猎俱乐部的门口挂着一个笼子，里面关着一只鹦鹉。每当俱乐部会员从门口经过，那只鹦鹉就反复嚷嚷它唯一会讲的一句话："一次一个人，先生，一次一个人。"父亲教我，处理麻烦就要这样，一次处理一件事。我发现这种逐一解决问题的方式可以帮助我，在面对职责的压力和没完没了的约会时依然保持平静镇定。"一次一个人，先生，一次一个人。"

这里我们又看到了战胜忧虑的一个基本原则：生活在"完全独立的今天"中。读者不妨回顾一下前面的相关内容。

26. 我在寻找生命的绿灯

讲述者：约瑟夫·M. 科特（Joseph M. Cotter）
伊利诺伊州芝加哥市法戈（Fargo）大街 1534 号。

从童年时代开始，不管是在刚刚成人时还是成年以后，我一直是烦恼的能手。我的烦恼数量众多，种类多样。有的烦恼是真实的，大多数只是幻想。偶尔我发现没有任何可担忧的事，那时我就开始害怕自己或许忽略了什么。

两年前，我的生活方式开始改变了。我分析自己的缺点和极少的几项优点，列出一份"彻底而无畏的详细品行清单"。通过这种方式，能清楚地发现导致烦恼的根本原因。

事实是我不能只活在今天。昨天的错误令我烦躁悔恨，明天又令我畏惧不安。

"今天正是你在昨天担忧的明天"这句话我听过无数遍，可是它对我不起作用。有人建议我每天按照计划生活。有人告诉我，我能控制的只有今天，应该充分利用每天的机会。有人告诉我要让自己保持忙碌，这样就没时间为过去或未来烦恼了。那些建议符合常理，然而不知为什么，我发现那些见鬼的主意就是对我不起作用。

然后犹如黑暗中火光闪现，我忽然找到了答案。你猜是在哪里？那是 1945 年 5 月 31 日晚上 7 点，在西北铁路局的月台上。我记得一清二楚，因为那是我人生中的重要时刻。

当时我们正在为朋友送行，他们刚度完假，乘坐流线型火车离开洛杉矶。战争尚未结束，车站里挤满了人。我没有跟妻子上火车，而是沿着铁轨信步走向火车头那边。我望着发亮的大型火车头，过了一会儿，我的目光又转向轨道，看见了巨大的臂板信号装置。一盏黄色的信号灯闪烁了几下，随即又变成了明亮的绿色。与此同时，火车司机开始鸣笛；我听见一声熟悉的招呼"全员上车"！在几秒之内，巨大的火车缓缓驶出站台，踏上了 2 300 英里的旅程。

我的脑子开始全速转动，有什么正在启发我。我正在体验一个奇迹。忽然之间，我觉得豁然开朗。火车头提示了我努力寻找的答案。只要一个绿灯信号，火车司机就踏上了漫长的旅程。假如换成我来开车，我会希望看到整个旅途上都亮着绿灯。那当然是不可能的，然而那恰恰是我的做法，我过于渴望看清未来路上可能遇到的麻烦，结果只能坐在原地，哪里都去不成。

我的思维继续扩展。火车司机不会为可能在前方几英里遇到的麻烦而忧虑。火车可能在前方减速，可能会误点，但是信号系统就是为了应付可能发生的意外情况。黄色的信号灯表示要减速慢行，红色的信号灯表示前方存在危险，要紧急停车。这套信号系统保障了火车的安全行驶。

我自问，为什么不给我的人生准备一套有用的信号系统呢？答案是这套系统与生俱来，是上帝赐予的。既然是上帝控制的信号系统，它必定万无一失。于是我开始寻找生命的绿灯。你问我在哪里找到的？既然是上帝创造了绿灯，为什么不问上帝呢？我就是这样做的。

现在我每天早晨祈祷，得到当天的绿灯信号。偶尔我会看到黄灯，提醒我减速慢行。有时我还会遇见红灯，警告我在垮掉之前停车。自从两年前发现了这套信号系统，我的烦恼就消失了。在这两年中，有七百多盏绿灯给我指路，我的人生旅途变得顺利多了，再也不用担心下一个路口的灯是什么颜色。无论遇见什么颜色的灯，我都知道如何应对。

27. 老洛克菲勒如何多活了 45 年

老约翰·D. 洛克菲勒（John D. Rockefeller, Sr.）的财产在他33 岁那年第一次增至一百万美元。他在 43 岁那年已经建起了全世界最大的垄断企业标准石油公司。而到了 53 岁时呢？忧虑击倒了他，忧虑和高度紧张的生活已经摧毁了他的健康。他的传记作者之一约翰·K. 温克勒（John K. Winkler）描述说，53 岁的洛克菲勒"看上去像一具木乃伊"。

53 岁的洛克菲勒受到消化系统疾病的困扰，他的头发全部脱落，连睫毛都掉光了，只剩下一小绺眉毛。温克勒写道："他的病情相当严重，有段时间不得不靠喝人奶维持生命。"根据医生的诊断，他患上了神经紧张导致的脱毛症。由于光秃秃的脑袋实在令人震惊，他不得不戴一顶无檐帽。后来他定制了每顶 500 美元的假发，在余生中一直戴着银色的假发。

本来老洛克菲勒天生拥有强健的体格。由于小时候在农场生活，他曾经拥有结实的臂膀、挺拔的仪态和稳健轻快的步伐。

大多数男人在 53 岁时还正当盛年，然而他却变得肩膀下垂，步履蹒跚。他的另一位传记作者约翰·T. 弗林（John T. Flynn）写道："他在镜子里看到的只是一个老人。没完没了的工作，无休止的忧虑，辱骂的浪潮，失眠的夜晚，加上缺乏锻炼和休息，这些渐渐毁掉了他的健康，拖垮了他的身体。如今他是全世界最富有的人，然而他的日常饮食连领救济金的贫民都不屑一顾。他的收入多达每星期一百万美元，然而他每星期能吃下的食物可能只值两美元。医生只允许他吃一点饼干和酸奶。他的皮肤失去了光泽，好像陈旧的羊皮纸紧紧贴在骨骼上。这时金钱的唯一作用就是提供最好的医疗护理，以免他在 53 岁时早亡。"

　　为什么会发生这样的事？原因是烦恼、刺激、高度的压力和极度紧张的生活。他自己把自己逼到了坟墓的边缘。早在 23 岁时，洛克菲勒已经带着冷酷的决意开始追逐他的目标了，根据认识他的人的说法，"除了做成一笔生意的好消息，没有什么事能让他面露喜色。"如果赚了一大笔钱，他会高兴得手舞足蹈，把帽子扔到地上，跳起快步舞。可是如果赔了钱，他就会生病！有一次，他用船运输一批价值四万美元的谷物，途经五大湖。他没有买保险，虽然保险费只要 150 美元。那天夜里，猛烈的风暴席卷了伊利（Erie）湖。洛克菲勒非常担心损失货物，第二天早晨，他的合伙人乔治·加德纳（George Gardner）抵达办公室时，他正在急躁地来回走动。

　　洛克菲勒用颤抖的声音催促道："快，赶紧去看看我们现在能不能投保，希望还来得及！"加德纳急忙赶去城里买了保险；然而等他返回办公室，却发现洛克菲勒的精神状态更糟糕了。一封电报刚刚送到，报告说货物已经安全登岸，没有损失。他们"浪费"了150美元，于是他比刚才更心烦意乱了！事实上，为此他不得不回家去上床休息了。想想看！当时他的公司每年的总收入是50万美元，他却为150美元烦恼得病倒了！

他没有时间娱乐，没有时间消遣，除了赚钱和去主日学校讲课，他没时间做任何事。他的合伙人乔治·加德纳和另外三个人花两千美元买了一艘二手游艇，洛克菲勒居然吓呆了，拒绝乘坐那艘游艇。加德纳发现他星期六下午还在办公室工作，就邀请他："来吧，约翰，我们开船出去玩。忘掉你的生意，稍微娱乐一下。对你会有好处。"洛克菲勒却怒目而视，警告说："乔治·加德纳，我从没见过你这么奢侈的人。你损害了自己在银行的信用，还连累了我的信用。首先你会毁掉我们的生意。不，我不要乘你的游艇，那种东西我连看都不想看！"整个星期六下午，他一直待在办公室。

缺乏幽默感、缺乏安全感和远见，是洛克菲勒的职业生涯的真实写照。多年后他说过："每天夜里躺到枕头上时，我必定提醒自己，我的成功或许仅仅是暂时的。"

尽管支配着数以百万计的金钱，他每晚入睡之前总是担心失去自己的财产。难怪忧虑毁掉了他的健康。他没有娱乐或消遣的时间，从来不去戏院，从来不玩牌，从来不参加社交聚会。马克·汉纳（Mark Hanna）说，他对金钱的欲望达到了疯狂的程度。"在其他一切方面神志正常，唯独对金钱疯狂。"

洛克菲勒曾经向俄亥俄州克利夫兰（Cleveland）市的一个邻居坦白承认，其实他也"希望被爱"。但是他性格冷酷多疑，几乎没什么人喜欢他。摩根（Morgan）在不得不跟他做生意时也犹豫不决过。"我不喜欢那个人，我不想跟他做任何交易"。洛克菲勒的兄弟非常憎恨他，因而把自己孩子的棺木从家族的地皮上移走。他说："我的后代决不在约翰控制的土地上安息。"洛克菲勒的雇员和同事们都对他既敬又怕，有讽刺意味的是，洛克菲勒也害怕他们——害怕他们会带走并"出卖公司的机密"。

他对人性缺乏信任，以致有一次他与一个独立石油精炼商签订十年的合同时，竟要求那个人对所有人保密，甚至不能告诉妻子！他的格言是"闭上你的嘴，做你的生意！"正当他的事业处于鼎盛时期，金子像维苏威火山（Vesuvius）喷出的黄色熔岩一般涌进他的金库时，他的个人世界崩塌了。许多书刊和文章纷纷公开谴责标准石油公司的不正当竞争（译者注：原文是 robberbaron war，强盗贵族，原指封建时代对路过自己领地的旅客进行拦路抢劫的贵族，后来指美国 19 世纪至 20 世纪初的垄断资本家）行为，揭发他们给铁路公司秘密回扣，还冷酷无情地击溃一切竞争对手。在宾夕法尼亚州的油田，人们最痛恨约翰·D. 洛克菲勒。他击溃的人们把他的塑像吊起来。很多人盼望在他干瘦的脖子上套上绞索，把他吊死在酸苹果树的树枝上。他的办公室收到了许多威胁要取他性命的信件，它们倾泻着地狱的烈火和硫黄一般的愤怒。

想杀他的敌人太多，他只得雇用了保镖。他试图忽略仇恨的风暴，曾经讥诮说："只要你们让我走自己的路，尽管踢我骂我好了。"但是他发现自己毕竟只是人类。他无法应付仇恨和忧虑。他的健康状况开始恶化。疾病从身体内部攻击他，这个新敌人使他困惑不已，束手无策。起初"只是偶尔身体不舒服，他仍然遮遮掩掩"，企图无视自己的疾病。然而失眠、消化不良和脱发的症状无法隐瞒，这些都是忧虑和身体崩溃的标志。最后他的医生说出了惊人的事实，他必须做出选择：要么选择金钱和忧虑，要么选择生命。医生警告他，如果再不退休，他就会死掉。于是他被迫退休了。但是在退休之前，忧虑、贪婪和恐惧已经毁掉了他的健康。

美国最著名的女传记作家伊达·塔贝尔（Ida Tarbell）看见他时感到震惊，她写道："他的脸上布满了岁月的惊人痕迹。我从未见过如此衰老的人。"衰老？其实洛克菲勒当时比重新夺回菲律宾时的麦克阿瑟麦克阿瑟（MacArthur）将军还年轻几岁！然而他的身体状况如此糟糕，令伊达·塔贝尔感到怜悯。当时她正在准备写一本书，对标准石油公司及其代表的一切进行有力谴责，她肯定没有理由喜欢建造了那只"巨型章鱼"的老人。然而她目睹约翰·D.洛克菲勒在主日学校讲课，热切地望着周围人们的脸，她说："一种出乎意料的感觉油然而生，并随着时间流逝而增强。我为他感到难过。我知道恐惧和忧虑正在折磨他。"

医生们设法挽救洛克菲勒的生命，给他制定了三条规则，后来他在余生中一直遵守这三条规则：

第一，避免忧虑。无论在什么情况下，都不要为任何事忧虑。

第二，放松，在户外进行温和而充分的身体锻炼。

第三，注意饮食。在还有一点饿的时候停止进食。

约翰·D.洛克菲勒奉行了这些规则，结果它们挽救了他的生命。他退休以后，开始学习打高尔夫球，从事园艺工作，跟邻居聊天，玩游戏和唱歌。

不过他还做了别的事情。温克勒写道："在受到病痛和失眠折磨的那些日子里，洛克菲勒有了自我反思的时间。"他开始为别人着想。他停止考虑自己能赚多少钱，开始自问钱能为人类买到多少幸福。

简而言之，洛克菲勒开始捐献他的财产！起初这并不容易。他想捐钱给一所教堂时，全国各地的神职人员都表示反对，声讨"肮脏的不义之财"！不过他继续尝试。他听说密歇根（Michigan）湖畔的一所学院由于无力偿还抵押贷款而面临取消赎回权的危机，就伸出援手，投资数百万美元，把那所学校建设成了现在世界闻名的芝加哥大学。他还努力帮助黑人，捐钱给塔斯基吉（Tuskegee）学院那样的黑人大学，让他们继续完成黑人科学家乔治·华盛顿·卡弗（George Washington Carver）的工作。他出资帮助消灭在美国南方肆虐的钩虫病。钩虫病专家查尔斯·W. 斯蒂尔斯（Charles W. Stiles）医生说："价值五毛钱的药物就可以治愈一名这种病的患者，但是谁愿意出这五毛钱？"洛克菲勒愿意出钱。他捐献百万美元，根除了在美国南方造成过最大灾害的钩虫病。然后他更进一步，建立了国际性的洛克菲勒基金会，在全世界范围内与疾病和愚昧进行斗争。

我心怀感激地谈论这项事业，因为洛克菲勒基金会可能救过我的命。我清楚地记得，1932 年我在中国考察时，霍乱正在全国肆虐，大量中国农民像虫子一样死去。幸而在这种恐怖的环境中，我们可以去北京的洛克菲勒医学院接种疫苗，因而免受瘟疫的传染。中国人和"外国人"都可以接受帮助。那是我第一次理解洛克菲勒的百万美元对社会的贡献。

洛克菲勒基金会所做的事情史无前例，历史上连略微相似的事例都没有，可以说是独一无二的。洛克菲勒知道，世界各国都有心怀梦想的人们正在从事很多有意义的活动。诸如科学研究，建立大学，与疾病做斗争……可是这些高尚的事业经常由于缺乏资金而夭折。他决定帮助这些有人道主义精神的先驱者，不是"接管"他们，而是给他们一些经费，让他们自行管理。今天你和我都应该感谢约翰·D. 洛克菲勒，由于他的资金援助，世界上才有了青霉素以及其他十几种奇迹般的发明。脊髓膜炎曾经杀死了五分之四的患儿，现在我们的孩子不会再死于这种疾病了。我们已经在战胜疟疾、肺结核、流行性感冒和白喉等许多种传染病方面取得了进展，这些都应该感谢洛克菲勒。

那么洛克菲勒本人怎么样了？捐献金钱之后，他是否重新获得了内心的平静？是的，他终于满足了。阿兰·凯文斯（Allan Kevins）说："如果在1900年以后公众仍然以为他是标准石油公司的那个洛克菲勒，他们就完全想错了。"

洛克菲勒变得幸福了。他已经彻底改变，根本不再忧虑。事实上，哪怕在被迫接受职业生涯中最大的一次失败的那天，他也拒绝为此失眠！

那次失败的经过是这样的：美国政府判定洛克菲勒建立的标准石油公司是巨型垄断企业，直接违反了"反托拉斯法"，命令该企业支付"历史上最多的一笔罚金"。激烈的诉讼战争吸引了全国最优秀的法律人才，没完没了的法庭辩论持续了五年，创下了司法史上最长的纪录。结果标准石油公司败诉了。

法官凯纳索·芒廷·兰迪斯（Kenesaw Mountain Landis）宣布判决时，辩方律师们担心老约翰无法接受这次失败。然而他们不知道洛克菲勒的巨大转变。

那天夜里，一个律师给洛克菲勒打电话，尽可能温和地转达了判决结果，然后担心地说："希望这个结果不会使您烦恼，洛克菲勒先生。希望您睡个好觉！"

你猜洛克菲勒如何回答？他立刻在电话线那头说："不用担心，约翰逊先生，我正打算好好睡一觉。你也不要为这件事心烦。晚安！"

这就是曾经为损失 150 美元而病倒的人的回答！没错，经过很长时间，洛克菲勒终于战胜了忧虑。旧日的他在 53 岁时"死亡"，全新的他活到了 98 岁！

28．一本关于性生活的书挽救了我的婚姻

讲述者：B. R. W.

我讨厌匿名讲述这个故事。但是由于涉及个人隐私，我不可能使用自己的真名。不过戴尔·卡耐基会担保它的真实性。这是我在12年前告诉他的故事：

我大学毕业以后，在一个大型工业集团找到一份工作，过了五年，公司派我穿越太平洋，担任远东地区的代表之一。在离开美国前几个星期，我娶了我所知的最甜美可爱的女人。然而我们的蜜月旅行简直是场惨剧，令我们都很失望，尤其是她。抵达夏威夷时，既失望又心碎的妻子差点返回美国，她留下的原因只是没脸去见老朋友，羞于承认在某个方面的失败——那本来应该成为人生中最刺激的冒险。

我们一起在亚洲过了两年凄惨的生活。痛苦的我有时甚至想自杀。然后有一天，我偶然翻开一本书，它改变了一切。我一直喜欢看书，那天晚上我去造访在远东的几个美国人朋友，参观他们的藏书室时忽然瞥见一本题为《理想的婚姻》的书，作者是范·德·维

尔德（Van de Velde）博士。看题目似乎是唠叨说教的假道学的书。不过出于无聊的好奇心，我翻阅了一下。我发现内容几乎全部是婚姻中的性生活知识，表达方式相当直白，没有任何粗俗下流的词句。

以前倘若有人说我应该去看关于性生活的书，我会觉得受到了冒犯。还用去看？我觉得自己就能写。但是不管怎样，既然我的婚姻陷入了困境，我愿意屈尊看看这本书。于是我鼓起勇气问东道主能不能把它借给我。我可以实话实说，这本书成了我人生中的重要福音之一。我的妻子也读了这本书。它挽救了我们悲惨的婚姻，使我们变成了幸福美满的一对伴侣。假如我有一百万美元，我会买下这本书的版权，免费赠送给无数新婚夫妻。

著名心理学家约翰·B. 沃森（John B. Watson）博士曾经说过："人们公认，性是生活中最重要的课题。无可否认，导致男女之间的幸福破灭的原因，大多数也是性的问题。"

我的亲身经历使我相信沃森博士的这句话是真理，尽管它比较笼统，我认为它即使不完全正确，至少也是基本正确。既然如此，为什么文明社会任凭无数在性方面一无所知的人结婚，毁掉婚姻幸福的全部机会？

如果我们想知道婚姻出了什么问题，就应该去读汉密尔顿（G. V. Hamilton）和肯尼斯·麦高恩（Kenneth MacGowan）的著作《婚姻出了什么问题？》。为了写那本书，汉密尔顿博士曾经耗费四年时间调查研究婚姻生活中的问题，他说："除非是怀有严重的成见、非常轻率的精神病医生，否则他一定会承认，夫妻之间的大多数摩擦冲突都来源于性的不调和。无论如何，如果夫妻的性关系本身足够美满，在多数情况下，其他困难导致的摩擦自然会被忽略。"

悲惨的经验告诉我，他的话是正确的。

范·德·维尔德博士的《理想的婚姻》拯救了我的婚姻，读者可以在大型图书馆或者任何书店找到这本书。如果你想给新郎新娘送件小礼物，就不要送一套刀叉，送他们一本《理想的婚姻》吧。那本书比全世界的刀叉更有利于增进他们的幸福。

（戴尔·卡耐基附注：如果你觉得《理想的婚姻》太贵了，我可以推荐另一本书，汉娜和亚伯拉罕·斯通 [Hannah and Abraham Stone] 的《婚姻指南》。）

29. 由于不懂如何放松，我曾经慢性自杀

讲述者: 保罗·桑普森（Paul Sampson）

密歇根州怀恩多特（Wyandotte），锡卡莫尔（Sycamore）街
12815 号，直邮广告宣传员。

直至六个月前，我总是像高速运转的引擎，过着紧张匆忙的生活，从来不会休息。每天晚上回家，我总是忧心忡忡，精疲力竭。为什么? 因为从来没人告诉我:"保罗，你是在自杀。为什么不放慢速度，放松自己呢? "

每天早晨，我总是匆匆起床，飞快地吃饭、刮胡子、穿衣服，然后开车去上班，开车时也紧紧地抓住方向盘，仿佛害怕它会飞出车窗。我迅速工作，迅速回家，连夜里睡觉也急于入睡。

情况日益严重，我不得不向底特律的一位著名神经科专家求诊。他建议我学会放松（顺便一提，他主张的放松方式与本书第二十四章中介绍的准则相同）。他告诉我必须随时放松，无论是在工作中还是在开车、吃饭、尝试入睡的时候都需要放松。他还说我不懂得如何放松，这样相当于慢性自杀。

从那以后，我积极练习放松自己。每天夜里上床后，我有意识地放松身体，缓缓呼吸，而不是强迫自己入睡。现在我早晨醒来时

总是得到了充足的休息，这是很大的进步，因为我以前醒来时仍旧觉得疲惫紧张。现在我吃饭和开车时也保持放松，当然我开车时会注意安全，只不过不会神经紧绷。最重要的是工作方面，我每天有几次停下一切工作，详细检查自己是否彻底放松。现在我不会再一听见电话铃响就跳起来去接，好像有人赶我似的；跟别人通话时，我也保持轻松，像睡着的婴儿一样。

结果呢？我的生活变得更加愉快幸福，神经性疲劳和忧虑完全消失了。

30. 我身上发生了真正的奇迹

讲述者：约翰·伯格（John Burger）夫人

明尼苏达州明尼阿波利斯，科罗拉多（Colorado）大街 3940 号。

忧虑曾经彻底击倒了我。我混乱迷茫，烦恼不安，看不到生活的乐趣。我神经高度紧张，晚上睡不着觉，白天无法放松。我的三个年幼的孩子在亲戚家生活，与我隔着遥远的距离。我的丈夫前不久从军队退役，正在另一个城市尝试开办一家律师事务所。战后重建时期充满不安全和不确定性，对此我有切身感受。

我的情绪开始影响丈夫的事业和孩子们天生拥有的快乐正常的家庭生活，甚至威胁我自己的人生。我的丈夫找不到住房，唯一的解决办法是自己建造。一切都取决于我的状况。我越注意这一点，越努力恢复，我就越害怕失败。我不敢设想承担任何责任。我觉得再也无法相信自己，觉得自己完全失败了。

正当我陷入最阴郁的状态，看不到得救的希望时，我的母亲做了一件让我永远难忘、终生感激的事情。她刺激我重新站起来，责备我随便放弃，对自己的神经和头脑失去控制。她鼓励我走下床，为现在拥有的一切奋斗。她说我害怕现状，不敢面对，只是一味逃避，不会好好生活。

从那天起，我开始努力奋斗。那个周末我就告诉父母他们可以回家了，因为我准备自己照管家务；我做到了当时看来不可能的事情。我独自照顾两个年幼的孩子。我好好吃饭，正常睡觉，精神状态开始改善。一个星期之后，父母亲又回来看我，发现我正在一边熨衣服一边哼歌。我感到快乐，因为我开始奋斗并正在获胜。我永远不会忘记这个教训。……如果遇到看似无法逾越的障碍，就勇敢面对它！努力奋斗！不要放弃！

从那以后，我迫使自己去工作，在忙碌中忘记烦恼。后来我终于把孩子们都接回家，我们在丈夫建造的新家里团聚了。我下定决心变得更好，为我可爱的家庭变成坚强快乐的母亲。我把精力全部集中在家庭、孩子和丈夫身上，考虑一切事情——除了自己以外。我忙得没时间考虑自己。于是真正的奇迹发生了。

我的健康状况越来越好，每天早晨醒来，我心中都充满幸福的满足感，为计划新的一天而高兴，为生活本身而高兴。虽然偶尔还会遇到沮丧消沉的日子，尤其是疲惫的时候，不过我会告诉自己，不要胡思乱想，于是烦恼就会渐渐变少，最后完全消失。

一年后的今天，我拥有非常快乐和成功的丈夫，三个健康快乐的孩子，一个美好的家——我每天在那里工作 16 个小时，而且拥有平和的心境！

31. 挫折的麻醉剂

讲述者：费伦茨·莫尔纳（Ferenc Molnar）
著名的匈牙利剧作家。

"工作是最好的麻醉剂！"

这是整整五十年前父亲对我说过的一句话，从那以后，我一直牢记这句格言。我的父亲是内科医生。当时我刚刚进入布达佩斯（Budapest）大学学习法律。我有一门考试不及格，觉得羞愧得活不下去，所以试图用失败的亲密朋友——酒精安慰自己，逃避现实，手里随时拿着杏黄色的白兰地酒瓶。

有一天，父亲出乎意料地来访。他是优秀的医生，一看见酒瓶就明白我遇到困扰了。我坦承了自己逃避现实的原因。

于是父亲当场给我开了一个处方。老人解释说，酒精、安眠药或其他任何药物都不能让人真的避开现实。其实治疗不幸的药物仅有一种，它比世界上的所有药物都更可靠更有效，它就是工作！

父亲的话多么正确！投入工作最初或许比较困难，不过你迟早会胜利。当然，它具有麻醉药的一切优点。它是一种逐渐养成的习惯，而这种习惯一旦养成，迟早就会变得牢不可破。五十年来，我一直靠这个习惯忘记烦恼。

32. 忧虑曾经使我连续 18 天吃不下固形食物

讲述者：凯瑟讷·霍尔库姆·法默（Kathryne Holcombe Farmer）

亚拉巴马州莫比尔（Mobile），司法长官办公室。

三个月前，由于过度忧虑，我曾经四天四夜不能入睡，连续十八天吃不下固体的食物。只要闻到食物的气味我就恶心想吐。我无法形容当时忍受的心理上的极度痛苦。我怀疑我经历的苦境不亚于地狱里的种种折磨。我觉得自己正濒临精神失常或者死亡的边缘。我知道以前的生活不可能持续了。

有一天，我拿到了一本《人性的优点》，那是我人生中的转折点。在随后的三个月里，我研读这本书的每一页，实践其中记述的所有原理，拼命寻找新的生活方式。我的精神面貌和情绪的稳定性发生了几乎难以置信的变化。现在我能够承受每一天的挑战。我意识到，以前导致我差点发疯的原因不是今天的问题，而是为昨天已经发生的事情焦虑或者难以接受，抑或害怕明天可能发生的事情。

现在每当我发现自己开始为某件事忧虑，就立即制止自己，并运用我从这本书中学到的一些原理。如果我为今天必须完成的某件事变得紧张焦虑，我就专心工作，争取立即完成任务，这样就能消除烦恼。

现在每当面临曾经把我逼得差点发疯的那种问题，我就镇静沉着地运用这本书第二章中罗列的三个步骤，逐步解决问题：

第一，问我自己："可能发生的最坏情况是什么？"

第二，假如无法避免，就做好心理准备接受最坏的结果。

第三，集中精力考虑该问题，冷静地思考如何才能改善我已经愿意接受的最坏结果——如果必要的话。

如果我发现某件事是我无能为力的，却又不愿意接受最坏的结果，我就停下来，复诵这段简短的祈祷文：

> 请上帝赐予我平静从容的心境，以接受我不能改变的事；
> 请赐予我勇气，以改变我能改变的事；
> 请赐予我智慧，以辨明这两者的区别。

由于阅读这本书，我真正体验了一种非常美妙的新生活方式。我不会再让焦虑摧毁我的健康和幸福。现在我每天睡眠九个小时，享受美味的食物。我已经揭下了一层面纱，新的大门在我面前敞开。如今我能看见和享受这个美丽的世界。感谢上帝赐予我生命，让我有幸在如此精彩的世界上生活。

请容许我提议读者也重读一遍这本书，将它放在床边，在有助于解决你的问题的句子下方画线，认真学习和运用其中的知识。它不是普通意义上的"读物"；它是一本"指南"，指引读者走上新生活的道路！

《国民阅读经典》已出书目

论语译注　杨伯峻译注　定价:29元

孟子译注　杨伯峻译注　定价:36元

谈美书简　朱光潜著　定价:13元

新月集　飞鸟集　[印度]泰戈尔著　郑振铎译　定价:18元

爱的教育　[意大利]德·亚米契斯著　夏丏尊译　定价:25元

人间词话(附手稿)　王国维著　徐调孚校注　定价:19元

百喻经译注　王孺童译注　定价:33元

中国史纲　张荫麟著　定价:26元

物种起源　[英]达尔文著　谢蕴贞译　定价:39元

宽容　[美]房龙著　刘成勇译　定价:29元

周易译注　周振甫译注　定价:29元

谈修养　朱光潜著　定价:19元

诗词格律　王力著　定价:23元

拿破仑传　[德]埃米尔·路德维希著　梁锡江、石见穿、龚艳译
　定价:32元

国富论　[英国]亚当·斯密著　谢祖钧译　定价:58元

朝花夕拾(典藏对照本)鲁迅原著　周作人解说　止庵编订　定
　价:16元

金刚经·心经释义　王孺童译注　定价:38元

中国哲学史大纲　胡适著　定价:34元

大学中庸译注　王文锦译注　定价:24元

圣经的故事　[美]房龙著　张稷译　定价:35元

乡土中国(插图本)费孝通著　定价:19元

道德经讲义　王孺童讲解　定价:20元

毛泽东诗词欣赏(插图典藏本)周振甫著　定价:26元

歌德谈话录　[德]爱克曼辑录　朱光潜译　定价:26元

梦的解析　[奥]弗洛伊德著　高申春译　车文博审订　定价:36元

东西文化及其哲学　梁漱溟著　定价:27元

坛经释义　王孺童译注　定价:29元

诗经译注　周振甫译注　定价:42元

老人与海　[美]海明威著　刘国伟译　定价:19元

常识　[美]托马斯·潘恩著　余瑾译　定价:18元

呐喊(典藏对照本)鲁迅原著　周作人解说　止庵编订　定价:28元

彷徨(典藏对照本)鲁迅原著　周作人解说　止庵编订　定价:21元

给青年的十二封信　朱光潜著　定价:16元

名人传(新译新注彩插本)　[法]罗曼·罗兰著　孙凯译　定价:22元

查拉图斯特拉如是说　[德]尼采著　黄敬甫、李柳明译　定价:36元

经典常谈　朱自清著　定价:20元

中国历史研究法　中国历史研究法补编　梁启超著　定价:32元

采果集　流萤集(插图本)　[印度]泰戈尔著　李家真译　定价:19元

一九八四　[英]乔治·奥威尔著　余瑾译　定价:27元

动物农场　[英]乔治·奥威尔著　余瑾译　定价:22元

庄子浅注　曹础基著　定价:48元

三国史话　吕思勉著　定价:23元

菊与刀　[美]鲁思·本尼迪克特著　胡新梅译　定价:28元

君主论　[意]马基雅维利著　吕健中译　定价:28元

法国大革命讲稿　[英]阿克顿著　高望译　定价:34元

唐诗三百首　蘅塘退士编选　张忠纲评注　定价:49元

宋词三百首　上彊村民编选　刘乃昌评注　定价:33元

论美国的民主　[法]托克维尔著　周明圣译　定价:66元

旧制度与大革命 [法]托克维尔著 高望译 定价:32元

"我知道什么"——蒙田《雷蒙·塞邦赞》 [法]蒙田著 马振骋
  译 定价:30元

论雅俗共赏 朱自清著 定价:16元

中国近三百年哲学史 蒋维乔著 定价:19元

先知 沙与沫 流浪者 [黎巴嫩]纪伯伦著 李家真译 定
  价:20元

爱丽丝漫游奇境记(双语插图本) [英]刘易斯·卡罗尔著
  [英]约翰·丹尼尔插图 谢琳薇译定价:24元

小王子(彩绘三语版) [法]安托尼·德·圣-埃克苏佩里著
  陆晓旭译 定价:28元

楚辞译注 李山译注 定价:28元

诗境浅说正续编 俞陛云著 定价:26元

中国绘画史 古画微(插图本) 陈师曾、黄宾虹著 定价:25元

假如给我三天光明——我的人生故事 [美]海伦·凯勒著 马
  衡译 定价:32元

本杰明·富兰克林自传(插图本) [美]本杰明·富兰克林著
  [美]E.博伊德·史密斯插图 李又顺译 定价:20元

呼兰河传 萧红著 定价:24元

中国哲学简史　冯友兰著　定价:39元

中国近百年政治史　李剑农著　定价:56元

沉思录　[古罗马]马可·奥勒留著　何怀宏译　定价:24元

吉檀迦利　园丁集(插图本)　[印度]泰戈尔著　李家真译　定价:20元

雨巷:戴望舒诗文　戴望舒著　定价:28元

故都的秋:郁达夫散文　郁达夫著　定价:28元

培根随笔全集　[英]弗朗西斯·培根著　李家真译　定价:28元

论自由(中英双语本)　[英]约翰·斯图亚特·密尔著　鲍容译　杨柳岸校　定价:28元

理想国　[古希腊]柏拉图著　刘国伟译　定价:30元

背影:朱自清散文　朱自清著　定价:25元

人间四月天:林徽因诗文　林徽因著　定价:30元

哈姆雷特(中英双语本)　[英]莎士比亚著　朱生豪译　定价:29元

希腊神话　[俄]尼·库恩著　荣洁、赵为译　定价:39元

蒙田随笔　[法]蒙田著　马振聘译　定价:28元